鄂尔多斯盆地北缘
野外地质教程 （第二版）

尤继元　主　编　　白云云　范玉海　副主编

中山大学出版社
SUN YAT-SEN UNIVERSITY PRESS
·广州·

图书在版编目（CIP）数据

鄂尔多斯盆地北缘野外地质教程/尤继元主编；白云云，范玉海副主编．—
2 版．—广州：中山大学出版社，2023.8
ISBN 978 - 7 - 306 - 07761 - 5

Ⅰ．①鄂…　Ⅱ．①尤…　②白…　③范…　Ⅲ．①鄂尔多斯盆地—地质调查—野
外作业—高等学校—教材　Ⅳ．①P622

中国国家版本馆 CIP 数据核字（2023）第 045217 号

EERDUOSI PENDI BEIYUAN YEWAI DIZHI JIAOCHENG（DI-ER BAN）

出 版 人：王天琪
策划编辑：曾育林
责任编辑：梁嘉璐
封面设计：曾　斌
责任校对：刘　丽
责任技编：靳晓虹
出版发行：中山大学出版社
电　　话：编辑部 020 - 84113349，84110776，84111997，84110779，84110283
　　　　　发行部 020 - 84111998，84111981，84111160
地　　址：广州市新港西路 135 号
邮　　编：510275　　　　传　真：020 - 84036565
网　　址：http://www.zsup.com.cn　E-mail：zdcbs@ mail.sysu.edu.cn
印 刷 者：广东虎彩云印刷有限公司
规　　格：787mm × 1092mm　1/16　13.25 印张　306 千字
版次印次：2023 年 8 月第 2 版　2023 年 8 月第 1 次印刷
定　　价：48.00 元

前　言

地质野外实习是石油工程、资源勘查工程、安全工程、采矿工程、水土保持与荒漠化防治等相关专业教学过程中非常重要的实践环节。野外实习可以使学生把室内学到的抽象的概念形象化，把理论知识与实践结合起来，也可以帮助学生建立空间观念，培养学生根据地质现象解决实际问题的能力，同时也为学生后续课程的学习打下坚实的基础。

本书是在根据石油工程、资源勘查工程、安全工程等相关专业的课程安排，榆林地区野外地质特征及地方企业对高等人才能力素质需求的基础上编写的。书中选择的实习地点大部分在鄂尔多斯盆地北部的榆林，不同专业的实习地点可自主选择。本教材以实习区地质现象为基础，进行针对性、综合性的阐述；以榆林地区近年来区域地质研究取得的最新成果为基本素材，对区域地质的特征及其发展演化进行多学科综合分析和探讨，试图以此完成不同课程内容的融会贯通，实现知识、能力、素质并重的教学过程，以提高学生的多学科综合思维能力，启发他们的创新意识。本教材涉及大陆地质及其动力学研究的前缘领域，并涉及大地构造学、构造地质学、矿物学、岩石学、地层学、沉积学、古生物学、地球化学、地球物理学、石油地质学和环境地质学等不同学科的内容。

本书由榆林学院尤继元博士任主编，白云云副教授、范玉海高级工程师任副主编。本书共分为8个模块，模块1和模块3—7由尤继元编写，模块2由白云云编写，模块8由范玉海编写。模块1是野外地质实习教学基础，包括教学目标、教学内容、教学方式与目的、教学大纲、实习要求等；模块2主要介绍实习区的概况，包括自然地理概况和区域地质概况；模块3主要介绍鄂尔多斯盆地地层特征，包括寒武系、奥陶系、志留系、泥盆系、石炭系、二叠系、三叠系、侏罗系、白垩系、古近系、新近系、第四系等的地层特征；模块4主要介绍沉积学分析原理与方法，包括沉积相和沉积环境、沉积环境的主要识别标志、主要沉积环境的沉积特征、沉积岩的形成过程和控制因素；模块5主要介绍鄂尔多斯盆地沉积演化特征，包括寒武纪、奥陶纪、志留纪、泥盆纪、石炭纪、二叠纪、三叠纪、侏罗纪、白垩纪、新生代等的沉积演化特征；模块 6 主要介绍野外地质实习路线与教学内容，包括榆林红石峡地质公园实习路线，靖边龙洲丹霞地貌实习路线，横山雷龙湾碎屑岩及沉积构造实习路线，榆林三鱼路延安组、延长组沉积岩及沉积构造实习路线，榆林定边白于山红黏土实习路线，榆林麻黄梁侏罗系含煤地层实习路线；模块 7 主要介绍鄂尔多斯盆地的事件沉积；模块 8 主要介绍野外地质调查程序与方法。本教材的适用对象主要为在榆林市进行野外地质实习的相关专业学生和企业员工。

本教材得到榆林学院教务处模块化教材项目、陕西高校青年创新团队（陕北非常规油气富集及精细描述创新团队）、榆林学院高层次人才项目（22GK12、21GK08）、陕西省科技厅项目（2021SF－495、2020SF－369）和榆林市科技计划项目（CXY－2021－110－02）的资助。本教材在编写过程中得到了西北大学地质学系柳益群教授、周小虎副教授，西安石油大学陈朝兵副教授，榆林学院梁正中副教授、王镜惠副教授，长江大学折海成博士，中国石油测井公司高浩锋工程师等具有丰富现场实践经验的地质专家学者的大力支持，在此表示由衷的感谢。

由于编者水平有限，书中难免有错漏及欠妥之处，恳请读者朋友们予以批评指正。

编者

2023 年 4 月

目　录

模块 1　野外地质实习教学基础

地质学的主要研究对象是地球周围的气体（大气圈）、地球表面的水体（水圈）、地球表面形态和固体地球本身。本模块主要介绍野外地质实习的教学目标、教学内容、教学方式与目的、教学大纲、实习要求、实习准备、成绩考核。在学习过程中会接触到许多地质学的基础知识，需要多加思考、充分理解。

能力要素

（1）掌握地质学的基本概念。
（2）了解鄂尔多斯盆地的地质特征。
（3）掌握地质罗盘、放大镜的基本使用方法。
（4）掌握野外地质调查的基本方法。
（5）掌握地层的产状三要素：走向、倾向、倾角。

实践衔接

寻找生活中的地层或岩石，用地质罗盘测量岩层的产状，包括岩层的走向、倾向和倾角。用放大镜观测生活中的岩石结构、矿物成分等。

1.1　教学目标

鄂尔多斯盆地是中国大陆地质中既具丰富内涵，又具探索性和创新性的地区。充分利用榆林学院所处的地域优势，通过跨不同大地构造单元、理论和实践密切结合、多学科交叉综合的区域地质野外教学，建立鄂尔多斯盆地榆林地区野外教学基地，可实现科研资源向教育资源的转化，实质性地改变课堂单科独进、自我封闭的教学体系，实现不同课程的融会贯通，以进一步完善本科阶段的知识结构，训练学生的野外工作素质，培养其综合分析的能力，激发其创新意识，实现"基础扎实、实践能力强、综合素质高、具创新意识"的新型人才培养目标。通过实习，使学生巩固并加深对已学课程的理解和认识，特别是对榆林地区地层特征的全面深入了解。

进行区域地质调研方法的系统训练，使学生熟练掌握地质踏勘、剖面测量、地质填图、数字成图和地质报告编写的基本知识、方法与技能，为后续课程的学习及进行地质工作打下坚实的基础。实践教学是地质教学的重要环节，通过野外实践使同学们认识到实践对地质科学的重要性，从而使他们树立起艰苦奋斗和开拓创新的科学求实精神；使学生热爱地质事业，勇于探索地球奥秘，逐步掌握"实践，认识，再实践，再认识""实践是检验真理的唯一标准""由点到面，点面结合""综合归纳与分析推理""由表及里，由浅入深"及"将今论古"等一系列地质思维方法和工作方法。

在完成野外教学任务的同时，积极组织同学们参观榆林地区的采油厂、煤矿和地质公园，使他们亲身体会到地质科学在国民经济建设中所处的重要战略地位，不断陶冶自己的情操，并逐步树立为人民服务的思想和无私奉献的精神，把他们培养为德智体全面发展且具有团队精神的新型地质工作者。

1.2　教学内容

室内教学与野外教学相结合，理论和实践密切配合，不同学科交叉融合，宏观观察与微观观察相互补充，实际考察、研究、对比分析不同构造单元的沉积建造、变质建造及其相应的不同层次构造变形，并结合对不同地质体的地球化学、同位素定年及区域地球物理特征等的综合分析，探索区域地质的演化过程及其对油气资源、古气候、古环境的控制。

1.2.1　区域地质研究的内容和方法

（1）采用地质、地球物理、地球化学多学科交叉综合的方法研究区域地表和深部物质组成、结构构造的现今状态。

（2）通过对不同构造单元现今状态的地层组成序列、沉积充填序列、岩浆序列、变形变质序列的比较研究，建立构造演化阶段并恢复古构造环境。

（3）以板块构造理论和大陆动力学研究的新认识为指导，探讨区域地质演化过程及其对资源、能源和生态环境变迁的制约。

1.2.2　鄂尔多斯盆地特征及野外地质实习路线

（1）盆地区域地质概况。

（2）盆地地层特征、构造特征、沉积特征。

（3）榆林地区野外地质实习路线。

1.2.3　沉积相研究原理与方法

（1）沉积体的几何形态、产状和分布。

（2）沉积相的识别标志，沉积物组分、结构、构造和生物组合等特征。

（3）沉积物特征与动力条件、气候因素、大地构造之间的关系。

（4）沉积相内部及其与相邻沉积相之间的横向、垂向演化规律和层序、接触关系，不同环境下形成的沉积相模式等。

1.3　教学方式与目的

1.3.1　野外实习前的室内教学

以教师讲授、放录像等方式，讲授区域地质综合研究的思路和方法，介绍实习区不同大地构造单元的基本地质特征、相互关系及其可能的地质演化过程，使学生了解教学内容，了解野外地质概况；提供可供参考的资料及野外实习必需的准备；说明教学的总体目标和基本要求，提出自我设计计划，特别强调要注意为编写报告和专题研究论文收集地质素材。

1.3.2　野外实习教学

野外实习是教学的主体部分。教学过程以学生为主体，实施以自我管理、主动参与为主的管理方式。采用启发式、讨论（辩论）式、研究式的教学方式方法进行教学，充分调动学生的积极性、主动性。要求学生自觉观察研究、分析野外地质现象，收集地质素材，思考讨论相关问题，以便训练学生的工作能力，培养他们的综合素质，激发他们的创新精神。野外实习教学过程中，除每天小结野外地质观察（点观察、点与点的对比）外，还以不同形式（学生自查、教师抽查等）进行教学检查，并在不同构造单元野外实践结束之后及时进行讨论、总结。

1.3.3　野外实习结束后的室内教学

以教师和学生共同回顾总结、讨论和使用多媒体教材等不同方式，全面进行区域地质的比较综合分析；完成野外资料和地质素材的系统整理，进行室内研究和分析；进行归纳总结和理论的升华，编写野外实习报告，撰写专题论文（时间不限制在本次教学限定的时间之内）。报告和论文不拘形式，不做具体限制，给学生提供张扬个性、表现自我的空间。

1.4　教学大纲

教学有野外实践和室内教学两种方式，共 40 学时，分 3 个阶段进行。

第一阶段为室内教学（8 学时）。以教师讲授、放录像等方式，讲授区域地质综合研究的理论和方法，介绍野外实习地区不同大地构造单元的基本地质特征，使学生初步了解野外地质概况；明确教学的总体目标和基本要求，制订野外实习的自我设计计划。

第二阶段为野外教学（28 学时）。这是教学的主体阶段，教学过程以学生为主体，实施以自我管理、主动参与为主的管理方式。采用启发式、讨论（辩论）式、研究式的教学方式方法，充分调动学生的积极性、主动性。要求学生自觉观察、研究、分析野外地质现象，收集地质素材，思考讨论相关问题，以训练其工作能力，培养其综合素质，激发其创新精神。

第三阶段为室内总结（4 学时，不包括编写报告和专题论文）。以教师和学生共同回顾总结、讨论和使用多媒体教材等不同方式，全面进行区域地质的比较综合分析；完成野外资料和地质素材的系统整理，进行室内研究和分析；进行归纳总结和理论的升华，编写地质报告。

1.5 实习要求

1.5.1 抓好每个实习环节的教学

要在提升学生识别地质现象和实际动手操作能力方面下大功夫，如岩性特征、结构构造、生物化石、沉积环境、断层性质、地层间接触关系等的识别与描述，使学生掌握地质素描、信手剖面、实测剖面、综合地层柱状图、地质填图、GPS 和数字成图等基本技能。

1.5.2 统一野外地质认识，提高教学质量

考虑到实习队组队教师的变化和对实习区地质认识的更新，要求实习队教师提前进行 3～4 天的野外地质踏勘，做好教学准备和预习；要求独立带组（班）的各个专业教师首先熟练掌握实习区地层层序、常见矿物、岩性特征、结构构造、生物化石、沉积环境、断层性质、地层间接触关系、地貌及主要测量方法等，并了解区域地质概况。

1.5.3 积极开展政治思想活动和文体活动

以团支部、党支部为核心，团结全体师生，发扬团队精神，做好扎实细致的思想工作，并开展丰富多彩的文体活动。结合实习地特点，进行国情和民情教育，从思想和组织上确保野外地质实习任务的顺利完成。

1.5.4 实习期间严格组织纪律

严禁下江河湖泊和水库游泳、洗澡，违者实习成绩记零分，并送回学校处理。严禁打架斗殴、酗酒闹事、夜不归宿，违者由实习队商定，给予纪律处分。野外工作无

故缺勤者，每次扣 10 分，3 次以上记零分。野外工作中要相互关照，提高警惕，防患于未然；严防开矿爆破、滚石等可能酿成的不安全事故。

1.5.5　认真做好实习总结

实习结束后，实习队各组（班）要进行认真讨论，由组（班）长向全体师生作出总结。其内容包括：本次实习计划的完成情况，是否达到了教学大纲的要求和预期目的；主要经验是什么；有何新发现和新进展；哪些方面尚未完成，原因何在，主要教训是什么；实习期间值得表扬的好人好事；等等。

1.6　实习准备

1.6.1　出发前的准备工作

（1）出发前实习队和每位同学必须准备好野外实习的装备。个人装备和实习队装备见表 1-1。

表 1-1　实习配置装备

个人装备	实习队装备
地质锤、罗盘、放大镜、三角尺、量角器、工作服、登山鞋、草帽、地质包、饭盒、水壶、2H 铅笔、橡皮、铅笔刀	野外记录本、地形图、计算纸、透明纸、厚度换算表、实测剖面记录表、实习报告本、实习指导书、工作日志、GPS、数码照相机、笔记本电脑、计算器、绘图笔、测绳（20 m）、订书机、胶水、标本签、标本袋、大三角板

（2）召开实习动员大会，明确实习目的、任务、要求，宣布实习纪律及注意事项。

（3）下载有关鄂尔多斯盆地榆林地区的文献，认真阅读，并尽可能收集前人资料和文献，以便熟悉实习区的基本地质特征。

1.6.2　到达实习基地后的准备工作

（1）按照学生的学习和身体状况，各班分编实习小组，每小组 10 个人左右，选出组长，由其负责小组工作，检查并分发野外实习用品，督促组员完成实习期间的各项任务。

（2）介绍实习区地质概况，明确野外地质踏勘目的、要求和注意事项。

（3）提醒学生阅读和熟悉实习区地形图，校正罗盘，了解实习区的基本地貌特征和地物名称、位置。

1.6.3 到达实习基地后的室内工作

室内工作包括野外资料的整理、阶段总结和讲课。大体安排如下：

（1）野外作业开始前，教师讲授实习区地层系统，地质概况及区域地质构造背景，地质路线踏勘目的、方法和要求。同学们要认真预习；踏勘结束后，按时完成踏勘阶段的资料整理工作。

（2）地质路线踏勘之后，实测地质剖面之前，教师作前阶段小结，讲授实习区岩石的主要类型，以及实测剖面的目的、方法和要求。各个实习小组可根据剖面的长度和厚度自选比例尺，并完成部分剖面图和综合地层柱状图的制作。

（3）实测地质剖面后，地质填图前，作实习前阶段小结，讲授 1:50000 地质填图规范、方法和要求，并继续完成剖面图和综合地层柱状图的制作。

（4）地质填图结束后，教师作前阶段小结，并重点讲授地质报告的编写内容和要求、实习区地质发展史等。要求同学们在规定时间内完成各类图件的制作、清绘和地质报告的编写工作，提交给带队教师审核。

（5）整个野外实习结束后，在各个实习小组总结讨论的基础上，组长作大会总结。

以上为总体安排意见，可根据天气情况灵活变通。

1.7 成绩考核

野外教学实习要坚持高标准、严要求、全面综合考察的原则。按照学校规定，凡是考核成绩不及格者一律不予补考。

本课程在教学全过程中采用综合考核的方式进行考核，考核措施和考核内容见表 1-2。

表 1-2 野外考核措施及考核内容

考核阶段	考核内容	考核方式	成绩（占总成绩的比例）
教学全过程	学习风气、学习态度（自我管理、主动参与）	由教师（包括管理人员）、班干部、学生代表共同讨论	15%
室内教学阶段	自我设计（野外工作设计）、考察书面设计	教师审查	10%
野外教学阶段	野外工作能力，理论与实践结合能力考核（以野外记录考察为主）	教师审查	15%

续表 1-2

考核阶段	考核内容	考核方式	成绩（占总成绩的比例）
室内总结阶段	专业知识、综合运用能力考核，包括基本素材收集、基础知识应用、具个性的独特思考等（考察总结报告）	教师审查	60%
	研究性学习（实习报告）	论文发表	奖励

模块 2　鄂尔多斯盆地地质概况

鄂尔多斯盆地是在古生代稳定克拉通海相沉积盆地基础上发育的一个中生代内陆湖相盆地。鄂尔多斯盆地北部以河套地堑系北缘断裂为界与阴山褶皱带相邻，南部以渭河地堑南界断裂为界与秦岭造山带相邻，东侧以离石断裂与吕梁山隆起带相邻，西缘分别以桌子山东麓断裂和青铜峡—固原断裂为界，北段隔银川地堑与贺兰山构造带相望，南段和六盘山弧形构造带相依，是夹持于周边活动带之间的稳定克拉通沉积盆地。鄂尔多斯盆地总面积约为 $3.7 \times 10^5 \ km^2$，是中国中西部地区最重要的含油气盆地。在学习过程中要充分掌握鄂尔多斯盆地的基本地质特征，包括区域地质、盆地演化、断裂分布和构造单元划分等。学习过程需要多加思考、充分理解。

能力要素

(1) 了解鄂尔多斯盆地的地质特征。
(2) 了解榆林地区的自然地理特征。
(3) 掌握鄂尔多斯盆地的盆地演化特征，尤其熟悉内陆湖盆演化阶段的特征。
(4) 掌握鄂尔多斯盆地的构造单元划分、断裂分布特征。

实践衔接

榆林地区属于鄂尔多斯盆地的范围，寻找自己周围的野外地层或岩石，仔细观察地层特征、岩石类型，建立最基本的野外地质概念。

2.1　榆林地区自然地理概况

榆林是陕西省最北部的一个地级市，东临黄河与山西相望，西连宁夏、甘肃，北邻内蒙古，南接陕西省延安市。其平均海拔为 1000～1500 m，境内主要河流有无定河、秃尾河、窟野河、佳芦河。北部沙区有 200 多个内陆湖泊，最大的红碱淖湖面积为 67 km²，是中国最大的沙漠湖泊。气候属暖温带和温带半干旱大陆性季风气候。地处东经 107°28′—111°15′、北纬 36°57′—39°34′，是一个游牧与农耕文化交融的边塞城市。榆林是中国重要的煤、石油、天然气、盐产区，被誉为"中国的科威特"。这里是从塞外入陕的要道，其区域地质特征如图 2-1 所示。

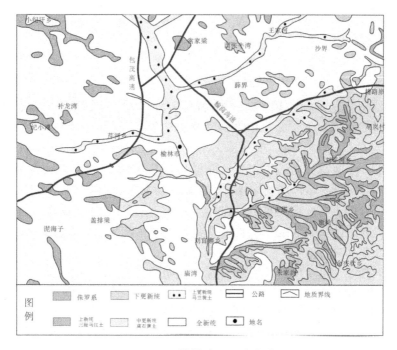

图 2-1 榆林地区区域地质

（1）地形地貌。地质构造单元上属华北地台的鄂尔多斯台斜、陕北台凹的中北部。东北部靠近东胜台凸，是块古老的地台，未见岩浆岩生成和岩浆活动，地震极少（图 2-1）。地势由西部向东倾斜，西南部平均海拔 1600～1800 m，其他各地平均海拔 1000～1200 m。最高点是定边南部的魏梁，海拔 1907 m；最低点是清涧无定河入黄河口，海拔 560 m。地貌分为风沙草滩区、黄土丘陵沟壑区、梁状低山丘陵区三大类。榆林地区大体以长城为界，北部是毛乌素沙漠南缘风沙草滩区，面积约为 15813 km²，占全市面积的 36.7%。得到治理的沙滩地郁郁葱葱；海子（湖泊）星罗棋布。南部是黄土高原的腹地，沟壑纵横，丘陵峁梁交错，水土流失得到初步控制，生态环境有了较大改善；面积约为 22300 km²，占全市面积的 51.75%。梁状低山丘陵区主要分布在西南部白于山区一带无定河、大理河、延河、洛河的发源地；面积约为 5000 km²，占全市面积的 11.55%；地势高亢，梁塬宽广，梁涧交错，土层深厚，水土侵蚀逐步得到治理。

（2）水文特征。北部沙区有 200 多个内陆湖泊，红碱淖是陕西最大的内陆湖泊，总面积 67 km²，总蓄水量 10^9 m³。

（3）气候特征。榆林气候属暖温带和温带半干旱大陆性季风气候，四季分明，日差较大，无霜期短，年平均气温 10 ℃，年平均降水 400 mm 左右，无霜期 150 天左右。气象灾害较多，几乎每年都有不同程度的干旱、霜冻、暴雨、大风、冰雹等灾害发生，尤以干旱、冰雹和霜冻危害严重。该区域为黄土高原和毛乌素沙漠的交接地带。春季干旱并常有较大的季风，夏季多雨，秋季凉爽短促，冬季干冷漫长，昼夜温差较大。

（4）资源。榆林市全市已发现八大类 48 种矿产资源，尤其是煤炭、石油、天然气、岩盐等资源富集一地，分别占全省总量的 86.2%、43.4%、99.9% 和 100%。平均每平方千米地下蕴藏着 6.22×10^6 t 煤、1.4×10^4 t 石油、10^8 m^3 天然气、1.4×10^8 t 岩盐。资源组合配置好，国内外罕见。

煤炭：预测储量 6.94×10^{11} t，探明储量 1.5×10^{11} t。全市有 54% 的地下含煤，约占全国储量的 20%。侏罗纪煤田是该市的主力煤田，探明储量 1.388×10^{11} t，占全市已探明煤炭总量的 95.7%，埋藏浅，易开采，单层最大厚度 12.5 m，属特低灰（7%～9%）、特低硫（小于 1%）、特低磷（0.006%～0.35%）、中高发热量（28.470～34.330 MJ/kg）的长烟煤、不黏煤和弱黏煤，是国内最优质的环保动力煤和化工用煤。煤田主要分布在榆阳、神木、府谷、靖边、定边、横山六县区。石炭—二叠纪煤田是稀缺的焦煤和肥气煤，探明储量 54.74 亿 t，单层厚度 15.47 m，煤田主要分布在吴堡和府谷两县。

天然气：预测储量 $(6\sim8) \times 10^{12}$ m^3，探明储量 1.18×10^{12} m^3，是迄今我国陆上探明的最大整装气田，气源中心主储区在榆林市靖边和横山两县。气田储量丰度 6.6×10^7 m^3/km^2，属干气，甲烷含量占 96%，乙烷含量占 13%，有机硫极微，在燃烧中不产生灰渣，含煤面积 2300 km^2。

石油：预测储量 6×10^8 t，探明储量 3×10^8 t，油源主储区在定边、靖边、横山、子洲四县。

岩盐：预测储量 6×10^{12} t，约占全国总储量的 50%，其潜在价值达 33 万亿元。探明储量 8.854×10^{11} t，主要分布在榆林、米脂、绥德、佳县、吴堡等地。

湖盐：预测储量 6×10^7 t，探明储量 3.3×10^6 t。

此外，还有丰富的高岭土、铝土矿、石灰岩、石英砂等资源。市内自产水资源总量为 3.092×10^9 m^3，地下水可开采量为 7.81×10^8 m^3。

2.2　区域地质概况

鄂尔多斯盆地位于秦岭北侧、华北地块西部，盆地的北部、东部、南部和西部分别与阴山、吕梁山、秦岭、六盘山和贺兰山接壤，总面积约为 3.7×10^5 km^2，是中国中西部地区最重要的含油气盆地。鄂尔多斯盆地内煤、石油、天然气和铀矿等多种能源矿产共存富集，是我国近期不可替代的重要能源生产基地。其中，石油当量居全国储含油气盆地第二，煤炭资源极为丰富，位列全国储含煤盆地之首，并不断有重要的新发现；近年通过核工业系统及相关单位的共同努力，在盆地北部东胜地区已发现（特）大型砂岩铀矿床，并在盆地边缘发现多处中小型铀矿床，前景较好。另外，盆地内还赋存有多种金属及非金属矿产。

鄂尔多斯盆地是一个典型的多旋回叠合克拉通坳陷盆地，发育在太古宙麻粒岩和古元古代绿片岩基底之上，这些基底发育规模巨大的断裂，是早期（太古宙—新元古代）火山物质上涌的通道。寒武纪后，盆地内部较为稳定，虽然受到周缘造山带的挤压和控制，但是刚性的基底始终没有发生火山活动，内部沉积盖层也没有发生大型断裂，只是隆坳加剧，整体发生东升西降。不过盆地周缘在晚古生代、中生代经历了多次火山活动，并伴随形成盆地周缘的近南北向、近东西向基底断裂，产生了大量火山物质，且在盆地内部发现了来自周缘的火山凝灰岩。具体如图 2－2 所示。

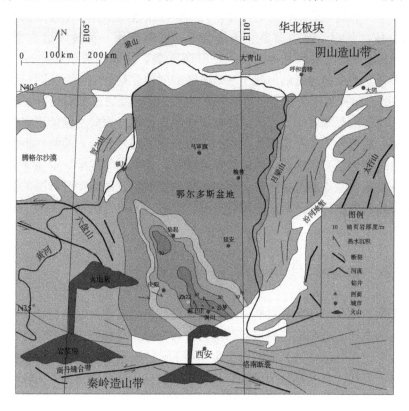

图 2－2　鄂尔多斯盆地区域地质

2.2.1　盆地的整体构造特征

杨俊杰把鄂尔多斯盆地的构造特征概括为 3 个特征：一是整体升降平起平落；二是地层水平，少见背斜；三是沉积盖层薄，岩浆活动弱。盆地内部，地层之间的接触关系以整合和平行不整合为主，几乎不见角度不整合。早期加里东运动使下寒武统和下奥陶统缺失，晚期加里东运动使上奥陶统、志留系、泥盆系缺失，如此大规模的构造运动都没有形成大型的角度不整合，只是形成了平行不整合。后期的构造运动强度要小于加里东运动，如海西期的构造运动使下石炭统缺失。印支期的构造运动，使三叠系顶部形成侵蚀和地貌起伏。燕山期的构造运动是华北地区较强的构造运动，也只是形成了侏罗系和白垩系、白垩系和第三系之间小规模的平行不整合，轻微的角度不整合仅仅见于盆地的边部。鄂尔多斯盆地的这种构造特征与盆地基底的岩石圈类型密切相关。鄂尔多斯是典型的克拉通岩石圈，于晚太古宙—早元古宙最终形成以后，一直保持至今，其间经历中新生代地台"活化"和"改造"。燕山—太行山是华北东部地区新生代发育裂谷作用后残留的造山型岩石圈。

鄂尔多斯的侏罗纪盆地是改造型盆地，经历燕山期和喜山期的改造。也有学者称其为残留盆地，盆地沉积的小部分记录已经消失。

刘池洋等按照盆地后期改造的主要动力学特征及改造形式，把改造型盆地划分为抬升剥蚀、叠合深埋、热力改造、构造变形、肢解残留、反转改造和复合改造等7种类型。王定一把改造型盆地划分为抬升改造型，块断改造型和冲断、褶皱改造型，鄂尔多斯盆地周边的断陷即属于块断改造型盆地。蔡雄飞认为，陆相残余盆地有2种基本类型，即复杂残余盆地和简单残余盆地。前者经历了多期构造运动，剥蚀程度强烈，物源已经很难对应，盆地的原始面貌消失殆尽，垂向上保持不完整，相之间为突变接触；后者经历了一期构造运动，剥蚀程度不强烈，与物源能够很好对应，原始面貌尚有保留但是有所缩小，垂向上保持较好，相之间较连续。刘池洋等指出，去改造层是恢复残余盆地的基本方法。鄂尔多斯的侏罗纪盆地是抬升剥蚀的微弱改造型盆地，构造运动强度低，沉积记录保存得基本完好，是进行沉积学和层序地层学研究的理想场所。

2.2.2 盆地构造单元划分及其构造特征

鄂尔多斯盆地位于华北克拉通西缘，北跨乌兰格尔基岩凸起与河套盆地相邻，南越渭北隆起与渭河盆地相望，东接晋西挠褶带与吕梁隆起相呼应，西经冲断构造带与六盘山盆地、银川盆地对峙，面积约 $2.5 \times 10^5 \ km^2$。根据基底性质、构造发展演化史及构造特征，盆地本部可划分为伊盟隆起、伊陕斜坡、晋西挠褶带、天环坳陷、渭北隆起和西缘逆冲推覆带等6个一级构造单元（图2-3）。

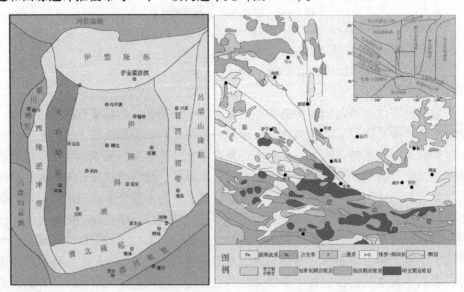

（据长庆油田地质志编写组，1992，修改）

图2-3 鄂尔多斯盆地及外围盆地构造单元划分和盆山耦合关系

2.2.2.1　伊盟隆起

伊盟隆起位于鄂尔多斯盆地最北部，自古生代以来一直处于相对隆起状态，各时代地层均向隆起方向变薄或尖灭，隆起顶部是东西向的乌兰格尔凸起，与新生代河套断陷盆地相邻，隆起区内发现一些短轴背斜及鼻状构造，并发育近东西向的正断层及北东向、北西向的挠曲。伊盟隆起占据盆地北部面积为 $4.3 \times 10^4 \ km^2$ 的区域，基底隆起高，沉积较薄，从下古生代起就常以陆地面貌出现。伊盟隆起的地层发育不完整，缺失多套地层，形成了多个平行不整合和微角度不整合。秦泰梁—独贵加汗—百眼井以北缺失下古生界，上古生界直接上覆于太古代地层之上，向南古生界逐步增厚，构造为一向南倾斜的斜坡，通过地震发现一些背斜或鼻状构造。侏罗系也不完整，下部缺失富县组，上部缺失芬芳河组，安定组的顶部也大多缺失。伊盟隆起与吕梁古陆、阿拉善古陆一起影响着鄂尔多斯盆地的发展与演化。

2.2.2.2　伊陕斜坡

伊陕斜坡又称为陕北斜坡，是指渭北隆起以北、伊盟隆起以南、天环凹陷以东、晋西挠褶带以西的广大地区。陕北斜坡是构成中生界鄂尔多斯盆地主体的西倾平缓单斜，其倾角小，中生界一般小于 1°。陕北斜坡北起乌审旗、鄂托克前旗、伊金霍洛旗，南至正宁、黄陵，西达环县、宁县，东到黄河。晚古元古代晚期至早古生代早期为隆起区，遭受剥蚀，仅在中晚寒武世、早奥陶世沉积了总厚度为 500～1000 m 的海相地层，晚古生代—中生代接受海陆交互、陆相沉积。陕北斜坡是目前鄂尔多斯盆地石油天然气勘探的主要区域。

2.2.2.3　晋西挠褶带

晋西挠褶带位于盆地东缘，呈带状延伸，面积约 $2.3 \times 10^4 \ km^2$。中晚元古代—古生代处于相对隆起状态；晚元古代—古生代相对隆起，仅在中晚寒武世、早奥陶世、中晚石炭世及早二叠世各沉积 100～200 m 地层；中生代侏罗纪末隆起，与华北地台分离，形成鄂尔多斯地区的东部边缘。晋西挠褶带成形于燕山运动，其区域构造东翘西伏，呈阶状跌落，亦可视为伊陕斜坡东部的翘起部分。该构造带的东缘南部发育南北向的狭窄背斜构造，构造带的西部多发育南西向的鼻状构造。

2.2.2.4　天环坳陷

天环坳陷亦称为天环向斜，西邻西缘冲断构造带，东与陕北斜坡在定边—环县一线相接，北依伊盟隆起，南达渭北隆起，南北长约 600 km，东西宽 50～60 km，面积 $3.2 \times 10^4 \ km^2$。

天环坳陷是西缘逆冲推覆带向东推覆和隆升的结果，与西缘逆冲推覆带呈盆山耦合的关系，是在西缘逆冲推覆带的负载作用下，地壳发生弹性变形向下弯曲的产物。一些学者从天环坳陷的形态及其和西缘逆冲推覆带的关系出发，认为天环坳陷就是前陆盆地的前缘。但是，鄂尔多斯盆地西缘是不是前陆盆地这个观点一直存在争议，一些学者认为鄂尔多斯盆地西缘中生代不是典型的前陆盆地，只是形态与前陆盆地相似而已。天环坳陷的形成时代较少有争议，是晚侏罗世到晚白垩世时期燕山运动的结果。天环坳陷的形态呈俯冲状，向西插入西缘逆冲推覆带之下的斜坡。

2.2.2.5 渭北隆起

渭北隆起也称为渭北挠褶带，二者的含义略有不同，渭北隆起不应该包含小秦岭西段，其西南边界应该止于老龙山断层。渭北隆起在中晚元古代到早古生代是一向南倾斜的斜坡，至中石炭世东西两侧下沉，中生代形成隆起，是盆地的南部边缘，面积为 1.8×10^4 km^2。渭北隆起带加里东期褶皱明显，形成韧性 – 脆性冲断构造，并且有燕山期冲断、褶皱叠加其上，喜山期的断块伸展作用也对其进行了进一步改造。该区域按照构造特征的不同，可以划分为三大逆冲挤压构造系，即东西向构造系、北东向构造系和北西向构造系，还有一个渭河断陷盆地伸展构造系。

2.2.2.6 西缘逆冲推覆带

西缘逆冲推覆带呈南北向的狭长带状展布于盆地西部，北起桌子山，南达平凉，西邻阿拉善地块，东与天环坳陷过渡，南北长 600 km，东西宽 20 ~ 50 km，分布面积为 2.5×10^4 km^2。西缘逆冲推覆带构造复杂，很多学者对其非常关注并进行了深入的研究。对西缘逆冲推覆带的研究程度较高，但是结果争议较大。早期的研究工作有陈发景对鄂尔多斯西缘褶皱 – 逆冲断层带的构造特征的探讨，指出西缘存在褶皱 – 逆冲断层型、褶皱 – 逆冲推覆型、褶皱 – 犁式逆冲断层型、反向逆断层型等多种构造类型。综合性的研究集中于 20 世纪 90 年代初期，以赵重远等（1990）著的《华北克拉通沉积盆地形成与演化及其油气赋存》、杨俊杰（1990）主编的《鄂尔多斯盆地西缘掩冲带构造与油气》、汤锡元等（1992）著的《陕甘宁盆地西缘逆冲推覆构造及油气勘探》、李克勤（1992）主编的《中国石油地质志》（卷十二）的出版为代表，对盆地西缘的构造特征进行了系统的研究。此后，盆地西缘的研究向更加深入和精细的方向发展。任战利、高峰等利用磷灰石裂变径迹研究了鄂尔多斯盆地西缘热历史，厘定了西缘逆冲推覆构造的形成时间距今 130 Ma，即晚侏罗世。张进认识到鄂尔多斯盆地西缘构造带南北存在差异，南、北两个带形成时代不同，形成机制各异，南北两部分之间存在着一个较大的侧断坡。盆地西缘构造格局整体近南北向展布，具有东西分带、南北分段的特征。构造线总体走向近南北向（图 2 – 4），构造作用十分复杂，变形强烈，表现为一系列西倾的大型逆冲断层，并伴随着同生和由断层牵引而形成的褶皱，以及反冲断层、后冲断层、正断层和平移断层内反冲断层及内部构造十分发育，褶皱以断展褶皱和断滑褶皱为主。断面一般上陡下缓，往往沿石炭系和二叠系煤系地层滑脱，推覆体系呈叠瓦状构造，逆冲席前锋为背斜隆起，尾部为向斜构造，原地岩体一般变形微弱。构造段之间的构造特征、变形机制和形成时期都有所不同，南北构造分段有两种方案。一种是南北两分的方案，北段主要包括桌子山段、贺兰山中北部、银川地堑地区和横山堡段，南段主要包括贺兰山南部、马家滩段及沙井子段。构造带南北两部分之间存在一个较大的侧断坡。另一种是赵红格等提出的南北三分的划分方案，即南区、中区、北区，中区指北纬 37.5°—38° 横向构造带所在部位，其南、北部边界分别在中宁—中卫断裂带和青铜峡—吴忠断裂带附近。北区分为桌子山段和横山堡段，中区分为转换带和马家滩两大构造带，南区可以分为沙井子北、固原和华亭南三个次级分段（图 2-5）。

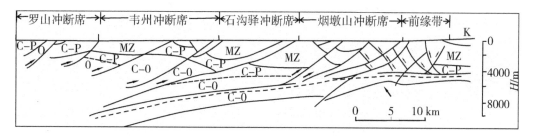

图 2-4　鄂尔多斯盆地马家滩冲断带构造剖面特征

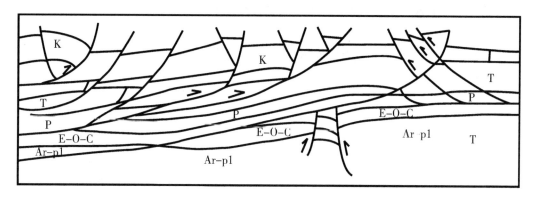

图 2-5　鄂尔多斯盆地华亭—陇县地区地震剖面构造特征

2.3　主要断裂带特征

2.3.1　横山堡逆冲断裂带

横山堡地区的构造形式、逆冲方向等都与其他构造段的不同，其主冲断层走向北偏东，大致呈等间距平行排列，在平面上有 6 组主冲断层，冲断面东倾，冲断块自东向西冲，并发育牵引褶皱。横山堡地区除东倾的逆冲断层外，还有少数断面西倾的次一级逆冲断层，与向东倾的逆冲断层呈"V"字形或反"Y"字形。该段逆冲带的台阶式几何形态不明显，主冲断层的组合形式为叠瓦式，向西逆冲。该段的反冲断层也十分发育，与主冲断层组成背冲式。反冲断层与主冲断层交汇部位组成断层"三角带"，构造变形十分强烈。

2.3.2　磁窑堡构造带

磁窑堡构造带带内不存在大型的逆冲构造，而以一些背向斜相间排列为主，总称为刘家庄复背斜。褶皱的轴向在北端为北北东向，与横山堡构造带的总体方向相近。

中间逐渐过渡为近南北向，向南逐渐过渡为北北西向，与马家滩构造带的总体方向相似，显示出既与相邻两区有一定联系，又表现出明显的过渡带特征。

2.3.3 马家滩褶皱逆冲带

在研究区南部的马家滩褶皱逆冲构造带是由5条主干逆冲断裂形成的典型叠瓦状构造，具有逆冲推覆构造的特征（图2-4）。主冲断层走向为北偏西，冲断面西倾，平面上呈雁列排列。断层面上陡下缓，且常在太原组—山西组煤系地层中发生滑脱，形成底板逆冲断层。与主冲断层相伴生的还有一些同向的分支断层和反向的逆冲断层，同时还伴随着一些和断层成因有密切关系的不对称背斜构造。

2.3.4 甜水堡走滑断裂带

在西缘逆冲推覆带南端，发育走滑断裂，平面上表现为断裂的雁行排列，以及"S"形、反"S"形；剖面上主要表现为花状构造，断面较陡（图2-6）。这种走滑断裂是在剪切应力作用下形成的。

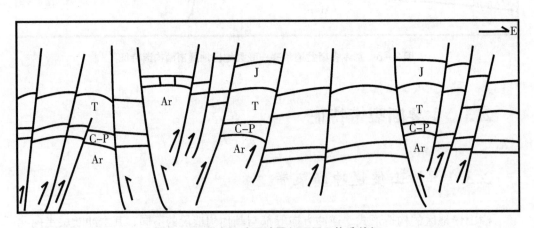

图2-6　甜水堡地区地震剖面显示构造特征

2.3.5 横向断层

主要包括黎家新庄张扭性断层、清水营张扭性断层和摆宴井断层。

黎家新庄张扭性断层：东向延伸，倾向南东，倾角70°，断距约1700 m，致使北侧中下奥陶统同南侧中生界直接接触。该断层分割了横山堡复背斜和刘家庄复背斜。

清水营张扭性断层：北东向延伸，断面倾向北北西，倾角70°～80°，北盘下落。断层南北两侧地层分别为白垩系和第三系。

百眼井断层：北北西—北西向延伸，断面西倾，浅部倾角为60°，深部变缓为

30°，最大断距 2760 m，地表为第四系所覆盖。

2.4 鄂尔多斯盆地构造演化

鄂尔多斯盆地原本属大华北盆地的一部分，直到晚侏罗世与早白垩世之间才逐渐与华北盆地分离，演化为一大型内陆坳陷盆地。该盆地的基底形成于太古代—元古代，其间经历了迁西、阜平、五台及吕梁—中条运动，发生了复杂的变质、变形及混合岩化作用。晚元古代，即吕梁—中条运动之后，鄂尔多斯地区进入了大陆裂谷发育阶段，主要表现为古陆内部及其边缘大规模的裂陷解体，从此区内进入稳定盖层沉积阶段。鄂尔多斯盆地基底岩系之上沉积了巨厚的沉积岩系，包括自中元古界至第三系的地层，累计厚度超过 10000 m（图 2-7）。根据盆地不同发展阶段的地球动力学背景，鄂尔多斯盆地的演化分成以下几个阶段。

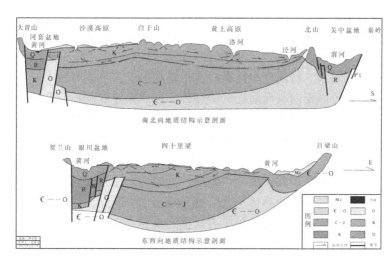

图 2-7 鄂尔多斯盆地南北向、东西向地质结构示意

2.4.1 中晚元古代坳拉槽裂陷盆地

早元古代形成的鄂尔多斯陆壳，由于欠稳定，克拉通化尚在进行。在这种克拉通化仍在进行的硅铝壳上，于中元古代长城纪—蓟县纪发育了一系列的坳拉槽，西部为贺兰坳拉槽，东部为晋陕坳拉槽，而其中间被中央古隆起所分隔，两条裂谷向南分别与活动性显著的秦祁裂谷相接。这一时期沉积了中元古界的长城系及蓟县系，其中长城系为陆相、滨海相碎屑岩，一般厚度大于 500 m，而蓟县系为浅海相藻白云岩，含有叠层石，厚度超过 1000 m。晚元古代盆地因晋宁运动，除西缘和南缘外，该地区上升为陆，形成一个完整的地块，并在青白口纪—震旦纪统一于大的"古中国地台"。该时期的沉积缺失青白口系沉积，后期在局部地区沉积了震旦系罗圈组冰碛泥砾岩。

晋宁运动（早古生代）后，区内裂陷作用基本结束，盆地进入克拉通坳陷与边缘沉降阶段，表现为稳定的整体升降运动，在陆块内部形成典型的克拉通坳陷。

2.4.2　早古生代边缘海盆地

早古生代时鄂尔多斯地台又沿其西南缘拉开了新的秦岭、祁连、贺兰海槽，秦岭、祁连两支拉开较大，而贺兰海槽则被遗弃为坳拉槽。此时，鄂尔多斯地台已成为一向南面洋的宽广陆架，即为一南缘面向秦祁海洋的宽阔陆架。此后在此陆架上，沉积了以碳酸盐岩为主的寒武系和中下奥陶统，海槽内早古生代沉积地层较厚，厚度大于 5000 m，贺兰坳拉槽及地台边缘为稳定型碎屑岩及碳酸盐岩沉积。从沉积相分析，鄂尔多斯地台东侧似仍与广海相通，北侧与中亚－蒙古海的关系尚未明确，但从早古生代的海侵过程和各期的岩相古地理上可以看出，本区的北部地区地势一直比较高，特别是鄂尔多斯地台的北部为一长期隆起区。另外，鄂尔多斯地块相对整个华北盆地而言，始终处于较高的隆起部位，向东逐渐倾伏，在其东部成为一沉降幅度较大的广海，在南北方向上呈现出北高南低的地貌，北部为一古陆，即乌兰格尔－乌审旗古陆，向南为一缓倾斜坡，再向南为向秦岭洋过渡的斜坡。早奥陶世末，即加里东运动旋回晚期，由于秦岭洋壳向华北陆壳的俯冲作用形成秦岭加里东造山带，在渭北—十里塬—耀县一带形成了掩冲推覆带，它将华北地块同其以南的秦岭海槽隔开，从而使陆缘海盆地转变为内克拉通盆地，且该隆起带在后期成为物源剥蚀区。同一时期，华北地块的南（秦岭洋）、北（中亚－蒙古海槽）洋壳向陆下俯冲，造成南北对挤，使华北地台整体抬升，并使秦祁海槽发生褶皱，同时鄂尔多斯地台及贺兰坳拉槽整体抬升遭受侵蚀，地台内部表现为整体抬升，既无褶曲又少断层，其间经历了 1.4 亿年的沉积间断和剥蚀，缺失了中奥陶统—早石炭世的沉积，也结束了华北陆缘海盆的地质历史。

2.4.3　晚石炭世—中三叠世大型内克拉通盆地

晚石炭世，华北盆地（或地块）南北两侧的大洋板块再次分别向华北板块下俯冲，导致北部的中亚－蒙古海槽关闭，使秦岭海槽向南移动，随之使华北克拉通再次略有上升，但仍有地层沉积。北部的中亚－蒙古海槽区在关闭后逐渐褶皱、隆升，使其成为鄂尔多斯盆地北部的物源区。晚石炭世，华北地块结束了长期的抬升剥蚀，开始接受沉积，其沉积范围与早古生代基本相似，早期为海相和海陆交互相沉积，但从中二叠世下石盒子组沉积开始，海水完全退出，进入陆相沉积时期。同时，鄂尔多斯地台在海西运动中期又发生沉降，也曾进入海陆过渡发育阶段。在晚石炭世，原加里东运动形成的贺兰坳拉槽，在祁连褶皱带的推挤作用下重新开始活动。由于受秦岭加里东造山带的影响，华北地块的晚古生代海侵从东、西两个方向进行，其中本溪期尚被本区的定边—庆阳隆起带分隔，直至太原期东西海域才汇合，其后海水退缩，陆相环境逐渐增多。该时期的滨浅海环境可持续到早二叠世山西期，并且该时期的沉积是海陆交互相的煤系地层。早二叠世早期，海水开始退出，鄂尔多斯地台各地沉降幅度趋于一致，普遍为陆相沼泽煤系沉积间夹浅海相石灰岩，表现出海陆交互沉积环境。这一时期的海陆交互相煤系地层到其上的陆相地层之间为渐变关系，其特征是：华北盆地的四周山系或高地的崛起，使其成为一个大型的内陆盆地。

鄂尔多斯盆地此时仍是华北大盆地的一部分，具有同华北盆地相似的环境。古地貌表现出西北高、东南低的特点：北部为一向南缓倾；在西部与盐池隆起相接；在中部与志丹隆起相接，志丹隆起再向西南延伸与彬县—长武隆起相连；南部为秦岭加里东褶皱带。此期沉积以河湖相沉积为特征，早期以河流相为主，晚期以湖泊占优势，沉积物依然保持南厚北薄的特点。

2.4.4 晚三叠世—早白垩世残余克拉通盆地

在晚三叠世时，古特提斯的扩张使中国南部大陆北移，封闭残余的右江和秦岭印支地槽，在这种作用下，扬子地台向北俯冲，阿拉善在特提斯板块东北方向的推挤作用下向东逆冲，这样晚三叠世在盆地的南部和西部分别形成了近东西向和近南北向的带有前缘性质的坳陷带（图2-8）。

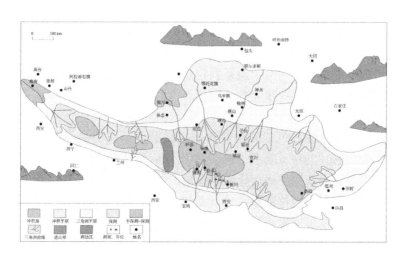

图2-8 鄂尔多斯盆地晚三叠世残余克拉通盆地

晚三叠世的印支运动，造就了鄂尔多斯盆地整体为西高东低的古地貌，此时鄂尔多斯盆地内部形成了大型的内陆淡水湖泊，该湖泊位于盆地的南部，其北部为一南倾的斜坡，西部为隆坳相间的雁列构造格局，而整个湖盆向东南开口。晚三叠世末的印支旋回也使鄂尔多斯盆地整体抬升，湖泊逐渐消亡，同时盆地又遭受侵蚀，形成了沟谷纵横、残丘广布的古地貌景观，在这样的背景下，发育了早侏罗世大型河流相沉积。鄂尔多斯盆地侏罗纪的古构造面貌主要表现为东西差异：西部为南北走向、呈带状分布的坳陷，是盆地的沉降中心；向东变为宽缓的斜坡，完全不同于晚三叠世的构造面貌。鄂尔多斯盆地在南北方向上几乎没有差异。这说明侏罗纪位于盆地南侧的秦岭造山带的构造活动已经不再明显地影响鄂尔多斯盆地内的构造面貌。同样重要的是，由于库拉板块向欧亚大陆之下俯冲，在华北内陆盆地的东部形成近南北向的左旋剪切应力场，大体在现今的渤海湾盆地的范围内形成了一个华北隆起，其上部缺失上三叠统。华北隆起的形成使晚三叠世华北盆地的沉积范围向西推移到太行山以西，以后该隆起逐渐向西迁移。晚侏罗世早期，即安定组沉积之后，鄂尔多斯盆地及周围地区有一次强烈的构造热事件，即以前所谓的燕山运动中幕。本次构造运动在山西地块西部形成了一个以吕梁山为主体，由复背斜和复向斜组成的吕梁隆起带，从而将鄂尔多斯盆地的东界推移到吕梁山以西。早白垩世盆地西缘继续受到向东的逆冲作用，使晚侏罗世的沉降带（芬芳河组砾岩）继续向东推进，形成第二条沉降带，即今天的天环向斜。东部隆起带继续向西推进，使山西地块被掀起，在鄂尔多斯盆地范围内形成一个西倾大单斜，至此鄂尔多斯盆地才发展为一个四周边界和现今盆地范围基本相当的独立盆地。

2.4.5 鄂尔多斯周缘断陷盆地的形成

在新生代，由于太平洋板块向亚洲大陆东部之下俯冲产生弧后扩张作用，同时印度板块与亚洲大陆南部碰撞并向北推挤，使中国东西之间产生了近南北向的右行剪切应力场，并在鄂尔多斯地区产生了北西—南东向张应力。这样，利用狼山和汾渭弧形构造带中发育的中生代压性破裂带，形成了环绕鄂尔多斯盆地西北和东南的河套弧形地堑系和汾渭弧形地堑系。这两个地堑系在盆地一侧发生裂谷均衡翘升，使此前已存在的伊盟隆起和渭北隆起进一步隆升，隆起部位的中生代地层进一步遭受剥蚀，最终形成了现今高原地貌景观。

综观盆地的演化过程，可以看出盆地是由吕梁期形成的统一固化结晶基底（太古代和元古代变质岩）与中元古代、新元古代以后形成的盖层沉积构成，具有明显的二元结构，因此它属于克拉通边缘坳陷盆地。另外，中生代后期，因其在西部边缘相邻褶皱带一侧广泛发育逆冲断层并伴有褶皱，成为较窄的陡翼，显示出不对称性，也有部分学者认为鄂尔多斯盆地属前陆盆地。无论怎样，该盆地都是一个中新生代盆地叠加在古生代盆地之上的叠合盆地。

参考文献

[1] 杨俊杰. 鄂尔多斯盆地构造演化与油气分布规律 [M]. 北京：石油工业出版社，2002.
[2] 田在艺，张庆春. 中国含油气沉积盆地论 [M]. 北京：石油工业出版社，1996.
[3] 任纪舜. 中国油气勘探和开发战略 [M]//中国石油论坛. 21 世纪中国石油天然气资源战略：中国石油论坛报告文集. 北京：石油工业出版社，2000.
[4] 刘池洋，赵红格，桂小军，等. 鄂尔多斯盆地演化——改造的时空坐标及其成藏（矿）响应 [J]. 地质学报，2006，80（5）：617 – 638.
[5] 刘池洋，杨兴科. 改造盆地研究和油气评价的思路 [J]. 石油与天然气地质，2002，21（1）：11 – 14.

［6］刘池洋，孙海山. 改造型盆地类型划分［J］. 新疆石油地质，1999，20（2）：79-82.

［7］王定一. 改造型含油气盆地类型及研究思路［J］. 石油与天然气地质，2000，21（1）：19-23.

［8］刘正宏，徐仲元，杨振升，等. 鄂尔多斯北缘石合拉沟逆冲推覆构造的发现及意义［J］. 地质调查与研究，2004，27（1）：24-27.

［9］孙肇才，谢秋元，杨俊杰. 鄂尔多斯盆地——一个不稳定的克拉通内部叠合盆地的典型［M］//朱夏，徐旺. 中国中新生代沉积盆地. 北京：石油工业出版社，1990.

［10］赵重远，刘池洋. 华北克拉通沉积盆地形成与演化及其油气赋存［M］. 西安：西北大学出版社，1990：1-74.

［11］孙国凡，刘景平，刘克琪，等. 华北中生代大型沉积盆地的发育及其地球动力学背景［J］. 石油与天然气地质，1985，3（6）：280-286.

［12］郭忠铭，张军，于忠平. 鄂尔多斯地块油区构造演化特征［J］. 石油勘探与开发，1994，21（2）：22-29.

［13］冯增招. 沉积岩石学［M］. 北京：石油工业出版社，1993.

［14］汪泽成，刘焕杰，张林，等. 鄂尔多斯含油气区构造层序地层研究［J］. 中国矿业大学学报，2000，29（4）：27-30.

［15］蔡雄飞. 造山带残余盆地的研究方法［J］. 地学前缘，2004，11（1）：68-72.

［16］高山林，韩庆军，杨华，等. 鄂尔多斯盆地燕山运动及其与油气关系［J］. 长春科技大学学报，2000，30（4）：44-50.

［17］杨圣彬，郭庆银，侯贵廷，等. 鄂尔多斯盆地西缘北段沉降史与沉积响应［J］. 北京大学学报（自然科学版），2006，42（2）：14-20.

［18］陈刚，李向平，周立发，等. 鄂尔多斯盆地构造与多种矿产的耦合成矿特征［J］. 地学前缘，2005，12（4）：34-50.

［19］谭永杰. 鄂尔多斯盆地南缘构造性质及其控煤意义［J］. 中国煤田地质，1994，6（3）：27-31.

［20］任战利. 鄂尔多斯盆地热演化史与油气关系的研究［J］. 石油学报，1996，17（1）：2-8.

［21］高峰，王岳军，刘顺生，等. 利用磷灰石裂变径迹研究鄂尔多斯盆地西缘热历史［J］. 大地构造与成矿学，2000，24（1）：87-91.

［22］张进，马宗晋，任文军. 对盆山耦合研究的新看法［J］. 石油实验地质，2004，26（2）：169-175.

［23］汤锡元，郭忠铭. 鄂尔多斯盆地西部逆冲推覆构造带特征及其演化与油气勘探［J］. 石油与天然气地质，1988，9（1）：2-8.

［24］赵红格，刘池洋，王峰. 鄂尔多斯盆地西缘的构造分区性探讨［J］. 地学前缘，2005，12（4）：18-25.

［25］尤继元. 鄂尔多斯盆地南缘三叠系延长组长7喷积岩特征及其与烃源岩关系研究［D］. 西安：西北大学，2020：17-22.

［26］YOU J Y, LIU Y Q, ZHOU D W, et al. Activity of hydrothermal fluid at the bottom of a lake and its influence on the development of high-quality source rocks：Triassic Yanchang Formation, southern Ordos Basin, China［J］. Australian journal of earth sciences, 2019, 67（1）：115-128.

模块 3 鄂尔多斯盆地地层特征

鄂尔多斯盆地沉积盖层平均沉积岩厚度为 5000 m。其中，中上元古界以海相、陆相的裂谷沉积为特征，厚度为 200～3000 m；下古生界以海相碳酸盐岩为主，厚度为 400～1600 m；上古生界以沼泽、三角洲、河流相为主，厚度为 600～1700 m；中生界以内陆河流、湖泊沼泽相沉积为主，地层厚度为 500～3000 m；新生界在盆地内部较薄，厚度约为 300 m，而在盆地周缘的新生代断陷盆地中，沉积厚度较大，一般超过 5000 m。本模块主要介绍鄂尔多斯盆地各主要地质年代沉积的岩石及其地层特征。

能力要素

（1）掌握地层划分与对比的方法。
（2）了解鄂尔多斯盆地古生界、中生界、新生界的地层特征。
（3）了解不同地质年代的基本地层特征。
（4）掌握鄂尔多斯盆地三叠系延长组赋存石油、天然气资源的地层特征。
（5）掌握鄂尔多斯盆地侏罗系延安组煤系地层特征。
（6）熟练掌握地质年代表。

实践衔接

榆林地区的野外剖面露头主要发育三叠系延长组湖相沉积砂岩、侏罗系延安组河流相沉积砂岩，寻找自己周围的野外地层或岩石，仔细观察地层特征、岩石类型。要能识别河流相砂岩沉积，观察其中发育的平行层理、交错层理及植物化石碎片。

思考题

（1）石炭纪主要生物门类（植物、蜓、珊瑚、腕足、菊石、脊椎动物等）及化石代表有哪些？
（2）晚石炭世—二叠纪植物分区及各区主要发育特征是什么？
（3）石炭系分阶及北方石炭系的划分（主要岩石特征及生物群面貌，要求到组）。
（4）华北板块石炭系的划分、横向变化及古地理。

（5）鄂尔多斯盆地对二叠纪末生物大灭绝的响应有哪些？

3.1　中上元古界

鄂尔多斯盆地处于我国东西南北四大不同构造域活动影响的复合部位，西跨南北构造带，新生代中晚期以来又受青藏高原演化、隆升和向东北挤出的明显影响，构造活动频繁，后期改造强烈，地质特征复杂多样。盆地内进一步划分为西缘冲断推覆构造带、天环向斜、陕北斜坡、渭北挠褶区、晋西挠褶区、伊盟隆起等6个一级构造单元，其中，陕北斜坡是构造盆地的主体，是盆地内较大的一级构造单元，它在古生代一直继承发展。从区域地质结构分析，盆地西部是深坳陷斜坡区，中部是古隆起潮坪区，东部是浅坳陷盐洼带。

3.1.1　地层特征

中上元古界由长城系、蓟县系和震旦系组成。长城系中、下部属陆相，岩性为浅紫红色、灰白色石英岩夹杂色板岩，一般厚约160 m；上部可出现海泛层，岩性为灰色、灰黑色粉砂质板岩，硅质板岩及灰色含燧石条带的云质灰岩与石英砂岩，一般厚约160 m，在盆地的天深1井及庆深1井中都钻遇该地层。蓟县系主要岩性为灰色和棕红色白云岩、颗粒白云岩、藻白云岩、叠层石白云岩及泥质白云岩，含燧石团块并夹少量砂岩、页岩，在盆地的庆深1井中钻遇该地层，厚度为305 m，层位偏下，上部地层缺失。长城系和蓟县系发育于该区的大陆裂谷之中，其沉积层序为典型的裂谷充填层序，与下伏地层呈假整合接触。区内的震旦系是一套山麓冰川沉积物，零星出露于盆地四周，名为罗圈组或正目观组，与下伏长城系和蓟县系呈假整合接触。

3.1.2　前寒武生物记录

地球上最早的生命记录包括格陵兰38亿年前地层发现的碳氢化合物、西澳大利亚35亿—34亿年前地层发现的丝状和链状细胞体、南非20亿—19亿年前地层中发现的微古植物和叠层石等。中国元古宙地层中发育种类繁多的微古生物化石群，多产于19亿年以后的地层中。中元古代早期的藻类个体小、膜壳较薄、纹饰简单，如光面小球藻（*Leiominascala*）。16亿—10.5亿年前，开始出现膜壳较厚、个体较大、纹饰复杂、形状多样的类型，如粗面球形藻（*Trachyshaeridium*）、方形藻（*Quadratimorpha*）、有核球形藻（*Nuceilosharidium*）等，主要为原核生物。10.5亿年前开始出现多种丝状体、球形藻，纹饰更加复杂，个体一般较大。同时大量出现褐藻、红藻等高级藻类，以真核生物的形式出现。除微体藻类之外，新元古代出现大量的宏观藻类，肉眼可见，如乔尔藻（*Chuaria*）、龙凤山藻（*Longfengshania*）。

太古宙和元古宙还发育大量与蓝细菌类生命活动有关的生物沉积体——叠层石。它是由蓝细菌和其他真核藻类及真菌等共同形成的。它不是单一的群体，而是小的生物群落。叠层石的层是由微古植物生长层和沉积层交互形成的。叠层石的形态、结构既受形成叠层石的生物控制，又受生态因素和形成环境的影响。叠层石在我国分布广泛，多见于华北板块和扬子板块的元古宇，其中，距今 20 亿—7 亿年间是叠层石最繁盛的时期，分布最广且形态各异，是划分对比元古宇的重要标志之一。距今 20 亿—17 亿年间，以格鲁纳叠层石（*Grunaria*）和喀什叠层石（*Kussiella*）最为常见。距今 16 亿—12 亿年间，以锥状叠层石（*Conophyton*）、假裸枝叠层石为主（*Pseudogymnosolen*）。距今 12 亿—10 亿年间，多以贝加尔叠层石（*Baicalia*）为主。距今 10 亿—8 亿年间，则多产裸枝叠层石（*Gymnosole*）和林奈叠层石（*Linela*）等。这种分布只是一种粗略的趋势，叠层石的形成与建造叠层石的菌藻类演化及沉积环境都有密切关系，实际应用时要有所区别。

3.2 下古生界

下古生界由寒武系、奥陶系地层组成。除盆地西部和南部边缘外，早古生代地层的沉积特点与华北类似，缺失中晚奥陶世、志留纪、泥盆纪沉积，从寒武纪到早奥陶世均以稳定的地台型碳酸盐岩沉积为主，古生物群亦与华北相同。但在盆地西缘和南缘，因濒临秦祁海槽而具过渡型的沉积特征，其特点是地层发育全、沉积厚度大、有大量的碎屑岩和火山凝灰岩出现，并在早奥陶世开始出现华南型古生物群分子，这些特征均显示着秦祁海槽对盆地西缘和南缘的影响。

3.2.1 寒武系

在榆林地区出露于黄河两岸，主要为一套海相碳酸盐岩类沉积构造，下部为灰色竹叶状灰岩和鲕状灰岩，泥质灰岩、薄层灰岩夹紫色钙质页岩、紫色竹叶状灰岩和鲕状灰岩。华北板块主体自晚元古代后期抬升后一直遭受风化剥蚀，早寒武世开始接受海侵。寒武纪华北地区为稳定的陆表海碳酸盐沉积，其南缘以主动大陆边缘与秦岭洋毗邻。

（1）下统馒头组为紫红色钙质页岩夹泥质灰岩，泥裂、雨痕、岩盐假晶、波痕和鱼骨状交错层理等沉积构造发育，属于热气候条件下的滨浅海沉积。内含三叶虫——中华莱德利基虫，相当于滇东龙王庙，代表早寒武世晚期的沉积。

（2）中寒武统毛庄组、徐庄组均为以紫色泥岩为主的陆源碎屑岩，自下而上碳酸盐含量增高，以滨浅海沉积为主。中统上部张夏组以鲕状灰岩为主，含德氏虫等三叶虫化石，但保存破碎，灰岩中破痕、交错层理发育，代表典型的潮下高能环境沉积。

（3）上统崮山组、长山组和凤山组三个组的岩性基本相同，为灰岩、泥质灰岩和竹叶状灰岩（竹叶状灰岩是一种同生砾岩，成岩过程中半固结的灰岩遭受浪潮冲击，经破碎、磨圆、再沉积而成，具有风暴作用的特点），含蝙蝠虫和蝴蝶虫等三叶虫化石（图 3 – 1）。

图3-1 寒武纪的海底世界与云南澄江生物化石

3.2.2 奥陶系

华北地区奥陶系主要是碳酸盐沉积,下奥陶统发育齐全,岩相稳定;中奥陶统、上奥陶统发育不全,仅在少数地区有沉积。

(1)下统冶里组与寒武系之间为连续沉积,岩性为厚层灰岩夹竹叶状灰岩及页岩,含有三叶虫、腕足类和树形笔石等底栖型生物,砾屑灰岩中的灰岩砾石表面无氧化圈,说明环境为潮下浅海,没有暴露出水面。

(2)下统亮甲山组下部为灰岩,含底栖的腕足类、腹足类、古杯和海绵等,仍为正常浅海环境,向上逐渐变成白云岩,且化石稀少,代表潮上蒸发环境。

(3)下统马家沟组都由灰岩、灰质白云岩、白云岩组成,马家沟组上段局部出现膏溶角砾岩,均代表浅海—潮上环境。

3.2.3 志留系

在志留纪,鄂尔多斯盆地北缘因地层抬升而遭受剥蚀,志留系在该地区缺失。

3.2.4 早古生代生物

早古生代的时间界限是距今 543—410 Ma,延续时间为 133 Ma,包括寒武纪(543—490 Ma)、奥陶纪(490—438 Ma)、志留纪(438—410 Ma)。根据中国地层委员会 2002 年的方案，寒武纪和奥陶纪为三分，分为早、中、晚三个世，志留纪为四分，分为早、中、晚、顶四个世。早古生代生物界是海生无脊椎动物的繁盛时期，几乎所有的海生无脊椎动物门类都已出现，因此，早古生代又称为海生无脊椎动物时代。以三叶虫、笔石、头足类、腕足类、珊瑚、牙形石最为重要。

3.2.4.1 寒武纪生命大爆发

在长达 46 亿年的漫长地质历史时期中，新元古代与寒武纪之交，地球的岩石圈、大气圈、水圈和生物圈发生了诸多重大变化，吸引了大量国内外学者的高度关注。新元古代早期罗迪尼亚超大陆的聚合与解体、新元古代成冰纪全球范围的雪球地球事件、盖帽碳酸盐岩沉积、第二次大氧化事件、新元古代末期至寒武纪早期冈瓦纳超大陆的聚合、埃迪卡拉纪末期海水盐度急剧降低、显生宙初期寒武纪全球海平面上升运动、寒武纪早期海水钙离子浓度大幅增高、全球范围内的富磷事件、大量生物群（如蓝田宏体生物群、瓮安胚胎化石群、庙河生物群、埃迪卡拉生物群、西陵峡生物群、江川生物群、高家山生物群）出现、小壳化石大辐射等众多地质事件的发生，使该时期成为地学研究的热点之一。寒武纪是显生宙地球生物和环境发生巨变的重大转折时期。地球在经历了长达 35 亿年的由前寒武纪微生物主导的原始海洋生态系统之后，开始向 5 亿年之久的由后生动物主导的显生宙海洋生态系统转变。

寒武纪早期是生命进化的分水岭。在 19 世纪上半叶，查尔斯·达尔文已经意识到这个时期的化石记录发生了惊人的变化，那就是许多动物突然出现在化石记录中，而在更早期的岩层中却没有找到明显的祖先化石。他在《物种起源》中陈述了无法解释寒武纪化石突然出现这一事实。这一事件被广泛认为是生命演化历程中最壮观又难以理解的一幕，后来这一史无前例、绝无仅有的重大生物演化事件被称为"寒武纪大爆发"。寒武纪大爆发期间产生的大量精美的化石为探索各门类生命的早期起源与辐射演化提供了一个绝佳的窗口，是长期受多学科领域关注的研究热点，也是科学普及领域的焦点。最新的研究揭示了寒武纪大爆发时期动物的多样性和丰富度明显增加。从严格的时间意义上讲，寒武纪大爆发的本质是两侧对称动物门类在寒武纪初期爆发式出现的生物演化事件。大量动物门类出现的同时还伴随着躯体结构创新事件及后生动物获得运动能力、生物矿化的发生。其中，动物骨骼的起源、动物躯体构型的多样化与埃迪卡拉纪－寒武纪过渡时期的生态和地球圈－生物圈相互作用的剧烈变化息息相关。近期的研究揭示了矿化的动物骨骼的首次形成时间集中在埃迪卡拉纪－寒武纪过渡时期。随着这些骨骼动物的大量出现，埃迪卡拉纪有机质体壁或微矿化动物被寒武纪的具生物矿化骨骼动物替代。它们一出现就迅速向寒武纪初期海洋的各个生态领域扩散，并逐渐在海洋生态系统中占据了主导地位。

3.2.4.2 三叶虫

三叶虫（Trilobites）是三叶虫纲球接子目动物，分布于英属哥伦比亚、纽约州，以及中国、德国等地。三叶虫大多适应浅海底栖爬行或以半游泳生活，还有一些在远洋中游泳或远洋中漂浮生活；为雌雄异体，卵生，个体发育过程中经过了多次周期性蜕壳。它是节肢动物的一种，形状大多为卵圆形或椭圆形，个体大小相差很悬殊；全身明显分为头、胸、尾三部分，背甲坚硬，背甲被两条背沟纵向分为大致相等的三片。三叶虫化石如图 3-2 所示。

图 3-2　三叶虫化石

早寒武世三叶虫以莱德利基虫目为主，头大、尾小、胸节多、头鞍长锥形、鞍沟明显、眼叶大，代表化石有莱德利基虫、古油栉虫（*Palaeolunus*）等；还有头尾等大、个体较小、营浮游生活的古盘虫亚目，如湖北盘虫（*Hupeidiscus*）。中寒武世以褶夹虫目的大量出现为标志，初期常见宽阔的固定夹，头鞍截锥形，具平直的眼脊和较小的尾板，如山东盾壳虫。晚寒武世中晚期常出现一些头鞍特殊的属，如褶盾虫。中晚寒武世还广泛分布营浮游生活的球接子类，这一类头尾等大，头甲和尾甲凸出似球形，其化石是重要的标准化石。奥陶纪由于新生游泳的鹦鹉螺类和笔石类的大量出现和兴盛，三叶虫在海洋中不占统治地位，与寒武纪相差较大，以斜视虫亚目、三瘤虫亚目占优势，一般尾甲较大，为等尾型，头鞍前叶膨大，代表有指纹头虫、古等称虫、南京三瘤虫、小达尔曼虫等。志留纪三叶虫明显衰退，仅镜眼虫目较为重要，代表有似彗星虫、王冠虫等。

3.2.4.3　笔石

笔石动物（Graptolthines）是古无脊椎动物，过去被认作腔肠动物，现在作为口索动物的一纲。身体由胎管和胞管组成。胎管是一个圆锥体，为笔石虫从卵孵出时的原始房室。其后从胎管芽生胞管作为住室，发育成群体。保存成化石的一般是胞管的几丁质外壳。一般生活在平静的海洋里，多数种属营漂浮生活，有些营固着生活。寒武纪出现，至石炭纪后期灭绝。笔石演化快、分布广，其化石是划分和对比地层的重要化石之一。

化石中最常见的有树形笔石和正笔石。树形笔石呈树状或丛状，大多数营底栖固着生活，常与腕足类、三叶虫类等共生，代表正常浅海环境。树形笔石最早发现于中寒武世，灭绝于早石炭世。正笔石由一枝至多枝组成，笔石枝从下垂至上斜上攀生长，胞管形态多变，营漂浮生活，从奥陶纪起大量发展，至早泥盆世灭绝。正笔石类演化迅速、分布广泛，是奥陶系、志留系划分和对比的主要依据。

3.2.4.4　珊瑚

珊瑚最早出现于寒武纪，我国在早奥陶世发现板状珊瑚，于晚奥陶世开始繁盛。主要为单带型的四射珊瑚和床板珊瑚，如扭心珊瑚、阿尔盖珊瑚、似网膜珊瑚。志留纪是珊瑚的第一个繁盛期，以单带型、泡沫型四射珊瑚（图3-3）和床板珊瑚为主，并可造礁，此时的代表有泡沫珊瑚、十字珊瑚、蜂巢珊瑚、链珊瑚和日射珊瑚。

图3-3　四射珊瑚化石

3.2.4.5　奥陶纪末的生物大灭绝

晚奥陶纪（大约4.45亿年前）的生物大灭绝事件是已知的最大事件之一，当时的海洋生物遭遇了灭顶之灾，珊瑚、腕足动物、三叶虫等生物门类的多个类群几乎

"全军覆灭"。这次大灭绝重创了海洋生态系统，导致当时85%的海洋生物物种灭绝。科学界普遍认为，导致这场灾难的罪魁祸首就是奥陶纪末的冰川事件。关于奥陶纪末的生物大灭绝，以前主导的观点是将两幕式生物灭绝与当时冰期的开始和消融联系起来。长期以来，这次大灭绝事件的基本过程被描述为两幕式：第一幕起因于凯迪期与赫南特期之交冈瓦纳冰盖的形成，造成新的凉水海洋生物全球广泛分布；第二幕则由于赫南特晚期的冰川消融，导致早前的凉水动物整体消亡。随着冰期后海平面的上升和该群落的灭绝，奥陶纪与志留纪边界区间通常由浮游葡萄石组成，这是因为海平面上升导致全球缺氧，并沉积了多层黑色富有机质泥岩。大灭绝后生存动物群的多样性较低，尤其是底栖群落，但生态结构恢复较快。一些同期的地点保存了超过75种海绵物种，其中许多保存了软组织，与正常存活和早期恢复的动物群形成了鲜明对比，如图3-4所示。

图3-4　奥陶纪的海洋假想

3.3　上古生界

上古生界由石炭系和二叠系地层组成。下二叠统及其以下地层为暗色含煤碎屑岩建造，以上地层为红色碎屑岩建造。全区地层分异不大，仅石炭系存在祁连和华北两种沉积类型。前者称为羊虎沟组，其特点是沉积早、发育全、厚度大（160～1400 m），潟湖相发育；后者称为本溪组，其特点是沉积晚、厚度小（50～200 m），以潮坪相发育为特征。两者大致分界于乌海—定边—庆深2井一线。二叠系为海陆过渡相与内陆河湖相间互沉积，其组内各组之间以整合接触为主。

3.3.1　泥盆系

在泥盆纪，鄂尔多斯盆地北缘因地层抬升而遭受剥蚀，泥盆系在该地区缺失。

3.3.2　石炭系

石炭系分布于黄河两岸密沟、小缸房和哈拉乌素沟一带及偏关县关河口以南的黄河流域，露头多不连续，主要为一套海陆交互相的碎屑岩沉积。

（1）中统本溪组。主要分布于东胜—榆林—延安一线以东地区，露头岩性较杂，有泥岩、石英砂岩、煤层、薄层灰岩、透镜体、铁铝土岩。砂岩成分以石英为主，长石次之，次圆状，泥质胶结，疏松。泥岩质纯，吸水性及可塑性差，较硬，是海陆交互频繁、添平补齐、快速沉积的产物。电性上表现为低电阻，自然伽马高值，井径较规则。分层依据：进入本组地层以大段灰黑色泥岩为主，电性上与下伏地层形成明显分界。与下伏马家沟组地层不整合接触。

（2）上统太原组。岩性为灰褐、深灰色泥晶灰岩与灰黑色炭质泥岩及煤层互层，底部夹灰白色粉砂岩。灰岩成分主要为方解石，见少量陆源碎屑，遇盐酸反应剧烈，具贝壳状断口。砂岩成分以石英为主，长石次之，半棱角状，泥质胶结，较疏松。电性表现为电阻率自上而下由高变低，井径较规则，声速曲线顶部明显低于山西组，呈尖峰状，自然伽马低值。分层依据：本组地层顶部灰岩为重要标志，电性特征明显。与下伏本溪组地层呈整合接触。

3.3.3　二叠系

二叠系主要出露于黄河西岸刘家塔—窑沟以南至府谷一带，呈南北向展布，为一套陆相碎屑岩沉积建造。

（1）下统山西组。岩性：上部为灰、褐灰色泥岩和砂质泥岩夹浅灰、灰白色细砂岩；下部为灰、深灰色泥岩和砂质泥岩夹灰白色细砂岩、炭质泥岩及煤层，是一套海退后的湖沼相、三角洲平原相沉积。砂岩成分以石英为主，长石次之，半棱角至次圆状，泥质胶结，较致密至较疏松。泥岩质纯，较硬，吸水性及可塑性较好。电性上表现为电阻率呈高值，井径不规则，声速曲线上部平缓、下部起伏变化大，呈尖齿状，自然伽马呈中至高值。分层依据：进入本组地层泥岩颜色加深，有煤层，炭质泥岩出现气测基值抬高，电性上表现为高电阻率、高伽马值。与上伏地层太原组呈假整合接触。

（2）中统下石盒子组。岩性：上部为暗棕色泥岩夹浅灰、灰白色砂岩；中部为暗棕色、浅灰色泥岩与灰绿、灰色砂岩互层；下部属半氧化环境下的内陆河流相沉积。按岩性组合自上而下分为4个沉积正旋回——盒5～8，每个旋回一般都是由总厚度为5～35 m的1～3个砂层，其上封盖20～60 m的泥质岩组成。盒7、盒8砂岩发育，厚度大，泥岩薄，砂岩以浅灰、灰绿色长石和岩屑质石英砂岩居多，粒度包括中粒、粗粒、不等粒，自上而下由细变粗，由北至南变细，厚度为140～160 m。电性上表现为低电阻率，呈小锯齿状，井径不规则，自然伽马曲线高低值变化明显。分层依据：进入本组地层泥岩大段出现，砂岩颜色变浅，电阻率明显低于山西组。与下伏山西组呈整合接触。

（3）上统上石盒子组。上石盒子组在盆地北部榆林地区及其周围普遍发育，厚度变化趋势与下石盒子组相同，厚 200 m 左右，向东有加厚趋势。该组最显著的特征是一套暗紫红、灰紫红色的湖相泥岩夹杂色砂岩及薄层凝灰岩，泥片含砂，具蓝灰色斑块。砂岩成分复杂，以长石质岩屑砂岩、长石砂岩为主。重矿物中绿帘石含量普遍较下石盒子组高。含数层色彩鲜艳的凝灰岩，其岩性主要是玻屑凝灰岩、晶屑凝灰岩及沉积凝灰岩等。本组自然电位偏正，电阻率较低。

（4）上统石千峰组。岩性：上部为棕色、棕褐色泥岩和砂质泥岩夹浅棕、浅灰色细砂岩；中部为棕褐色、棕红色泥岩与浅棕、浅灰、灰白色细砂岩互层；下部为浅灰色细粉砂岩与暗棕色泥岩呈不等厚互层。砂岩成分以石英为主，长石次之，半棱角至次圆状，泥质与铁质胶结，较疏松至致密。泥岩质纯，具吸水性及可塑性。电性上表现为电阻率为中至高值，井径不规则，自然伽马曲线高低值变化大，对砂泥岩分辨明显。分层依据：进入本组地层泥岩颜色以红为主，电阻率明显高于石盒子组的。与下伏石盒子组地层呈整合接触。鄂尔多斯盆地古生代地层简表见表 3 - 1。

表 3 - 1　鄂尔多斯盆地古生代地层简表

界	系	统	组	是否含油气	厚度/m	岩性描述
古生界	二叠系		石千峰组	否	20 ～ 250	上部为棕色、棕褐色泥岩和砂质泥岩夹浅棕、浅灰色细砂岩；中部为棕褐色、棕红色泥岩与浅棕、浅灰、灰白色细砂岩互层；下部为浅灰色细粉砂岩与暗棕色泥岩呈不等厚互层
		上统	上石盒子组	是	18 ～ 220	暗紫红、灰紫红色的湖相泥岩夹杂色砂岩及薄层凝灰岩，泥片含砂，具蓝灰色斑块。砂岩成分复杂，以长石质岩屑砂岩、长石砂岩为主。重矿物中绿帘石含量普遍较下石盒子组高。含数层色彩鲜艳的凝灰岩，其岩性主要是玻屑凝灰岩、晶屑凝灰岩及沉积凝灰岩等
		中统	下石盒子组	是	80 ～ 190	上部为暗棕色泥岩夹浅灰、灰白色砂岩；中部为暗棕色、浅灰色泥岩与灰绿、灰色砂岩互层；下部属半氧化环境下的内陆河流相沉积
		下统	山西组	是	80 ～ 160	上部为灰、褐灰色泥岩和砂质泥岩夹浅灰、灰白色细砂岩；下部为灰、深灰色泥岩和砂质泥岩夹灰白色细砂岩、炭质泥岩及煤层，是一套海退后的湖沼相、三角洲平原相沉积。砂岩成分以石英为主，长石次之，半棱角至次圆状，泥质胶结，较致密至较疏松

续表 3-1

界	系	统	组	是否含油气	厚度/m	岩性描述
古生界	石炭系	上统	太原组	是	60~80	灰褐、深灰色泥晶灰岩与灰黑色炭质泥岩及煤层互层，底部夹灰白色粉砂岩。灰岩成分主要为方解石，见少量陆源碎屑，遇盐酸反应剧烈，具贝壳状断口。砂岩成分以石英为主，长石次之，半棱角状，泥质胶结，较疏松
		中统	本溪组	是	10~40	岩性较杂，有泥岩、石英砂岩、煤层、薄层灰岩、透镜体、铁铝土岩。砂岩成分以石英为主，长石次之，次圆状，泥质胶结，疏松。泥岩质纯，吸水性及可塑性差，较硬，是海陆交互频繁、添平补齐、快速沉积的产物
	奥陶系	上统	背锅山组	否	230~700	灰白、深灰色厚层至块状内碎屑灰岩
		中统	平凉组	否	110~1140	灰绿色夹砂岩及砾状灰岩透镜体；盆地南部为黄灰色页岩夹薄层砾屑及凝灰岩
		下统	马家沟组	否	200~1000	由灰岩、灰质白云岩、白云岩组成，马家沟组上段局部出现膏溶角砾岩，均代表浅海—潮上环境
			亮甲山组	否	30~180	下部为灰岩，含底栖的腕足类、腹足类、古杯和海绵等，仍为正常浅海环境；向上逐渐变成白云岩，且化石稀少
			冶里组	否	70~200	岩性为厚层灰岩夹竹叶状灰岩及页岩，含有三叶虫、腕足类和树形笔石等底栖型生物
	寒武系	上统	凤山组	否	5~40	三个组的岩性基本相同，为灰岩、泥质灰岩和竹叶状灰岩（竹叶状灰岩是一种同生砾岩，为成岩过程中半固结的灰岩遭受浪潮冲击，经破碎、磨圆、再沉积而成，具有风暴作用的特点），含蝙蝠虫和蝴蝶虫等三叶虫化石
			长山组	否	10~40	
			崮山组	否	70~200	
		中统	张夏组	否	200~300	均为以紫色泥岩为主的陆源碎屑岩，自下而上碳酸盐含量增高，以滨浅海沉积为主。中统上部张夏组以鲕状灰岩为主，含德氏虫等三叶虫化石，但保存破碎，灰岩中破痕、交错层理发育，代表典型的潮下高能环境沉积
			徐庄组	否	45~120	
			毛庄组	否	30~40	

续表 3-1

界	系	统	组	是否含油气	厚度/m	岩性描述
古生界	寒武系	下统	馒头组	否	30~80	紫红色钙质页岩夹泥质灰岩，泥裂、雨痕、岩盐假晶、波痕和鱼骨状交错层理等沉积构造发育，属于热气候条件下的滨浅海沉积。内含三叶虫——中华莱德利基虫，相当于滇东龙王庙，代表早寒武世晚期的沉积
			猴家山组	否	0	缺失

3.3.4　晚古生代生物

晚古生代的时间界限为距今 410—250 Ma，延续时间为 160 Ma，包括泥盆纪（410—354 Ma）、石炭纪（354—295 Ma）、二叠纪（295—250 Ma）。目前，泥盆纪三分为早、中、晚泥盆世，石炭纪二分为早、晚石炭世，二叠纪三分为早、中、晚二叠世。

3.3.4.1　脊椎动物的发展

泥盆纪鱼类繁盛，被称为"鱼类时代"。淡水鱼大量出现，它们生活于内陆湖泊、河流和河口地区，体现了动物征服大陆的过程。早泥盆世鱼类以无颌类为主，属于低等鱼形动物；中、晚泥盆世以盾皮鱼为主，明显的进化使其上下颌分化，如沟鳞鱼；晚泥盆世，生物征服大陆又迈出了巨大的一步，鱼类向两栖类演化。晚泥盆世鱼类种类繁多，其中一类称为总鳍鱼类，具有强大的肉鳍，在水中用鳃呼吸，当水体干涸时，用肉鳍在泥沙上爬行。一般认为总鳍鱼类可能是两栖类的祖先。格陵兰东部上泥盆统顶部发现的个体长约 1 m 的鱼石螈，为原始两栖类的代表。两栖类在石炭纪得到了蓬勃发展，并占据统治地位，多生活于河湖、沼泽近水地带，以始螈为代表（图 3-5）。石炭纪晚期，原始爬行类的出现是脊椎动物演化史上又一次重大事件。它代表着动物界进一步摆脱了对水体的依赖，可以占据陆上更广泛的生态领域。原始爬行类以北美的林蜥为代表。二叠纪，爬行动物有了进一步发展，类型多样，重要性也显著增加，代表生物有北美的异龙类和遍布世界各大洲的二齿兽类，另外还有适应水中生活的中龙等。这些生物因演化迅速、分布广泛，常成为陆相地层中的重要化石和大陆漂移的重要证据。

3.3.4.2　海生无脊椎动物的变革

从早古生代到晚古生代，海生无脊椎动物发生了重要变化。早古生代繁盛的笔石几乎全部灭绝，三叶虫大量减少，珊瑚、腕足（图 3-6）和筳类占据重要位置，晚古生代还发生了重要的生物灭绝事件。四射珊瑚在晚古生代得到了很大发展，种类繁多、结构复杂，并于中泥盆世、早石炭世和早二叠世先后出现 3 次发展高潮期。泥盆

图3-5　石炭纪的海洋和陆地景观

纪以双带型和泡沫型珊瑚为主，其代表有分珊瑚、费氏星珊瑚、拖鞋珊瑚等。到石炭纪，四射珊瑚除了双带型珊瑚，三带型珊瑚也大量出现，常见的有贵州珊瑚、棚珊瑚、似文采尔珊瑚等，泡沫型珊瑚已灭绝。晚古生代盛行的另一腔肠动物为层孔虫，它营底栖固着生活，常与珊瑚、苔藓虫等一起形成珊瑚礁。

3.3.4.3　泥盆纪末生物大灭绝

从距今约3.77亿年前的晚泥盆纪至早石炭纪之际发生了第二次物种大灭绝，或称为晚泥盆纪大灭绝，呈现出两个高峰。第一个高峰因发生在晚泥盆纪法门阶的早期而被称为法门大灭绝，第二个高峰出现在石炭纪与泥盆纪交接期，两个事件间隔100万年。在这次物种大灭绝事件中，海洋生物遭到了重创，78%的海洋物种灭绝。该灭绝事件是五次物种大灭绝中持续时间最长的，持续了两百多万年或更长。第二次生物大灭绝是进化之道的一个重大的突破，最早的陆地脊椎动物海纳螈登上了陆地。如果没有海纳螈，就没有今天的人类。

3.3.4.4　二叠纪末生物大灭绝

二叠纪末大灭绝（EPME，约2.52亿年前）是显生宙最大的生物和生态危机，不仅导致了约80%的海洋生物和约75%的陆地生物在数万年内迅速灭亡，还造成了古生代动物群向现代动物群的转变，形成了一直持续到当今的新型生态系统。

学界普遍认为这次大灭绝事件是由西伯利亚大火成岩省的爆发导致的连锁反应造成的：大量的二氧化碳被注入大气中，导致全球变暖和酸雨的产生，酸雨杀死了陆地上的植物，土壤的释放导致了巨大的侵蚀，这些都与湖泊和蜿蜒河流中的细粒沉积物向砾岩辫状河流相的转变有关。在海洋环境中，二氧化碳水平的升高导致海洋酸化；与此同时，全球变暖和海洋营养物质的增加导致海洋缺氧，指示了广泛沉积的黑色沉积物和硫化物。此外，西伯利亚捕集岩浆与富有机沉积岩之间的相互作用可能大大增加了二氧化碳和其他温室气体的释放，导致了气候变暖。气候变暖还可能引发深海和

图3-6　石炭纪的腕足类化石

煤炭释放出甲烷，从而加剧了全球变暖和海洋缺氧。灭绝和恢复的时期已经确定，特别是在海洋沉积中。来自中国南方的二叠纪—三叠纪界线（PTB）和三叠纪序列的高分辨率化石生物带使EPME及研究其后果的相关性成为可能。EPME被校准到中国南部PTB下方的火山灰层的底部，这场灭绝危机的时间约为252.3 Ma。近年来，科研人员的目光逐渐转向大灭绝之后的三叠纪早期的生态复苏。现有研究表明，由于三叠纪早期恶劣的气候环境，海洋和陆地的生态系统并没有及时复苏，不同生物类群的复苏时间也不同，其中复苏最快的是有孔虫、菊石和牙形动物，经历100万～200万年就恢复至大灭绝前的水平。而海洋造礁生物和陆地森林大约需要1000万年才能完成恢复。由于在二叠纪末大灭绝之后的1000万年期间海相地层没有珊瑚礁的沉积，陆相地层没有煤层的记录，因此这一时期形成的海、陆相地层分别被称为"礁缺失带"（Coral Gap）和"煤层缺失带"（Coal Gap）。综合所有生物门类的分析表明，海洋生态系统在安尼期（Anisian）的中晚期，即二叠纪大灭绝之后的800万～1000万年，才得到明显的恢复，并在三叠纪晚期仍处于持续恢复阶段（图3-7）。

图 3-7　二叠纪的海洋生物假想

3.4　中生界

中生界由三叠系、侏罗系和白垩系地层组成。该时期的沉积岩性主要为内陆河湖相碎屑岩，在侏罗系安定组和白垩系环河—华池组内见火山凝灰岩。沉积的主要特征是纵向上红黑分明，黑色地层主要分布于晚三叠世延长组和早侏罗世延安组（煤层和煤线发育），红色地层主要集中于中上侏罗统。平面上存在补偿和非补偿两种沉积类型。补偿性沉积分布于盆地西缘安口窑、石沟驿、汝箕沟一带，特点是砂岩、砾岩发育，沉积厚度大；非补偿性沉积分布于补偿性沉积以东，特点是沉积厚度小，岩石碎屑颗粒较细。

3.4.1　三叠系

在鄂尔多斯盆地北缘，三叠系分布于内蒙古耳子壕、刘家塔至府谷这一三角地带，其西也有零星出露，为一套陆相碎屑岩沉积建造（图 3-8）。

3.4.1.1　下统刘家沟组

上部为浅肉红色，下部为浅棕色细砂岩夹杂色泥岩，底部主要为一套浅红、肉红色砂岩。露头可见红色泥岩和深色泥岩，其中也有大量深灰色泥岩，细看有很好的磨圆性，表现为以前地层泥岩没有被带上来。当岩屑中连续出现较厚层、纯的泥岩时，即进入石千峰组。电性上表现为电阻率呈中至低值，井径规则，声速曲线变化平缓，自然伽马曲线呈锯齿状。分层依据：进入本组地层泥岩色杂，砂岩成分自上而下长石

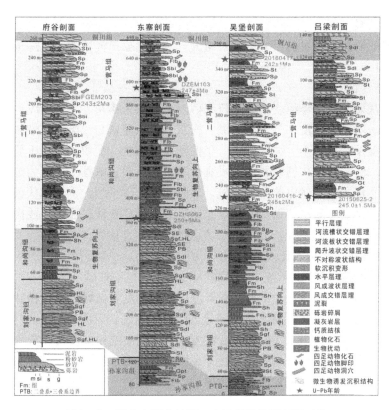

图 3-8　鄂尔多斯盆地下-中三叠统地层剖面对比

含量减少，石英含量增高，底部砂岩发育，电性特征明显。与上伏石千峰组地层呈假整合接触。

3.4.1.2　下统和尚沟组

紫红色、棕红色泥岩夹紫红色粉砂岩、砂岩及含砾砂岩等，具湖相沉积特征，产脊椎动物、双壳类及孢粉等化石，厚 110～124 m，与下伏刘家沟组整合接触。

3.4.1.3　中统纸坊组

地层分上、下两个岩性段。下段由灰绿色、黄绿色厚层或块状中细粒砂岩与紫红色、暗紫色及紫灰色粉砂质泥岩与粉砂岩互层夹多层砾岩组成；上段由暗紫红、灰绿色泥岩夹紫灰色粉砂岩及细砂岩组成，是一种干热气候条件下的河湖相沉积。纸坊组地层厚度变化大，南厚北薄，北部厚 200～400 m，南部厚 650～1046.7 m，地层与下伏和尚沟组连续沉积、整合接触。纸坊组在鄂尔多斯盆地及周缘盆地中分布很普遍，在陕北府谷、神木等地含有著名的肯氏兽动物群。鄂尔多斯盆地纸坊组可与山西、河南等地的二马营组和定西盆地的丁家窑组进行对比，其时代属于中三叠世晚期。祁连山肃南—景泰地区三叠系西大沟群，为一跨统的地层单元，其中下部地层相当于早三叠世刘家沟组与和尚沟组沉积，上部地层则相当于中三叠世纸坊组沉积。

3.4.1.4　上统延长组

鄂尔多斯盆地上三叠统延长组是我国陆相三叠系地层中出露最好、研究最早、发育比较齐全的层型剖面，是鄂尔多斯盆地内陆湖盆形成后的第一套生储油岩系，也是研究区主要的勘探开发目的层系。延长组为一套湖泊相至河流相及沼泽沉积，厚度为1000～1300 m。

1．地层特征

上部为灰黑、深灰色泥岩夹浅灰色细砂岩，中部为褐灰、灰黑色泥岩与浅灰、灰白色细砂岩呈不等厚互层，下部为灰黑、褐灰、杂色泥岩与浅肉红色细砂岩互层。砂岩成分以石英及长石为主，粒度较均，半棱角至次圆状。泥质、高岭土质及沸石质胶结，较致密。泥质质纯，性脆且硬，吸水性及可塑性差。电性上表现为电阻率起伏变化大，半径不规则，自然电位偏负明显，声速曲线上部平缓、下部起伏很大，自然伽马高低值变化明显。分层依据：进入延长组，砂岩颜色变浅，底部以浅肉红色长石砂岩为主，电性上呈多旋回性。与下伏纸坊组地层呈整合接触。

2．延长组小层划分对比及相分析

（1）长 10 期。厚 100 m 左右，底部大段浅肉红色中细砂岩。

（2）长 9 期。厚 110～150 m，深灰色、灰黑色泥岩夹绿色细中粉砂岩，电性上电位平值、高伽马、扩径、高声速，划分上以砂岩为底、以泥岩为顶。

（3）长 8 期。厚 120～140 m，岩性为浅灰绿色中细粉砂岩与深灰色、灰黑色泥岩呈不等厚互层。成岩作用较差，电性上反映为大井径、高声速、高伽马、自然电位曲线变化较明显，划分顶底均以砂岩为界。

（4）长 7 期。厚约 30 m，以深灰色、灰黑色泥岩为主，钙质胶结，间或夹有粉砂岩，电性上为自然电位曲线平值、高伽马、低声速，偶见高峰脉冲（图 3 - 9）。

（5）长 6 期。本段为三角洲沉积体系。剖面上由 3 个反旋回组成，自下而上为暗色泥岩、粉细粒砂岩。自上而下将 3 个旋回分别命名为长 6_1、长 6_2、长 6_3，即 3 个亚油组（亚段）。电性：自然伽马曲线多呈漏斗型。岩性：灰色、浅灰色细粒长石砂岩夹薄层灰质砂岩，次棱角状。胶结物：泥质、绿泥石、灰质、硅质及少许白云质。胶结类型：孔隙式。胶结程度：较疏松至较致密。储层砂体分布：主要以三角洲前缘相水下分流河道和沙口坝砂体的形式大面积展布，纵向上多油层迭合，横向上多油砂体复合连片。主力油层特点：分布稳定，原生孔隙发育，油层厚度 10～20 m，平均孔隙度 11%～14%，平均渗透率 1×10^{-3} μm^2，属中低产、低丰度的低渗性岩性油藏。

（6）长 4 + 5 期。岩性为浅灰色中、细砂岩夹灰黑色泥岩及炭质泥岩，厚度80～110 m，划分以泥岩顶为界。

（7）长 3 期。厚度 70～130 m，岩性为浅灰色、灰绿色中细砂岩与灰黑色、深灰色泥岩。电位曲线偏差明显，声速较稳定，自然伽马呈箱状、钟形起伏。划分以砂岩为底界，以泥岩顶为顶界。

（8）长 2 期。岩性为浅灰色中、细砂岩，深灰色、灰黑色泥岩，由薄煤层及2～3 个块状砂岩段组成，最厚超 200 m。自然伽马、自然电位曲线多呈箱形。划分以砂岩为底界，泥岩顶为顶界。储层岩石类型：砂岩、粉砂岩、细砂岩，成分为石英 65%、长石 2.5%。胶结物：泥质、高岭土质、灰质、泥绿石，分选好。孔隙类

图 3-9　鄂尔多斯盆地铜川地区三叠系延长组长 7 油页岩

型：以原生粒间孔为主，少量长石或碳酸盐溶孔。单个砂层厚度大，为 20～200 m。单个油层厚度小，小于 10 m，局部达 15 m。属典型的底水油帽型岩性油藏。

（9）长 1 期。岩性为浅灰色细砂岩与灰黑色、深灰色泥岩互层，夹炭质泥岩及砂质泥岩。

3.4.2　侏罗系

鄂尔多斯盆地侏罗系综合地层见表 3-2。

3.4.2.1　下统富县组

命名地在富县大申号沟，指的是处于延安组之下和延长组之上的一套以红色为主的杂色泥质岩层。露头主要分布在陕西省府谷、神木、榆林、横山、子长、延安、黄陵和甘肃省华亭、崇信及内蒙古准格尔旗等地。在环县、华池、吴起、志丹、安塞、靖边的钻孔中也可见到。由于盆地在晚三叠世末期开始抬升，延长组遭受剥蚀，因此富县组分布受古地貌控制，分布局限，岩性、岩相复杂，厚度变化大。在盆地东北部准格尔旗五字湾—府谷一带，为湖相砂、泥岩夹薄煤层和油页岩沉积（习称"黑富县"），厚 54～132 m；在盆地东部子长—富县一带为以紫红色为主的河湖相杂色泥岩夹砂砾岩和泥灰岩沉积（习称"红富县"），厚 5～88 m。

表3-2 鄂尔多斯盆地侏罗系综合地层

系	统	组	段	深度/m	地层系统	地震反射层	岩性特征	化石组合	古气候	沉积相	代表剖面
	—	—	—			T3	桔黄、灰紫色块状砂岩	—	—	—	盐池马坊沟
	上统	芬芳河组	—	100			灰紫色砾岩夹紫红色含砾粗砂岩条带	—	炎热干旱气候	冲积扇相	
		安定组	—	200		T4	紫红、黄灰色泥灰岩夹钙质粉砂岩,底部为灰黑色油页岩	—		湖泊相	
		直罗组	上段				灰黄、黄绿色块状砂岩夹杂色粉砂质泥岩、泥质砂岩	蕨类植物孢子		河流、河湖相	
侏罗系	中统		下段	300							延安西杏子河
		延安组	四段	400		T5	中上部为灰绿、灰褐色粉砂岩和粉砂质泥岩及黑色页岩夹灰白、黄绿色砂岩;下部为灰白、灰黄色含砾砂岩,即宝塔山砂岩	蕨类植物孢子、介形类、恐龙足迹化石、双壳类化石	温暖潮湿气候	河湖沼泽相	
			三段								
			二段	500							
			一段								
	下统	富县组	—	600 ~ 700		T6	上部为黄绿、灰黄色砂岩和泥质砂岩与杂色、紫红色粉砂质泥岩互层;下部为黄绿色砂岩、砂质泥岩夹黑色油页岩及煤线	蕨类植物孢子		湖泊相	准噶尔旗五字湾

　　另外，又有所谓的"粗富县"和"细富县"之分。在富县大申号沟，主要是一套以紫红色为主的泥岩夹砂岩及少量泥灰岩和钙质结核，向顶部逐渐变为灰绿色砂、页岩互层，有人称之为"细富县组"，或者叫"大申号沟式"沉积。在延安南泥湾，富县组下部是一套沙砾岩，砾径最大可达 17 cm，俗称"南泥湾砾岩"，以南泥湾地区的金盆湾为代表，所以又称为"粗富县组"或者"金盆湾式"沉积。富县组与下伏的三叠系延长组呈平行不整合接触，与延安组呈整合接触。

　　在神木以北，主要是砾状砂岩、砂岩和泥岩的互层，下部有泥岩、页岩，在陇县娘娘庙、千阳草碧镇，岩性为灰褐色、棕褐色砂质泥岩，粉砂岩和铝土质泥岩，具鲕状结构。崇信地区的富县组为紫红色、灰绿色含砾砂岩，灰褐色、灰绿色细砂岩和紫灰色泥岩。富县组在府谷哈拉寨厚 142 m，在无定河厚 2 m，在大理河厚 4 m，在西杏子河厚 19 m，在富县大申号沟厚 72 m，在延安金盆湾厚 75 m，在千阳戚家坡厚 18 m，在崇信的富县组厚 22 m，在甘肃境内的富县组最厚可达 123 m（图 3 – 10、图 3 – 11）。

图 3 – 10　神木考考乌素沟延安组灰色泥岩　　　图 3 – 11　神木考考乌素沟延安组煤层

3.4.2.2　中统延安组

1. 地层特征

　　延安组是由王尚文等于 1950 年在延安西杏子河枣园一带进行石油地质调查时命名的延安系，后经石油、地质、煤炭等系统地质工作者的多次修改与补充。目前延安组一般是指富县组之上、直罗组之下的一套灰白色砂岩与黑色页岩、泥岩不等厚互层的含煤地层。

　　延安组露头分布广泛，在陕西府谷、神木、榆林、清涧、延安、富县、旬邑、彬县，甘肃庆阳，宁夏汝其沟，内蒙古达拉特旗、考考乌素、黄天棉图均有出露。在陕西西部、甘肃庆阳地区、宁夏大部、内蒙古东胜地区的钻井中均钻遇延安组地层。延安组地层是一套砂泥岩互层间夹煤层的河流沼泽相沉积的地层，按沉积旋回及岩性组合特征，将含油砂岩分为 10 个油层组，即 y_1，y_2，…，y_{10}。岩性：深灰、灰黑色泥岩，砂质泥岩与浅灰色细砂岩夹煤层。砂岩成分以石英为主，长石次之，半棱角至次圆状，泥质胶结，较疏松。泥岩质纯，性脆且硬，吸水性及可塑性差。电性上表现为电阻率呈中至高值，井径上部规则、下部不规则，声速曲线变平缓，底部呈尖齿状，自然电位顶部较平值、底部偏负明显。分层依据：进入延安组，泥岩颜色变深，并夹有薄煤层，底部砂岩发育。与下伏延长组地层呈假整合接触。

2. 主力油层延 9 （y_9）、延 10 （y_{10}）的特征

y_9、y_{10} 岩性为一套石英砂岩，粒度为中细粒，含砾不等粒砂岩，石英含量为 70%～85%，最高可达 95%，长石含量不足 25%，一般为 15%～20%，岩屑含量不足 8%，胶结物以泥岩为主，含高岭土质、灰质、石膏质。胶结类型：孔隙式、接触式、基底式、镶嵌式。胶结程度：疏松至较疏松，较致密。物性：平均孔隙度 15.8%，渗透率为 251.9 μm^2，属中孔、中渗油层。

3. 延安组的划分

地矿和煤炭系统将延安组划分为 5 段，特征如下：

（1）第一段（J_2y_1）。习称"宝塔山砂岩段"，为黄灰、灰白色厚层或块状中粗粒长石砂岩，夹含砾砂岩。底部为灰紫色含砾砂岩或砾状砂岩夹砾岩透镜体；上部为含透镜状泥岩，其中夹煤及炭屑。与下伏地层呈平行不整合接触。

（2）第二段（J_2y_2）。分布较"宝塔山砂岩"广泛。为一套深灰、灰绿色泥岩，粉砂质泥岩和页岩夹灰色粉砂岩及细砂岩透镜体，以及少量炭质页岩夹煤层。本层厚度变化不大，一般为 20 m 左右。

（3）第三段（J_2y_3）。上部为灰绿色、灰黑色的泥岩、粉砂质泥岩和页岩；中间夹一层块状细粒长石砂岩或岩屑砂岩，习称"裴庄砂岩"，局部为炭质页岩夹煤线或菱铁矿泥灰岩透镜体；下部为黄绿色、黄白色、灰白色中细粒长石砂岩与灰色、灰黑色泥岩，粉砂质泥岩和页岩互层。此层顶发育煤层，厚度稳定，一般为 20～40 m。

（4）第四段（J_2y_4）。上部为灰黑色页岩、炭质页岩夹灰白色粉砂岩，往往夹 2～3 层煤层；下部为灰白色细砂岩与灰黑色粉砂质泥岩、泥岩及页岩互层。厚度基本稳定，为 40～50 m。

（5）第五段（J_2y_5）。上部为黄绿色细粒长石砂岩和蓝绿、灰绿色且局部紫红色的砂、泥岩互层；下部为灰白色带黄色调细粒长石砂岩，含泥砾及黄铁矿结核（习称"真武洞砂岩"），与灰褐、灰绿色粉至细砂岩、泥岩、页岩互层。顶部发育煤层，因遭受剥蚀，厚 0～100 m。

延安组下部为宝塔砂岩段，底部为含砾砂岩或长石石英砂岩，发育大型交错层理，与下伏地层分界。延安组与富县组呈整合或者平行不整合接触，当缺失富县组时，与三叠系延长组呈平行不整合接触。宝塔砂岩为一套灰白、灰黄、灰紫色细粒，粗粒砂岩和含砾砂岩，底部为砾岩，局部夹泥岩透镜体，顶部偶见煤线。延安组中上部为一套灰色、灰绿、灰黄和黑色砂岩与泥岩不等厚互层，夹 3～5 个煤层。延安组剖面对比如图 3-12 所示。

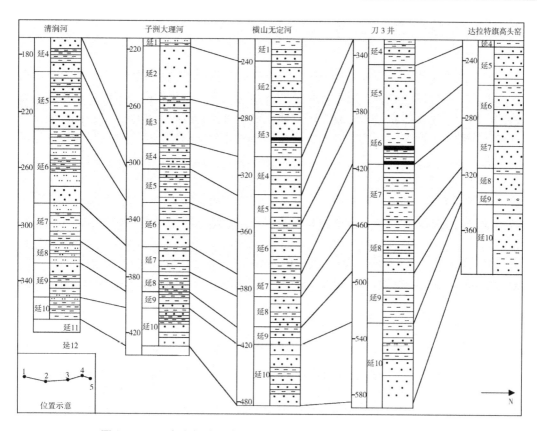

图3-12　鄂尔多斯盆地南北向清涧河—达拉特旗延安组剖面对比

3.4.2.3　中统直罗组

直罗组由李德生于1951年创建的"直罗统"一名沿革而来，命名的剖面在富县直罗镇，目前以延安西杏子河剖面为代表。露头剖面主要分布在陕西省神木、横山、安塞、富县直罗镇、旬邑，甘肃省镇原，宁夏回族自治区贺兰、盐池和内蒙古自治区东胜等地。直罗组在其剥蚀线以东地区的大部分钻孔中可见到。下部岩性为黄绿色中粗粒长石砂岩（俗称"七里镇砂岩"）、杂色泥岩和粉砂岩，上部为细粒长石砂岩（俗称"高桥砂岩"）、杂色泥岩、细砂岩、粉砂岩。直罗组构成两个明显的沉积韵律，每个韵律底部都有细砾岩或者含砾砂岩。直罗组与下伏延安组呈平行不整合接触，二者之间有明显的冲刷面，局部缺失延安组顶部沉积。

岩性主要为黄绿色长石砂岩、粉砂岩、紫红色泥岩等一套碎屑岩系，厚度为40～200 m。直罗组从下到上可以分为下段、中段和上段，以河道侵蚀冲刷面为界面。直罗组下段沉积相主要包括辫状河、曲流河沉积，中段包括辫状河沉积和滨浅湖相沉积，上段主要为曲流河沉积、滨浅湖相和湖泊沉积。直罗组的泥岩为灰绿色、深灰色，主体岩性泛绿；而延安组的泥岩主要为深灰、灰黑色，夹有煤层，主体上泛黑，与直罗组的泥岩相比，延安组的要较深、较黑。从砂岩上来说，直罗组的底砂岩在南部区块，较薄，颜色也泛有绿色，而延安的砂岩则较厚，但在大水坑和吴起等地区，直罗组的底砂岩则较厚，可达 80 m 左右。

3.4.2.4　中统安定组

安定组由王竹泉、潘钟祥于 1933 年创建的"安定层"演变而来，命名的剖面在陕西省子长县安定，现在以延安西杏子河剖面为代表。安定组露头剖面分布在陕西省榆林、横山、安塞、富县，甘肃省陇东地区见少量露头分布于华池，宁夏露头散见于碎石井、萌城，内蒙古东胜、伊金霍洛旗等地的安定组不完整，上部被剥蚀，仅见下部。安定组多见于陕北、甘肃陇东、内蒙古东胜、宁夏的钻井中。安定组在西杏子河具有明显的三分：下部为黑色页岩、灰黑色油页岩及少量灰质泥云岩、勃土质白云岩；中部为黄绿、暗桃红色页岩及灰绿色泥岩、钙质粉砂岩；上部为灰色泥云岩及黄色泥灰岩和钙质页岩互层。安定组与下伏直罗组呈整合接触，在西杏子河剖面与白垩系洛河组呈平行不整合接触，在千阳芬芳河剖面与芬芳河组呈角度平行不整合接触。安定组岩性稳定，厚度变化小，多为数十米至百余米，仅在千阳屈家湾其厚度为 243 m。

岩性：顶部为灰褐色泥灰岩，底部为浅灰绿色泥岩与灰色细砂岩互层。泥灰岩：灰质含量较高，泥质分布不均，遇盐酸反应剧烈，具贝壳状断口。砂岩：成分以石英为主，长石次之，粒度较均。颗粒呈半棱角至次圆状。泥质胶结，疏松。泥岩：质较纯，含砂，性软，具吸水性及可塑性。电性：电阻率呈中高值，井径规则，自然伽马呈锯齿状。分层依据：本组顶部泥灰岩是一个标志，电性上顶部声速曲线形成一个明显的台阶，底部特征明显。本区域安定组厚度较小，为 25 ～ 45 m，顶部泥灰岩特征明显，钻时慢，岩屑遇稀盐酸反应剧烈，为现场标志层。本段与下伏直罗组地层呈整合接触。

3.4.2.5　上统芬芳河组

芬芳河组是陕西省 186 煤田地质队于 1973 年创建，露头主要分布在鄂尔多斯盆地西部的陕西省千阳草碧沟、芬芳河、凤翔袁家河，甘肃环县甜水堡，宁夏盐池。芬芳河组分布局限，呈南北向狭长的带状。芬芳河组岩性为棕红、紫灰色块状砾岩和巨砾岩夹少量棕红色砂岩及泥质粉砂岩。厚度变化大，最厚为 1174 m。与下伏安定组呈平行不整合或者角度不整合接触，与上覆宜君组呈角度不整合接触。

3.4.3　白垩系

下统志丹组：岩性为棕红色泥岩及棕红色细砂岩，砂岩成分主要为石英及长石，粒度较均，半棱角状，泥质胶结，较疏至疏松泥岩，具吸水性及可塑性。

分层依据：志丹组底部砂岩、泥岩颜色均以红色为主。现场用泥浆颜色、钻时变化来区分。本区岩层受燕山运动影响，风化、剥蚀至洛河组，所以厚度在 440 m 以下。与上覆安定组地层呈不整合接触。中生代地层见表 3-3。

表 3-3　鄂尔多斯盆地中生代地层简表

界	系	统	组	是否含油气	厚度/m	岩性特征
中生界	白垩系	下统	志丹组	否	0～50	岩性为棕红色泥岩及棕红色细砂岩，砂岩成分主要为石英及长石，粒度较均，半棱角状，泥质胶结，较疏至疏松泥岩，具吸水性及可塑性
	侏罗系	上统	芬芳河组	否	0～1174	为棕红色、紫灰色块状砾岩和巨砾岩夹少量棕红色砂岩及泥质粉砂岩
			安定组	否	10～100	顶部为灰褐色泥灰岩，底部为浅灰绿色泥岩与灰色细砂岩互层。泥灰岩：灰质含量较高，泥质分布不均，遇盐酸反应剧烈，具贝壳状断口。砂岩：成分以石英为主，长石次之，粒度较均，颗粒呈半棱角至次圆状。泥质胶结，疏松。泥岩：质较纯，含砂，性软，具吸水性及可塑性
			直罗组	否	40～200	为黄绿色长石砂岩、粉砂岩、紫红色泥岩等一套碎屑岩系
		中统	延安组	否	100～540	第一段（J_2y_1）：习称"宝塔山砂岩段"，为黄灰色、灰白色厚层或块状中粗粒长石砂岩，夹含砾砂岩。底部为灰紫色含砾砂岩或砾状砂岩夹砾岩透镜体；上部含透镜状泥岩，其中夹煤及炭屑。与下伏地层呈平行不整合接触
				否	20	第二段（J_2y_2）：分布较"宝塔山砂岩"广泛。为一套深灰色、灰绿色泥岩，粉砂质泥岩和页岩夹灰色粉砂岩、细砂岩透镜体，及少量炭质页岩夹煤层
				是	20～40	第三段（J_2y_3）：上部为灰绿色、灰黑色泥岩，粉砂质泥岩和页岩；中间夹一层块状细粒长石砂岩或岩屑砂岩，习称"裴庄砂岩"，局部为炭质页岩夹煤线或菱铁矿泥灰岩透镜体；下部为黄绿色、黄白色、灰白色中细粒长石砂岩与灰色、灰黑色泥岩，粉砂质泥岩和页岩互层。此层顶发育煤层，厚度稳定
				是	40～50	第四段（J_2y_4）：上部为灰黑色页岩、炭质页岩夹灰白色粉砂岩，往往夹2～3层煤层；下部为灰白色细砂岩与灰黑色粉砂质泥岩、泥岩及页岩互层。厚度基本稳定

续表 3-3

界	系	统	组	是否含油气	厚度/m	岩性特征
中生界	侏罗系	中统	延安组	是	0～100	第五段（J_2y_5）：上部为黄绿色细粒长石砂岩和蓝绿色、灰绿色且局部紫红色的砂、泥岩互层；下部为灰白色带黄色调细粒长石砂岩，含泥砾及黄铁矿结核（习称"真武洞砂岩"），与灰褐色、灰绿色粉至细砂岩、泥岩、页岩互层。顶部发育煤层，因遭受剥蚀
		下统	富县组	否	5～132	岩性、岩相复杂，厚度变化大。在盆地东北部准格尔旗五字湾—府谷一带为湖相砂、泥岩夹薄煤层和油页岩沉积（习称"黑富县"）；在盆地东部子长—富县一带为以紫红色为主的河湖相杂色泥岩夹砂砾岩和泥灰岩沉积（习称"红富县"）
	三叠系	上统	延长组	否	20～200	长1期：岩性为浅灰色细砂岩与灰黑色、深灰色泥岩互层，夹炭质泥岩及砂质泥岩
				否	60～200	长2期：岩性为浅灰色中、细砂岩，深灰色、灰黑色泥岩，薄煤层，以及2～3个块状砂岩段，最厚超过200 m。储层岩石类型：砂岩、粉砂岩、细砂岩，成分为石英65%、长石2.5%。胶结物：泥质、高岭土质、灰质、泥绿石，分选好。孔隙类型：以原生粒间孔为主，少量长石或碳酸盐溶孔
				是	70～130	长3期：岩性为浅灰色、灰绿色中细砂岩与灰黑色、深灰色泥岩，电位曲线偏差明显，声速较稳定，自然伽马呈箱状、钟形起伏。以砂岩为底界，以泥岩顶为顶界
				是	80～110	长4+5期：岩性为浅灰色中、细砂岩夹灰黑色泥岩及炭质泥岩，划分以泥岩顶为界

续表 3-3

界	系	统	组	是否含油气	厚度/m	岩性特征
中生界	三叠系	上统	延长组	是	0～99	长 6 期：本段为三角洲沉积体系。剖面上由 3 个反旋回组成，自下而上为暗色泥岩、粉细粒砂岩。自上而下将 3 个旋回分别命名为长 6_1、长 6_2、长 6_3，即 3 个亚油组（亚段）。岩性为灰色、浅灰色细粒长石砂岩夹薄层灰质砂岩，次棱角状。胶结物：泥质、绿泥石、灰质、硅质及少许白云质。胶结类型：孔隙式。胶结程度：较疏松至较致密。储层砂体分布：主要以三角洲前缘相水下分流河道和沙口坝砂体的形式大面积展布，纵向上多油层迭合，横向上多油砂体复合连片。主力油层特点：分布稳定，原生孔隙发育，油层厚度为 10～20 m，平均孔隙度为 11%～14%，平均渗透率为 1×10^{-3} μm^2，属中低产、低丰度的低渗性岩性油藏
				是	0～50	长 7 期：厚约 30 m，以深灰色、灰黑色泥岩为主，钙质胶结，间或夹有粉砂岩，电性上为自然电位曲线平值、高伽马、低声速，偶见高峰脉冲
				是	120～140	长 8 期：岩性为浅灰绿色中细粉砂岩与深灰色、灰黑色泥岩呈不等厚互层。成岩作用较差，电性上反映为大井径、高声速、高伽马、自然电位曲线变化较明显，划分顶底均以砂岩为界
				是	110～150	长 9 期：深灰色、灰黑色泥岩夹绿色细中粉砂岩，电性上为电位平值、高伽马、扩径、高声速，划分上以砂岩为底，以泥岩为顶
				是	0～99	长 10 期：厚 100 m 左右，底部大段浅肉红色中细砂岩
		中统	纸坊组	否	200～300	地层分为上、下两个岩性段，下段为灰绿色、黄绿色厚层和块状中细粒砂岩与紫红色、暗紫色及紫灰色粉砂质泥岩和粉砂岩互层，层内夹多层砾岩；上段由暗紫红色、灰绿色泥岩夹紫灰色粉砂岩及细砂岩组成，是一种干热气候条件下的河湖相沉积

续表 3 - 3

界	系	统	组	是否含油气	厚度/m	岩性特征
中生界	三叠系	下统	和尚沟组	否	110 ~ 124	紫红色、棕红色泥岩夹紫红色粉砂岩、砂岩及含砾砂岩等，具湖相沉积特征，产脊椎动物、双壳类及孢粉等化石，与下伏刘家沟组整合接触
			刘家沟组	否	200 ~ 300	上部为浅肉红色，下部为浅棕色细砂岩夹杂色泥岩，底部主要为一套浅红、肉红砂岩。野外可见红色泥岩和深色泥岩，有很好的磨圆性

3.4.4 中生代生物

中生代经历 250—65 Ma，延续了约 185 Ma，分为 3 个纪，由老至新分别为三叠纪（250—205 Ma）、侏罗纪（205—137 Ma）、白垩纪（137—65 Ma）。

3.4.4.1 陆生脊椎动物的发展

早、中三叠世脊椎动物是晚二叠世类型的延续和发展，迷齿两栖类和爬行类中的二齿兽类十分盛行，尤其是二齿兽类的水龙兽和犬颌兽动物群更引人注目。它们在世界各大洲都有分布，是重建联合古陆的重要证据之一。三叠纪晚期，恐龙类的大发展和爬行动物返回海洋生活，标志着爬行动物进入了一个新的演化阶段。

三叠纪是中生代鱼类非常繁盛的时期。在非洲南部的马达加斯加岛、澳大利亚的悉尼盆地、中国的鄂尔多斯盆地、阿根廷西北部的 Bermejo 和 Cuyana 盆地，均已经产出了保存很好的三叠纪鱼类化石，如图 3 - 13 所示。三叠纪也是辐鳍鱼类进化史上非常重要的时期。在三叠纪辐鳍鱼类的辐射期间发生了几个重要的进化事件，其中非常重要的一个事件是辐鳍鱼类的出现。虽然辐鳍鱼类的化石记录在二叠纪就已经有了，但是它们首次和最快的辐射发生在三叠纪。古鳕目属于辐鳍亚纲中软骨硬鳞次纲，是辐鳍亚纲中的基干类群，也是原始辐鳍鱼类中最具代表性的繁盛类群，其化石记录最早见于中泥盆世地层，在三叠纪最为繁盛，到早白垩世灭绝。

侏罗纪陆生恐龙类的蜥臀类和鸟臀类极度繁盛，蜥臀类又分为素食蜥脚类和食肉兽脚类。蜥脚类身体笨重、头小尾长、四足行走，在湖沼地区营两栖生活，在四川盆地发现的马门溪龙为其代表。兽脚类前肢特化以便于捕捉猎物，后肢坚强，牙齿锋利利于撕咬，如四川龙。爬行类的一部分自三叠纪后期返回海洋生活，如鱼龙在侏罗纪已成功占据海洋领域，它们具有鱼形身体，善于在水中游泳但又用肺呼吸。恐龙和恐龙足迹如图 3 - 14 所示。

白垩纪爬行动物中的恐龙类突发演变。食肉的兽脚类具有巨大的形体，凶猛异常，如长达 17.5 m 的霸王龙，其牙齿锋利如刀，前脚高度弱化以利于捕捉其他动物。鸟臀类出现于三叠纪，侏罗纪、白垩纪繁盛，两足行走，脚的三趾构造与现代鸟类相

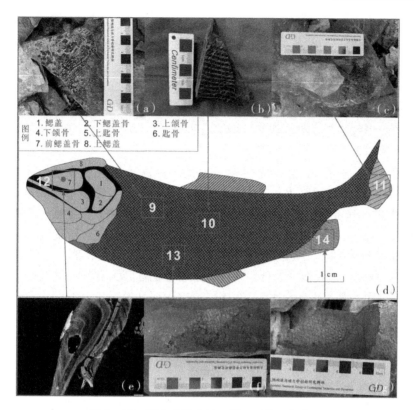

图 3-13　鄂尔多斯盆地三叠系延长组鱼化石

（a）恐龙；（b）恐龙足迹；（c）侏罗系特有的地质构造；（d）侏罗系特征。

图 3-14　侏罗纪陆生脊椎动物及地层特征

像，形成地层层面上的遗迹化石。鹦鹉嘴龙、鸭嘴龙、甲龙及在白垩纪后期才开始发展的角龙都是鸟臀类的代表，它们以食植物为主，其中形体小者常为霸王龙的捕食对象。白垩纪晚期的海生爬行类苍龙代替了早白垩世已灭绝的鱼龙类的位置，飞龙类进一步发展，更适合飞行，如我国新疆发现的准噶尔翼龙，两翼伸开长达 2 m，牙齿减少，滑翔能力很强。侏罗纪、白垩纪也是真骨鱼和全骨鱼类繁盛的时期，前者如狼鳍鱼，后者如中华弓鳍鱼。继晚侏罗世始祖鸟的出现，白垩纪出现了真正的鸟类，晚白垩世还出现了哺乳动物中的尤胎盘类。

最早的鸟类化石记录是 1986 年发现于美国得克萨斯州三叠系的原始鸟（Protoavis），在此之前为德国巴伐利亚州上侏罗统（提唐期初）发现的始祖鸟（Archaeopteryx）。陕北的上侏罗统也发现有疑为鸟类的化石，今后应引起重视。近年在辽西北票地区上侏罗统义县组火山岩系近底部沉积夹层中（尖山层）发现的早期鸟类化石孔子鸟（Confuciusornis），虽较始祖鸟更为进步，但仍具备前爪、牙齿等原始特征（目前还存有争议，有人依据前爪、牙齿等原始特征称其为龙鸟，认为是恐龙向鸟类的过渡类型，而不是真正的鸟类）。在该层位中近期又发现更原始的鸟类化石（中华龙鸟），反映了辽西地区对于解答脊椎动物如何从陆地飞到天空这个世界瞩目的难题具有重要意义。

3.4.4.2　无脊椎动物的发展

1. 海生无脊椎动物

经历了二叠纪末的生物大灭绝，中生代以菊石类和双壳类的繁盛为特征，还有六射珊瑚、箭石、有孔虫、牙形石、腹足类等。菊石类曾在晚古生代末受到巨大冲击，几乎灭绝，但在三叠纪又迅速发展，成为中生代海相地层中的重要标准化石，尤其是欧洲海相地层分阶和国际地层对比的标准。三叠纪早期的菊石类具有简单齿菊石式缝合线，壳面纹饰简单，如蛇菊石；三叠纪后期的为齿菊石式或菊石式缝合线，壳面具有瘤、肋，如副齿菊石。侏罗纪菊石具有复杂的菊石式缝合线，如白羊石、香港菊石等。白垩纪菊石缝合线又趋于简单，形状奇特，呈不规则形状，直或螺旋状，如杆菊石、日本菊石等。海相双壳类在中生代也很重要，特别是在三叠纪更为繁盛，往往与菊石一起组成重要的分阶组合。

2. 淡水湖生生物组合

随着陆地的扩大，中生代陆地沉积增加，尤其是亚洲，中国侏罗纪、白垩纪以陆相沉积为主，淡水生物在地层划分、对比中十分重要，主要为淡水双壳类、腹足类（图 3 - 15）、鱼类、叶肢介、介形虫及昆虫类。晚三叠世常见的有陕西蚌和珠蚌等。早侏罗世有楔蚌等；中侏罗世中国华南、青海、新疆、甘肃等以始丽蚌、裸珠蚌等厚壳、大个体淡水双壳类为代表，同时期在华北、东北地区则以薄壳费尔干蚌为代表；晚侏罗世以类蜉蝣、东方叶肢介、狼鳍鱼为代表的生物组合代表了典型的湖泊相。早白垩世以类三角蚌、褶珠蚌、日本蚌为代表组成了 TPN 动物群；晚白垩世则以假嬉蚌为代表。

中生代末期，各种生态领域都有大量的生物类别灭绝和衰退，又有许多新生物类别在新生代兴起和发展。在淡水湖泊中，叶肢介类大为衰退，介形类、双壳类、腹足

图 3-15 白垩纪末期的腹足类化石

类和昆虫得到进一步发展。不同时期，它们的组合面貌也不同，在陆相地层划分、对比和沉积环境研究中具有重要意义。如中国北方鄂尔多斯盆地铜川地区的中期三叠世湖相页岩型化石，其分类多样性高，新类群比例大（图 3-16），包括以下生物化石：*Danaeopsis-Bernoullia* 植物群、*Punctatisporites-Chordasporites* 孢粉组合、半翅目昆虫（*Curvicubitidae*，*Dracaphididae*，*Dunstaniidae*，*Hylicellidae*）、长翅目昆虫（*Mesopsychidae*）、直翅目昆虫（*Locustavidae*）、鞘翅目昆虫（*Cupedidae*）、介形类（*Darwinula-Tungchunia*）、叶肢介（*Euestheria*）、肯尼兽动物群、三叠鳕（*Triassodus yanchangensis*）、永和鳄。鄂尔多斯盆地铜川动物群可能构建了一个非常完整的淡水生态系统，不同群落之间存在复杂的食物网。

3.4.4.3 被子植物的兴起

侏罗纪至早白垩世植物界的总貌相似，裸子植物占主导地位，真蕨类仍很重要。早白垩世，真蕨类依然繁盛，在中国北方以刺蕨（*Acanthopteris*）-鲁福德蕨（*Ruffordia*）植物群为代表，南方气候干旱、化石稀少。早白垩世晚期，被子植物已在全球广泛分布，而且其从晚白垩世起即占统治地位，以悬铃木（*Platanus*，俗称法国梧桐）等为代表。在东北鸡西的早白垩世中期土城子组已发现被子植物化石群亚洲叶。早白垩世早期，潮湿温带聚煤环境出现于内蒙古-东北和东北亚地区。早白垩世晚期，由于全球暖热气候带扩大，聚煤环境转移到乌苏里江以东的俄罗斯滨海一带。晚白垩世的温湿聚煤环境则在北美西部滨海带。

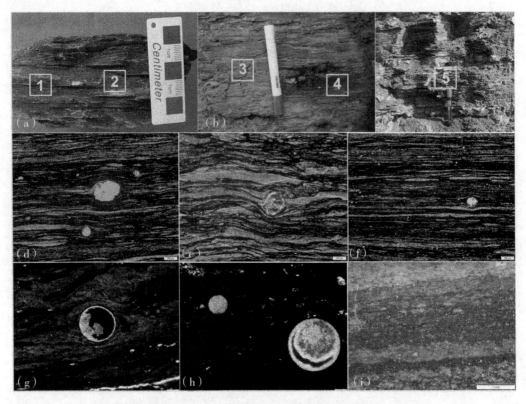

图 3-16　鄂尔多斯盆地三叠系延长组泥岩内含藻类孢子化石

3.4.4.4　白垩纪大灭绝

白垩纪大灭绝又称为第五次生物大灭绝、第五次物种大灭绝或恐龙大灭绝。6500 万年前的白垩纪末期，是地球史上第二大生物大灭绝事件，75% ～ 80% 的物种灭绝。在五次大灭绝中，这一次的大灭绝事件最为著名，因长达 14000 万年之久的恐龙时代在此终结而闻名，海洋中的菊石类也一同消失。这次灭绝事件使地球上处于霸主地位的恐龙及其同类消失，为哺乳动物及人类的最后登场提供了契机。这一次灾难源自地外空间和火山喷发，在白垩纪末期发生的一次或多次流星雨造成了全球生态系统的崩溃。支持小行星撞击说的科学家们推断，这次撞击相当于人类历史上发生过的最强烈地震的 100 万倍，爆炸的能量相当于地球上核武器总量爆炸的 1 万倍，导致 $2.1 \times 10^4 \ km^3$ 的物质进入大气中。由于大气中存在高密度的尘埃，太阳光不能照射到地球上，因此地球表面温度迅速降低。没有了阳光，植物逐渐枯萎死亡；没有了植物，植食性的恐龙也饥饿而死；没有了植食性的动物，肉食性的恐龙也失去了食物来源，它们在绝望和相互残杀中慢慢地消亡（图 3-17）。几乎所有的大型陆生动物都没能幸免于难，在寒冷和饥饿中绝望地死去。小型的陆生动物，像一些哺乳类动物依靠残余的食物勉强为生，终于熬过了最艰难的时日，等到了古近纪陆生脊椎动物的再次大繁荣，如介形类和腹足类（图 3-18）。

图 3 -17　小行星撞击地球导致恐龙灭绝

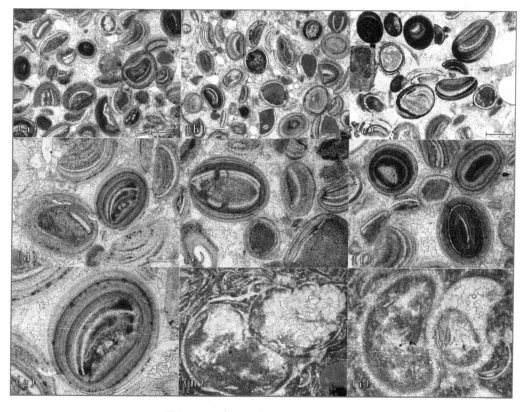

图 3 -18　古近系介形类和腹足类化石

3.5 新生界

鄂尔多斯盆地自白垩纪后期隆起之后，除盆地西部及西北缘有渐新统超覆之外，盆地广大地区仅有新第三系沉积。渐新统为杂色砂泥岩夹石膏层，厚 20～360 m。新第三系为一套红土层，厚 2～8 m。第四系地层在盆地内部基本上以北纬 38° 为界，北部是沙砾层，南部是黄土，厚 70～300 m，与下伏地层的接触关系均为不整合。该区新生界地层主要发育于周围断陷盆地之中，在渭河断陷盆地内厚度可达 7000 m 左右，在河套断陷盆地内厚度近于 9000 m，在银川断陷盆地中厚度为 5000 m 左右。

3.5.1 古近系—新近系

3.5.1.1 古—新近纪地层

鄂尔多斯盆地周缘断陷盆地由于新生代的持续断陷，沉积了很厚的新生代地层；盆地中央由于持续的抬升而处于剥蚀状态，仅在晚新生代可见有红黏土、黄土－古土壤序列的堆积。在上新世（N_2）的 300 多万年间，中国北方处于相对稳定、近似亚热带以氧化为主的古气候环境。在中国北方的陕西、甘肃东部、宁夏、青海东部、山西和内蒙古西部的广大地区，广泛沉积了一套以湖相为主的红色土状沉积，因富含三趾马化石而称为三趾马红土。在地层学上，在鄂尔多斯盆地东缘将上新统（N_2）红土对应为静乐红土，西缘上新统（N_2）与临夏组上部对应。在陕西渭河盆地上新统（N_2）对应蓝田组，在甘肃银川盆地称为干河沟组，河套盆地上新统（N_2）对应乌兰图克组（表 3–4），古近系介形类和腹足类化石如图 3–18 所示。

表 3–4 鄂尔多斯周缘盆地古—新近纪地层

地层		分区			
系	统	鄂尔多斯盆地		河套盆地	银川盆地	渭河盆地
新近纪	N_2	静乐组	临夏组	乌兰图克组	干河沟组	蓝田组
		保德组				灞河组
	N_1	缺失		五原组	红柳沟组	寇家村组
		缺失				冷水沟组
古近纪	E_3	缺失		临河组	清水营组	白鹿原组
	E_2	缺失		乌拉特组	寺口子组	红河组
	E_1	缺失		缺失	缺失	缺失

3.5.1.2 与红黏土相关的地层

鄂尔多斯盆地的主体古近纪隆升剥蚀，新近纪主要堆积了红黏土。对于广布于鄂尔多斯盆地的红黏土的地层归属，前人分歧很大。东部吕梁山前，由于保德组和静乐组都在此建组，因此该带地层的红黏土一般划分为下部保德组和上部静乐组。西南部六盘山前由于地域上与临夏盆地相近，一般将此划为临夏组。在固原一带则沿用了银川盆地的干河沟组。渭河盆地边缘的红黏土被刘东生命名为蓝田黄土。在这些不同地域的沉积组合中，保德组和静乐组是红黏土研究中研究程度比较高的。二者不但在时间上有早晚之分，其物质组成也有差别。

（1）保德组。《中国地层典》第三系分册中对保德组的定义如下：上部为棕红色黏土与棕黄色钙质结核互层。中部为棕黄色和浅棕红色黏土（含层状钙质结核，夹灰绿色黏土），灰白色和棕黄色泥灰岩、灰岩，以及少量的粉砂岩、砂岩透镜体。下部，其下不整合覆盖于前新生代地层之上，其上与静乐组呈假整合接触。在不同地区保德组的岩性组成和厚度大小常有明显的不同。

（2）静乐组。主要分布在陕西府谷老高川、蓝田段家坡、关中西部、山西保德，指黄土之下的一套红色沉积组合，主要由黄棕色至褐红色粉砂质黏土或亚黏土组成，夹有多条褐红色团块状黏土，结构面上覆有铁锰质薄膜。红黏土中含有丰富的层状或星散状钙质结核。这套地层的特征可概括为"红、细、广"，即红色、细粒、广泛分布。本书建议用"新第三纪红层"一词泛指以红黏土为主并含砂砾石的沉积整体，"新第三纪红黏土"仅指上述土状堆积，书中简称红黏土。其地质时代为新第三纪中新世保德期—上新世静乐期。

（3）蓝田组。1960 年由刘东生在蓝田潟湖镇水家咀命名，很多专著已废弃该组。但由于其在红黏土的研究中被长期广泛应用，且在红黏土研究程度不高的地区，在难以区分保德组和静乐组时，仍有利用价值，故加以介绍。蓝田组的原始定义为河流相或河湖相的紫红色黏土岩，富含海绵状钙质结核，底部有砾岩，厚度变化大，剖面可见厚度为 15 ～ 62 m。

（4）三趾马红土。在二十世纪三四十年代由德日进、杨钟键所提出，用于代表晋、陕、甘黄土高原区的红土沉积。显然，三趾马红土是一个非正式的地层单位，在《中国地层典》中属废弃的地质单元，但因地质文献所习惯沿用，这里也进行介绍。从其命名时的含义看，基本等同于蓝田组，只不过蓝田组是正式的地层单位，而三趾马红土则近似于蓝田组的俗名。三趾马红土的厚度从数米到上百米不等，在岩性上是以红色硬黏性土为主，夹砂、沙砾层的红色地层。持残积成因观点者认为该层是一古风化壳残余物质。有人以红黏土的地层结构、化学成分、粒度、岩石微结构等为依据，提出风成观点。张云翔等曾根据甘肃武都龙家沟三趾马黏土中化石的搬运、分选、埋藏等情况，认为该区红土层系流水所致。但是，整个三趾马红黏土是否都是这种成因有待进一步研究。根据近些年来土力学和岩石力学的试验结果可知，它们属于超固结的硬黏土。但在很多地质文献和区测报告中将其称为泥岩或黏土岩。根据 pH 和游离 Fe_2O_3 的测定结果，以及常常含有钙质结核的特点，它们在炎热干燥微碱性条件下为铁质薄膜所胶结的泥质或砂泥质沉积。

3.5.2 第四系

第四纪地质研究与人类矿产资源寻找、生态环境保护和地质灾害防治有关，引起了人们的密切关注。由于第四系陆相沉积成因类型多样、分布零散、对比困难、持续时间短，在研究时必须综合采用多学科方法，如沉积地层学、生物地层学、气候地层学、化学地层学、磁性地层学，以及各种精确测年的年代地层学、考古学等，研究方法比较特殊，已成为一门独立的学科。

3.5.2.1 第四系下界及其年龄

关于第四系下界，在第十八届国际地质会议上，有人建议以意大利北部海相卡拉布里阶（Calabrain）和陆相维拉弗朗阶（Villafranchian）的底界作为更新统与上新统的分界，国际上至今基本沿用。

（1）海相第四系下界。主要是对于海相卡拉布里阶底界的同位素年龄（K-Ar法）存在不同意见：①距今 1.87 Ma，相当于地磁极性时间表中奥尔杜威（Olduvai）正极性亚时底界；②距今 1.64 Ma，相当于奥尔杜威正极性亚时顶界或稍高。近年，国际上流行后一方案。

（2）陆相第四系下界。其争论较大。我国黄土剖面发育完整，近年的研究证明黄土开始沉积于距今 2.45 Ma，相当于松山反极性时与高斯正极性时（M/G）之间，国内目前暂将其视为第四系底界年龄。但是由于陆相第四系分布分散，海相与陆相地层间对比困难，划分下限的依据有不同主张（生物化石、气候、冰川、古地磁、同位素年龄等），对于第四系起始时间尚有 1.64 Ma、1.7 Ma、2.48 Ma、3.5—3.3 Ma 等多种意见。第四系下界仍是重大基础理论问题（表3-5）。

表3-5 鄂尔多斯盆地古生代地层简表

界	系	统	组	是否含油气	厚度/m	岩性特征
新生界	第四系	全新统	无	否	0～30	顶部为未固结土黄色松散砂土，底部为灰黄色粉砂质黄土
		更新统	无	否	0～100	马兰黄土
	新近系	上新统	无	否	20～100	紫红色黏土岩，富含海绵状钙质结核，底部有砾岩
		中新统	无	否		
	古近系	渐新统	无	否	100～300	三趾马红土
		始新统	无	否		
		古新统	无	否		

3.5.2.2 中国第四系地质事件及沉积类型

第四系在不同地区发育有不同的沉积类型，直接与其所处的古构造、古地理和古气候环境密切相关。

（1）印度板块继续向北移动（A 型俯冲），诱发青藏高原的急剧抬升及其周缘山系的回春，形成中国西部高原、山系与盆地相间的地势。包括喜马拉雅山地在内的青藏高原，整体急剧上隆主要是在第四纪时期完成的，可根据上新世三趾马化石的不同产地现处的海拔高度相差悬殊得到证实，如藏南吉隆盆地的三趾马化石发现地的海拔为 4300 m，而在华北平原则是于海平面以下 320 m 的钻孔中发现三趾马化石。上述各地上新世时理应大致处于相似的森林 – 草原环境，彼此间海拔高度不应有太大悬殊。现在化石产地的海拔高度如此不同，完全是第四纪以来青藏地区发生强烈地壳上隆的结果。第四纪青藏高原的抬升和东部边缘海的显著下降，是造成我国现在西高东低地势的根本原因。

（2）太平洋板块向北偏西继续俯冲，导致中国东部拉张断陷的再次出现，形成一系列北北东向的沉积盆地、断块山脉和长白山等。在青藏地区，由于该区的强烈上升，喜马拉雅山区及昆仑山、喀喇昆仑山区等地发育有山岳冰川及冰川堆积。科考调查证实该区曾有过多次冰川活动。此外，在高原内部相对平坦地区，也出现一些小型湖泊盆地，在更新世早期主要是淡水湖盆，范围稍大；后期则因气候变干、湖水变咸，范围缩小，形成有经济价值的含硼盐矿床。在青藏高原周缘，由于山区上升，山前的盆地边缘形成粗碎屑的巨厚类磨拉石堆积。天山北麓的准噶尔盆地南缘，下更新统砾岩厚达 1350 m，中更新统砾石厚 30 m，上更新统砾石及砂质黏土厚 150 m。塔里木盆地也有类似的巨厚粗碎屑堆积。这是当时山系急剧上升和盆地边缘强烈下陷的物质记录。

（3）黄土高原的形成。第四纪冰期和间冰期的交替引起冰川型海平面升降，造成海岸线的明显摆动，也导致气候冷暖多变，并形成特殊的夹古土壤层（间冰期）的黄土剖面。中国黄土几乎连续地覆盖东经 103°—113°、北纬 34°—38°贺兰山到太行山之间的这一地区。这里的黄土发育完好，剖面非常完整，最厚达百余米。近年来大量的综合研究一般认为，黄土是冰碛物和冰水沉积中的粉砂颗粒被风吹扬并携带到冰川作用区外围堆积而成。黄土是在冰期（干冷气候条件下）堆积的。间冰期（湿热气候条件下）成壤作用显著而形成古土壤。黄土与古土壤的互层，是气候冷（干）与热（湿）变换的物质记录。

更新世以来，特别是中更新世以来，中国北方干冷古气候环境下的季风作用形成了大面积的风成黄土堆积，尤其是晚更新世的马兰黄土堆积。在秦岭以北，六盘山东西两侧广大的丘陵状古高原面上，普遍沉积了厚数米至数十米（个别情况达百米以上）的黄土覆盖层。黄土的风成成因决定了黄土高原形成后的高原地貌基本上是由黄土形成前的古地貌所控制，即黄土堆积后的黄土高原地形与堆积前的古高原地形相似。陇东古准平原地区形成了黄土塬，陇西和陕北古梁峁状丘陵区形成了现代的丘陵状（梁状、峁状）黄土高原。因此，在黄土塬区和平缓的黄土梁顶部，黄土与三趾马红土呈假整合接触关系，而在黄土塬边和黄土梁的斜坡地带，黄土层与下伏三趾马红土实际上呈不整合接触，但黄土层与古剥蚀面呈顺坡的平行分布，故在黄土丘陵沟壑区，三趾马红土实际上构成了黄土梁、峁的主体和核心，黄土仅是其"衣""被"。

通过对陕西洛川黄土剖面的综合研究，特别是对含小型啮齿类（主要是鼢鼠）等生物的地层进行研究，证实该黄土剖面代表整个第四纪的堆积，并进行了地层时代的划分：下更新统午城组，以黄红色黄土为特征（可能部分是水成黄土）；中更新统离石组，为淡棕色黄土；上更新统马兰组，以黄灰色黄土为主。总厚约130 m。黄土之上为沙漠，榆林－鄂尔多斯地区被毛乌素沙漠覆盖，沙漠面积达 4.2×10^4 km^3（图3－19）。这种长期连续的黄土堆积保持，很可能与地处大陆板块内部、存在相对稳定的古气候和古构造环境有关。

图3－19　毛乌素沙漠

（4）中国东部差异升隆及南北分异。东部的松辽、华北、江汉平原，是第四纪的大面积沉降区，接受相邻上升山系剥蚀而来的物质充填，能反映差异升降。华北第四系自下而上一般分为：下更新统，固安组；中更新统，杨柳青组；上更新统，欧庄组；全新统，河湖沉积夹泥炭。总厚300～400 m。华北平原钻井揭示，平原西部太行山麓为碎屑沉积，向东主要为湖相砂泥质沉积，部分夹玄武喷发岩，再往东还夹数层含海相化石层。秦岭以南、青藏高原以东直至闽浙沿海，除江汉－南阳盆地外，只有零星分布的小型盆地。沉积类型以残积红土及其搬运再沉积为主，并有不少溶洞堆积，可能与地处灰岩发育区、地壳持续不断上升及温热气候等具体环境有关。另外，我国东部、南部海岸在第四纪经历了很不寻常的沧桑巨变。第四纪冰期和间冰期更替，引起海平面高低波动强烈、海岸线进退可达数百千米。大约距今 1 万年（末次冰期消融后），海平面才逐渐到达现在的位置。

3.5.3　新生代生物

新生代包括古近纪、新近纪和第四纪，是地球历史中最近 65 Ma 以来的地质时代，内部可进一步划分为 7 个世：古新世、始新世、渐新世、中新世、上新世、更新世、全新世（表 3 - 5）。新生代的古生物、古地理、古气候、古构造较中生代均发生了重要变化。

3.5.3.1　脊椎动物的发展

新生代新兴的哺乳动物占据了地球上的各个生态领域，尤其是有胎盘类的进化、辐射最为明显，如空中飞行的翼兽类，水中游泳的鲸类，陆地奔跑行走的食肉类、食草类，等等。无胎盘的有袋类主要繁盛于与其他大陆隔绝的大洋洲地区。

1）古近纪早期古有蹄类及肉齿类。

古有蹄类是以植物为食的有蹄哺乳动物，它们是从原始食虫类祖先演化而来的，与现代哺乳动物没有直接系统的关系。与后来的有蹄类相比，它们一般个体较小，牙齿比较原始，四肢粗短，显得笨拙，包含几个平行进化的不同类型。中国古新世的阶齿兽，个体大小如犬。早始新世的冠齿兽，体型笨重，发育短壮的四肢，且脚宽阔厚重，不能迅速奔跑。此外，还有亚洲特有的挝兽类也是已灭绝的古老哺乳动物，它们在古近纪早期很繁盛，个体与兔子接近，在我国华南地区有发现。肉齿类捕食其他原始食草动物，一般构造原始，四肢短且粗，趾具有爪子的形状，介于蹄与爪的过渡阶段。

2）古近纪中晚期奇蹄类的发展与食肉类的繁盛。

奇蹄类和食肉动物裂脚类替代古老类型的有蹄类和食肉类，得以高度发展，是本阶段哺乳动物的特点。本阶段的奇蹄类进化很快，分化门类很多，包括马、犀、雷兽、爪兽等。大部分奇蹄类在古近纪末期灭绝，只有那些适应演化非常成功的奇蹄类（如马）才一直生存到现在。雷兽类出现于始新世早期，个体很小，与狐狸差不多，到渐新世中期繁盛至顶峰时，个体笨重且巨大，肩高可达 2 m 以上，但很快灭绝。两栖犀类是已灭绝的奇蹄类的另一代表，从晚始新世兴起的犀类一开始就是粗大且笨重的动物，四肢一般短且宽，而且臼齿和门齿退化严重，到渐新世就灭绝了。食肉动物，包括熊、犬、鬣狗、灵猫、浣熊等，是从晚始新世和早渐新世直到现代一直占优势的陆生食肉类，分布十分广泛。啮齿类、长鼻类和灵长类的发展使动物群更加丰富，现代哺乳动物的祖先已基本出现。马的演化主要是体型的增大、脚趾的减少和齿的进化，早始新世的始马个体如犬，前脚四趾，后脚三趾，齿未退化。渐新世的中新马个体可达羊大，脚的长度增加，前后肢的侧趾退化（均变为三趾），所有趾都着地，但中趾比侧趾大得多。中新世起马开始适应草原生活，如草原古马体型开始增大，到中新世结束时，更为进化，仅中趾着地，如三趾马。到第四纪演化为单趾的真马。

3）新近纪偶蹄类的发展。

偶蹄类一般每个脚有 2 个或 4 个趾，脚的中轴在第三和第四趾上，多数具反刍功能。偶蹄类和奇蹄类都于始新世兴起，但古近纪是奇蹄类的繁盛时期，偶蹄类在新近纪大为繁荣。本阶段食肉类继续发展，奇蹄类的马及犀在鉴定地层时代上仍比较重要。大象（长鼻类）的演化主要体现在齿和头骨方面，晚始新世至早渐新世的始祖象，个体大小如猪，没有巨大的门齿和鼻子，臼齿有 2 个横脊，新近纪和第四纪更新世演化出不同的分支。

4）第四纪哺乳动物的发展。

第四纪动物群颇具现代属种特征，由于大陆古地理、古环境的变化，该阶段动物群体呈现出南北分异的特点。

中国的第四纪动物群，在早更新世以秦岭－淮河为界，分为南北两个动物群。南方的柳城动物群，包括新近纪残留的前东方剑齿象，又有新出现的云南马、布氏巨猿等。北方的河泥湾动物群，既有新近纪残留的长鼻三趾马，又有新出现的野牛、三门马等。虽然早更新世为南北两个动物群，可是南北动物群仍有一些共同属种，说明两个动物群之间有一定的联系。

5）人类的出现和发展。

人类的出现和发展是第四纪生物进化的重要事件，中国是人类起源和发展的重要地区，中国的古人类研究在全球人类发展研究上有着重要的地位。在我国已经发现有古猿类、直立人、早期智人和晚期智人等演化阶段。

（1）古猿类。这个类别是我国发现的最古老的人类祖先，主要化石包括禄丰古猿和巨猿。前者发现于 1975 年，大约生活在 800 万年前，许多方面与非洲大猿和南方古猿相近，可能是接近人猿共同祖先的类型。后者发现于广西和湖北，是人还是猿目前尚有争议，主流观点认为它是一种灭绝的特化的猿。

（2）直立人。主要生活在早中更新世，在我国发现的直立人化石有云南元谋人、陕西蓝田猿人、周口店北京猿人、安徽和县猿人等。元谋人是 1965 年在云南省元谋县发现的，有人认为其生活年代为 170 万年前，有人认为其生活年代距今不到 100 万年，至今尚存有争议。蓝田猿人是在陕西省蓝田县发现的，用古地磁法测定其生活年代为 65 万年前。北京猿人发现于北京周口店山洞里，目前认为其生活年代距今 50 万～70 万年。和县猿人是 1980 年在安徽省和县发现的，具有许多直立人的特征，其生活年代距今 15 万～17 万年。

（3）早期智人。生活年代为晚更新世时期。据考古研究认定有辽宁金牛山人、山西丁村人、山西许家窑人、陕西大荔人、安徽巢县人、贵州桐梓人、广东马坝人。陕西大荔人是 1978 年在陕西省大荔县发现的，其生活的年代为 20 万年前，属于早期智人较早的类型，处于直立人到早期智人的过渡时期。金牛山人是 1984 年在辽宁省营口市金牛山发现的，研究发现其较大荔人稍有进步。丁村人发现于山西襄汾县丁村附近的汾河东岸，其生存年代为 21 万年—16 万年前。许家窑人于 1974 年被发现，其生存年代为 12.5 万年—10.4 万年前。马坝人于 1958 年在广东省曲江区马坝乡的一个山洞中被发现，是在我国南方发现的最重要的早期智人化石，其生存年代约为

13 万年前。不同的古人类头骨化石如图 3 - 20 所示。

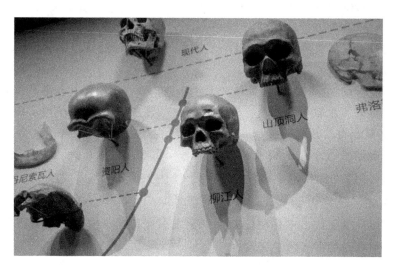

图 3 - 20　不同的古人类头骨化石

（4）晚期智人。又称为新人阶段，出现于 5 万年前，是现代人的祖先，能制造复杂的石器、骨器，用兽皮作衣，并用骨、角、壳等制作装饰品，还会摩擦生火、捕鱼和狩猎。自 1933 年在北京周口店发现山顶洞人化石以来，迄今为止，已经在我国发现了 40 多处晚期智人遗址，主要有北京山顶洞人、广西柳江人、广西桂林宝积岩人、广西柳州白莲洞人、云南丽江人、云南西畴人、云南昆明人、云南蛾山人、云南蒲缥人、贵州兴义人、贵州穿洞人、贵州六枝桃花洞人、贵州白岩脚洞人、陕西黄龙人、陕西志丹金鼎人、陕西靖边河套人、四川资阳人等。柳江人是 1958 年在广西柳江的一个岩洞中发现的，其头骨具有蒙古人的基本特征，是原始的黄种人，他们身材矮小，接近现代东南亚人，代表了蒙古人种的早期类型。柳江人不仅在我国人类进化史上有着重要地位，也是东亚现代人的最早代表。资阳人是 1951 年在四川资阳发现的，他们仍有原始人的特征，但其基本特征与现代人相似。其生存年代为 10 万—3.5 万年前，又被称为中国最早的现代人代表。山顶洞人是 1933 年在周口店龙骨山顶部的山洞中发现的，他们也具有原始蒙古人的特征，其生存年代为 2.7 万年前。

全新世时期，人类的骨骼、组织发展方面并无大的变化，但生产活动方面进入了一个新的阶段，出现了狩猎和采集的人群。其使用的工具不断进步，称为中石器时代和新石器时代，逐步发展为由采集植物为食到栽培植物，由捕猎到饲养动物。

3.5.3.2　水生无脊椎动物的发展

主要包括海生无脊椎动物与淡水无脊椎动物。海生无脊椎动物包括：①双壳类及腹足类，在浅海区占统治地位，如扇贝（*Scallop*）、牡蛎（*Ostrea*）、海扇（*Pecten*）、纺锤螺（*Fusus*）、刺螺（*Cerithium*）等，并常与有孔虫、海胆及苔藓虫组成海相介壳灰岩。②珊瑚，第三纪晚期以来繁盛的六射珊瑚往往形成大型珊瑚礁。③有孔虫，可分为底栖和浮游两类。底栖有孔虫，如大型的货币虫（*Nummulites*）等，在早第三纪热带、亚热带海域分布很广，进化很快，特别是在古地中海区的下第三系灰岩中广布，往往形成特殊的货币虫灰岩，故在欧洲常称早第三纪为货币虫纪。浮游有孔虫，如抱球虫（*Globigerina*）、圆幅虫（*Globorotalia*）等。浮游有孔虫一般个体很小，演化快，分布广，是重要的洲际对比化石。根据属种的组合，第三纪建立了近40个化石带。

淡水无脊椎动物的特征是：叶肢介大为衰退，双壳、腹足、介形类及昆虫则进一步发展。常见的淡水软体动物有：①腹足类，如扁卷螺（*Planorbis*）、田螺（*Viviparus*）等；②双壳类，如丽蚌（*Lamprotula*）、河蚬（*Corbicula*）等；③介形类，极为繁盛，是陆相地层划分、对比的重要门类之一，如金星介（*Cypris*）、真星介（*Eucypris*）、土星介（*Ilyocypris*）、小玻璃介（*Candoniella*）等。

3.5.3.3　被子植物的发展及地理分区

被子植物在新生代占主要地位并得到突发演化，裸子植物和蕨类等只占次要地位。中国第三纪植物群有两个发展阶段：①早第三纪，是木本植物大发展阶段，以木本被子植物的乔木、灌木繁盛为主；②晚第三纪，是草本植物大发展阶段，草本植物逐渐增多，大量现代种属出现。

第三纪的植物地理分区一般分为3个植物区：泛北极植物区、热带植物区［有的又分出古热带植物区（东半球）和新热带植物区（西半球）］和南极植物区（所知很少）。泛北极植物区属温带型，以落叶乔、灌木为主，包括被子植物的三毛榉（*Fagus*）、桤木（*Alnus*）、桦（*Betula*）、杨（*Populus*）和柳（*Salix*），裸子植物的松柏类，如红杉（*Sequoia*），以及蕨类植物的石松、卷柏等。热带植物区（古热带植物区和新热带植物区）以热带、亚热带常绿树为主，包括喜热的被子植物樟（*Cinnamomum*）、木兰（*Magnolia*），棕榈科的似沙巴桐（*Sabalites*），已灭绝的槲叶及大型的裸子植物和蕨类植物。热带和亚热带常绿型植物分布的北界，早第三纪早、中期达到阿拉斯加等北纬70°左右地区，晚第三纪南移至北纬35°左右。

除此之外，还有其他门类的植物化石：①海生微浮游生物的钙藻，数量丰富、分布广泛、形态结构演变迅速，是新生代重要的分带化石，如古新世初期的 *Markalius inversus*、中新世早期的 *Helicophaera ampliaperta* 等；②淡水轮藻类，在我国第三纪地层划分、对比方面也有一定的作用，常见的有倍克轮藻（*Peckichara*）和栾青轮藻（*Hornichara*）等。

参考文献

[1] 陈荷立，刘勇，宋国初. 陕甘宁盆地延长组地下流体压力分布及油气运聚条件研究 [J]. 石油学报，1990，11（4）：7-15.

[2] 柳益群，李文厚，冯乔. 鄂尔多斯盆地东部上三叠统含油砂岩的古地温及成岩阶段 [J]. 地质学报，1997，71（1）：1-3.

[3] 王思恩，郑少林，于菁珊，等. 中国地层典：侏罗系 [M]. 北京：地质出版社，2000.

[4] 杨磊. 鄂尔多斯盆地侏罗纪延安期原始盆地恢复 [D]. 西安：西北大学，2008.

[5] 刘池洋. 盆地多种能源矿产共存富集成藏（矿）研究进展 [M]. 北京：科学出版社，2005：

257 – 266.

[6] 张云翔，陈丹玲，薛祥煦，等. 黄河中游新第三纪晚期红粘土的成因类型 [J]. 地层学杂志，1998，22（1）：10 – 15.

[7] 张云翔，陈丹玲，薛祥煦，等. 陕西北部三趾马红粘土的形成环境 [J]. 沉积学报，1998，16（4）：50 – 55.

[8] 郑家坚. 中国地层典：第三系 [M]. 北京：地质出版社，1999.

[9] 曹家欣，严润娥，王欢. 山东庙岛群岛的红色风化壳与棕红土及其古气候意义 [J]. 中国科学（B 辑），1994，24（2）：216 – 224.

[10] 赵景波. 山西保德第三纪晚期红土的研究 [J]. 沉积学报，1987，7（3）：113 – 120.

[11] 张云翔，薛祥煦. 甘肃武都龙家沟三趾马动物群的埋藏特征及该区红层的成因 [J]. 科学通报，1995，40（19）：1782 – 178.

[12] YOU J Y, LIU Y Q, LI Y X, et al. Discovery and significance of ancient cod fossils in hydrothermal fluid deposition areas：a case study of Chang 7-3 from the Triassic Yanchang Formation in the Ordos Basin [J]. Historical biology, 2021, 33 (9/10)：2043 – 2056.

[13] ZHOU X H, YOU J Y, FENG Q, et al. Characteristics and environmental significance of late carboniferous brachiopods within the Qijiagou Area, Southern Margin of the Junggar Basin [J]. Historical biology, 2021, 34 (4)：33 – 40.

[14] JIN J, WANG J, YOU J Y, et al. Environmental significance of Palaeogene gastropod fossils in the southern margin of the Junggar Basin [J]. Historical biology, 2022, 34 (12)：2332 – 2340.

[15] LUO Z J, YOU J Y, ZHOU X H, et al. Characteristics and environmental significance of upper carboniferous rugose corals in the Qijiagou section, southern margin of the Junggar Basin [J]. Historical biology, 2021, 34 (9)：42 – 50.

[16] FU D J, TONG G H, DAI T. The Qingjiang biota— a Burgess Shale-type fossil Lagerstätte from the early Cambrian of South China [J]. Science, 2019, 363 (6433)：1338 – 1342.

[17] ZHU Z Z, LIU Y Q, KUANG H W, et al. Improving paleoenvironment in North China aided Triassic biotic recovery on land following the end-Permian mass extinction [J]. Global and planetary change, 2022, 216：103914.

模块4 沉积学分析原理与方法

沉积学的分析原理与方法是野外地质教学的基础。本模块主要介绍沉积相与沉积环境的基本概念、沉积环境的主要识别标志、主要沉积环境的识别特征。学习过程涉及地质学的许多基础知识，需多加思考，理论联系实际，"将今论古"，充分理解。

能力要素

(1) 掌握沉积相与沉积环境的基本概念。
(2) 掌握沉积环境的主要识别标志。
(3) 掌握主要沉积环境的识别特征。

实践衔接

寻找自己周围的河流、湖泊，运用沉积学的分析方法，研究辫状河、曲流河、平直河、网状河的不同沉积地貌；观察边滩、心滩、河漫滩二元沉积、天然堤、决口扇、牛轭湖等不同沉积地貌特征。

思考题

(1) 简述沉积相的基本含义。
(2) 简述沉积环境和沉积相的特征及其相互关系。
(3) 沉积体系有哪些？
(4) 相标志有哪些内容？
(5) 沉积相与沉积环境在使用中可以互换吗，为什么？

4.1 沉积相和沉积环境

沉积环境指一个具有独特的物理、化学和生物条件的自然地理单元（如河流环境、三角洲环境、湖泊环境等），而沉积相则是特定的沉积环境的物质表现，即在特定的沉积环境中形成的岩石特征和生物特征的综合。只有具相似的岩性和古生物两方面特征的岩石单元才能作为同一个"相"。

一个地区的沉积地层受到该区物理、化学和生物等方面的综合影响，因此具有独特的特征。由于环境和外营力作用有序变化，沉积物的综合特征也随之发生变化，称为相变。地史时期的沉积相研究，往往从地层剖面入手，从垂向顺序中分析相的更替。19 世纪末期，德国学者瓦尔特提出："只有那些目前可以观察到是毗邻的相和相区，才能原生地重叠在一起。"这就是著名的瓦尔特相律，亦称为相对比原理。其大意是相邻沉积相在纵向上的依次变化与横向上的依次变化是一致的，即可以根据相邻沉积相在纵向上或横向上的变化预测其在横向上或纵向上的变化。值得指出的是，相对比原理的应用前提是沉积环境为连续渐变，地层为连续沉积，沉积作用方式相同。在连续沉积的情况下，只有那些现在并列出现的相和相区，才能在垂向剖面中互相叠置，而没有间断。这种相序关系使人们在勘探中，可以从垂向上出现的沉积相序列来推断相邻地区横向上的类型和系列，为勘探油气、煤炭、地下水和其他沉积矿床服务。

　　普遍运用"将今论古"的现实主义原则和比较岩石学方法在很早以前就已出现。由于现代环境中复杂的营力作用可以直接观察和记录，作用的结果在沉积物的特征上能如实反映出来，因此现代沉积的研究是判断古代沉积相的依据。莱伊尔提出的现实主义原理是指导沉积相分析的基本原则。近代沉积学方面的重大发展（如热液喷口矿床、白云岩成因等），都与现代沉积作用的重新深入研究有关。但是，地质作用赖以发生的环境因素和介质本身是随着时间的推移以不同速度和规模变化的，运用现实主义原理进行沉积相分析时，切不可机械地套用现代模式，而应遵循辩证和发展的规律进行现实类比分析，只有这样才能对地史中的环境形成条件做出正确的判断。

4.2　沉积环境的主要识别标志

　　由于在一个特定沉积环境内存在着一系列独特的物理、化学和生物作用，因此形成独特的沉积特征组合。我们把这些能反映沉积环境条件的沉积特征称为相标志。它是相分析及岩相古地理研究的基础，归纳起来主要包括岩性标志、岩矿标志、古生物标志、其他标志四大类。

4.2.1　岩性标志

　　地层沉积环境的岩性标志主要包括沉积物颜色、沉积物结构和原生沉积构造等。

4.2.1.1　沉积物颜色

　　颜色是沉积岩的重要宏观特征之一，也是最直观、最醒目的沉积相标志和沉积环境的重要标志，它与自身的成分和形成环境密切相关。大多数情况下，岩石原生颜色对形成岩石时的水体的物理化学条件有良好的反映，一般来说，浅色的岩石含有机质低，多形成于水、动荡和氧化条件下，如海滩成因的砂岩。而在深水或静水和还原条件下多形成暗色岩石，如深湖相泥岩、粉砂质泥岩等。当岩石中具有含铁离子的矿物时，紫红色反映强氧化条件，而暗绿色则反映相对还原的沉积环境（图 4-1）。

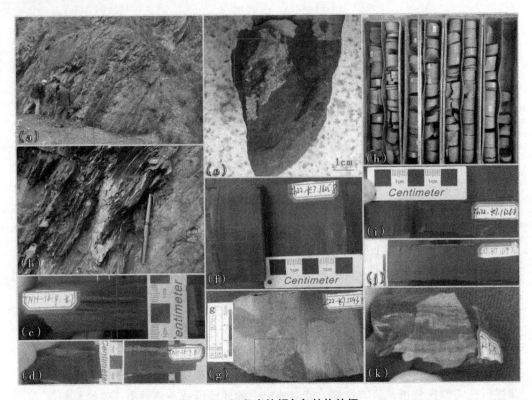

图 4 – 1　沉积岩的颜色与结构特征

4.2.1.2　沉积物结构

陆源碎屑沉积物的颗粒结构也是反映沉积环境的良好标志之一。沉积物结构包括粒度、圆度、分选、定向性和支撑类型等。一般来说，粒度粗、圆度高、分选好、颗粒支撑的岩石反映较高能量的沉积条件；相反，粒度细、圆度低、分选差、杂基支撑的岩石则形成于较低能的水体中。

4.2.1.3　原生沉积构造

原生沉积构造是沉积相的重要标志之一，也是判别沉积时水动力条件的直接标志。碎屑岩中的沉积构造，特别是物理成因的原生沉积构造，最能反映沉积物形成过程的水动力条件。原生沉积构造主要包括层面构造、层理构造、准同生变形构造、生物及化学成因构造（图 4 – 2）。

1）层面构造。

层面构造主要包括反映介质流动状态的波痕、冲刷痕、压刻痕及各种暴露构造。波痕是指流水、波浪或风作用于非黏性沉积物表面留下的波状起伏的痕迹，按其成因可分为流水波痕、浪成波痕及风成波痕。当水流能量加强时，常在下伏沉积物，尤其是泥质沉积物表面形成冲蚀的槽状痕迹，称为冲刷痕。沉积物中携带的粗粒物质（如砾石、生物介壳）在下伏沉积物顶面刻画出的各种痕迹，称为刻压痕（如沟痕）。冲刷痕和刻压痕是重力流沉积中常见的沉积构造。暴露构造指沉积物间歇地暴露于大

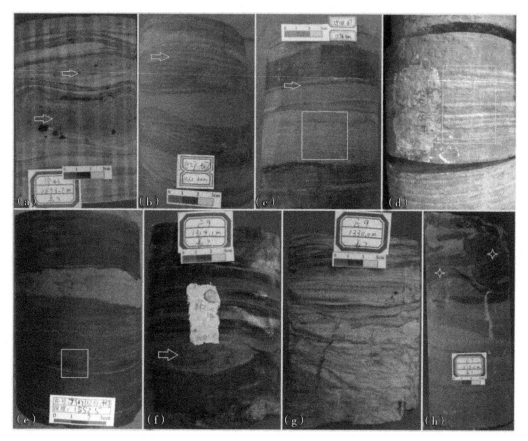

（a）准同生变形构造；（b）—（d）平行层理；（e）—（f）砂质碎屑流；（g）波状层理；
（h）平行层理砂岩发育铁质结核。

图4-2　原生沉积构造

气中时其表面形成的沉积构造，如泥裂、雨痕、食盐假晶及足迹等。暴露构造通常反映沉积盆地边缘间歇性暴露条件，如潮上带、湖滨环境等。

2）层理构造。

层理构造是指垂直岩层层面方向上由于沉积物成分、颜色、粒度及排列方式的不同显示出来的纹层状构造。根据形态可分为以下类型：

（1）平行层理和水平层理。二者的纹层均平行且与层面一致，但平行层理是高流态条件下的沉积，沉积物粒度粗（中粗砂级），纹层不清晰、不连续，沿层面易剥开；而水平层理反映静水条件，沉积物粒度细（泥质），纹层清晰且连续。

（2）交错层理。交错层理由一系列与层系面斜交的内部纹层组成，层系之间由层系面分隔。交错层理可以根据其形态分为板状、楔状、波状和槽状交错层理等多种类型。依据交错层理的形态、大小、前积层倾角和方向等可判断出水动力特征和古水流方向，进而帮助识别古环境。流水作用一般形成高角度的板状交错层理，而冲洗作用则形成低角度（小于10°）的楔状交错层理（冲洗层理），进退潮流作用则形成双向的鱼骨状（或羽状）交错层理。

（3）均质层理和块状层理。二者均为用肉眼甚至用仪器也难以识别其内部纹层，即无层理构造。块状层理内部成分不均一、大小混杂，反映由未经分选的沉积物经快速堆积而成，如冲积扇。而均质层理内部成分粒度均一，反映由单一成分的快速堆积而成或由生物扰动破坏原生层理所致，如洪水期的深湖至浅湖沉积、生物扰动后的潮坪或陆棚沉积等。

（4）递变层理。递变层理以沉积颗粒的粒度递变为特征，可分为粒序递变和粗尾递变两种。粒序递变层理从底到顶沉积物颗粒均变细，一般认为由牵引流作用形成。粗尾递变细粒物质作为杂基从底到顶均有分布，仅颗粒向上变细，一般认为由重力流作用形成。递变层理底部具明显冲刷面，尤其是粗尾递变与底部冲刷面、槽铸型等，常作为识别浊流沉积的重要证据。

3）准同生变形构造。

准同生变形构造是指沉积物沉积之后、固结之前发生塑性变形形成的构造，它仅局限于上下非变形层之间以区别于后生构造，常见的准同生变形构造有负载构造、包卷层理、滑塌构造等。准同生变形构造发育于快速堆积（沉积物来不及及时脱水）或具有原始倾斜的沉积层中。沉积物的液化和倾向流动可形成具复杂揉皱的包卷层理；差异压实作用及构造不稳定（如地震的颤动）常导致上覆粗粒层下沉，或下陷到下伏松软沉积层种形成负载构造、枕状和球状构造；原始陡倾的沉积斜坡可使沉积物下滑形成滑移构造和滑塌构造。因此，准同生变形构造的类型和强度可以帮助认识沉积盆地的性质及堆积速度、构造活动性等。

4）生物及化学成因构造。

生物及化学成因构造的类型繁多，常见的有鸟眼构造和叠层状构造。鸟眼构造指白云岩或灰岩中 1 mm 左右的蠕虫状或不规则状亮晶方解石充填体。多数学者认为鸟眼构造形成于潮坪环境，由藻类腐解留下孔隙或者气泡，经亮晶方解石和石膏充填而成。叠层构造是一种常见的生物成因沉积构造。现代潮坪上叠层石发育，推测古代叠层石主要形成于潮坪等浅水沉积条件。

一般来说，沉积环境物理标志主要反映沉积环境的物理特征，如介质的性质（水、风、冰）、能量条件（水流速度、波浪强度等）和搬运方式（牵引流、重力流）。除此之外，部分物理标志还具有古气候和古构造意义。前者如藻叠层构造和食盐假晶，后者如滑塌构造、底边层理等。

4.2.2 岩矿标志

4.2.2.1 沉积物结构组分

沉积物的结构组分可以反映其沉积历史、物源及沉积介质的特征。例如，纯净的石英砂岩形成于浅水高能条件（如海滩环境），鲕状灰岩多形成于水质清澈的动荡浅水环境（如鲕粒滩、坝），富含长石、不稳定岩屑的杂砂岩形成于颗粒未经充分簸选的快速沉积场所（如断陷盆地），以灰泥为主的泥状灰岩则反映低能的沉积条件（如陆棚或潟湖沉积）。

一些特殊的沉积岩石和沉积矿产的出现不仅对沉积相的确定具有重要意义，而且可以帮助了解地层形成时期特定的古地理、古海洋和古气候特征。

4.2.2.2　自生矿物

自生矿物指沉积期或同生期形成的原生矿物，它们通常是沉积介质物化条件的反映。例如，海绿石、磷灰石主要形成于浅海沉积环境，石膏、岩盐等蒸发岩类矿物形成于盐度过饱和的干旱气候条件，黄铁矿的出现往往反映缺氧还原的沉积条件。

4.2.3　古生物标志

古生物标志化石是指能够或可能用于确定其产出地层时代或阐明其生活环境的化石，多用来作为区域地层对比的标志；也用于指一个组合带中最为特征的化石，但其分布并不一定仅限于这个带或延及其全部（图4-3）。

(a) 陕西铜川延长组剖面；(b) — (d)、(h) 鱼鳞化石；(e) — (g)、(i) 鱼粪化石。

图4-3　鄂尔多斯盆地三叠系延长组生物化石

化石是存留在岩石中的古生物遗体或遗迹，最常见的是骸骨和贝壳等。研究化石可以了解生物的演化并能帮助确定地层的年代。保存在地壳的岩石中的古动物或古植物的遗体或表明有遗体存在的证据都谓之化石。从化石中可以看到古代动物、植物的样子，从而可以推测出古代动物、植物的生活情况和生活环境，可以推断出埋藏化石的地层形成的年代和经历的变化，可以看到生物从古到今的变化，等等。因为在较老的岩石中的化石通常是原始的、较简单的，而在年代较新的岩石中的类似种属的化石要更复杂和高级。生命演化的规律是从简单到复杂，以往出现的生物体以后不会出现。

4.2.4　其他标志

除上述各类标志外，沉积相的纵向变化序列、横向变化关系及沉积体的空间几何形态在沉积相的恢复中亦可发挥重要作用。例如，海滩沉积多为带状或席状，三角洲和海底扇多呈扇状。浊流沉积具鲍马序列，曲流河沉积多具二元结构等。综合上述各方面证据，尤其是那些在多方面具指相意义的标志，才能正确分析地史时期的古环境特征。

4.3　主要沉积环境的沉积特征

以海平面为标志，地表沉积环境可以分为陆地环境、海洋环境和海陆过渡环境。现代地表沉积环境类型多样且千差万别，但从地质历史角度看，各种环境的沉积记录的保存潜能大不相同，地质历史时期的古地理、古气候、古海洋背景与今天的面貌也有极大差别。因此，本节重点介绍地质历史时期中一些常见的沉积环境及其沉积相特征。

4.3.1　陆地环境沉积相类型

4.3.1.1　冰川沉积

冰川是寒冷地区多年降雪积聚、经过变质作用形成的自然冰体，在重力作用下有一定的运动。在大陆冰川地区，被冰川刨蚀裹携的碎屑物质被搬运至冰融区堆积下来，称为冰积层。其砾石多呈棱角状、大小混杂，表面多具擦痕。在冰积层之上或沿横向追索可出现具层理构造的冰湖或冰海等冰水沉积。当冰川直接流入海中时，浮冰所携带的碎屑可在远岸带因冰融化而下落，这样，各种大小的碎屑无规律地分布于细粒海洋沉积物中，砾石表面可发育冰川擦痕，有时还可见到由细粒围岩组成的水平层理被压弯而呈"落石"特征，这种沉积物称为冰海砾泥沉积。

4.3.1.2　河流沉积

河流是陆地环境中重要的地质营力之一，各种类型的河流沉积广布于现代地表和古代地层中。河流可分为平原河流和山间河流。山间河流河道较直、流速大、切割深，主要保存河床粗碎屑沉积。山间河流在出山口常形成各种以粗屑为主的冲积扇。沉积物多呈紫红色，块状构造，无化石或含脊椎动物骨骼碎块。平原河流流速小、河谷宽、河曲发育，主要有河道、砂坝和泛滥平原沉积。

1）河流类型。

20 世纪 80 年代初期的沉积学教科书一般把河流分为辫状（网状）河、（蛇）曲流河和顺直河 3 种类型，有些教材根据辫状河的形态称辫状河为网状河。裴亦楠第一次引入网状河的概念，从此河流类型的四分方案被国内沉积学界广泛接受（图 4 - 4）。

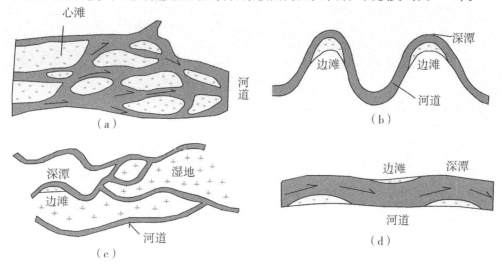

（a）辫状河；（b）曲流河；（c）网状河；（d）顺直河。

图 4 - 4　河流类型

（1）辫状河。一种高能量河流，河道坡降大，可达 1 m/km，搬运能量比较大，并以低负载的搬运形式为主，是一种低弯曲度的多河道系统，河道频繁分叉汇聚，一般面宽流浅，发育河道砂坝，河道不固定，多为粗粒沉积，形成大面积连片砂砾体（图 4 - 5）。

（2）蛇曲河。一种较低能量河流，河道坡降较小，介于辫状河和网状河之间，流量稳定，以混合负载或悬浮负载为主，是一种高弯曲度的单河道系统，河道比较稳定，宽深比值低，侧向迁移明显，发育点砂坝，常发生截弯取直作用，沉积物以砂、粉砂、泥为主（图 4 - 6）。

（3）网状河。一种低能量河流，河道坡降小，一般几或十几公里坡降 1 m，比辫状河、蛇曲河都小，沉积物搬运以悬浮负载为主，是一种低弯曲度的多河道系统。网状河道之间常被半永久性的冲积岛和泛滥平原或湿地分开，这些分隔物多由细粒物质和泥岩组成，其位置和大小比较稳定，占据河网面积的 60% ～ 90%，其河道砂体呈狭带状分布，两侧被天然堤所限。

（4）顺直河。通常仅出现于大型河流的某一河段的较短距离内或属小型河流，

（a）陕西府谷段黄河砾石沉积；（b）无定河冲积扇；（c）无定河河流沉积；（d）无定河河流侵蚀作用；
（e）—（f）吴堡段黄河心滩和边滩。

图4-5　河流沉积

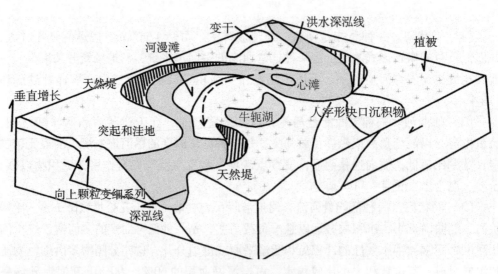

图4-6　蛇曲河沉积地貌

并逐渐向蛇曲河发展。

辫状河—蛇曲河—网状河的过渡，是一条河流从物源区向湖盆推进过程中的发展变化规律。但由于地形坡度、流域岩性、气候变化、构造运动及河水流量负载方式等因素的影响，在同一河流的不同河段或同一河流发育过程的不同时期，河道类型可能是不同的，甚至同一时期的同一河段，因水位不同，河流类型亦有变化。其中，河流流域的坡降，无疑是控制河道类型的重要因素。而基准面的变化改变了河流的坡度，即基准面和可容空间的产生速率的变化，决定了河流的类型。若可容空间为正，则：当基准面很低且可容空间的产生速率也比较小时，为粗的连片砂砾组成的辫状河型；当基准面抬升慢且可容空间的产生速率较小时，为砂、粉砂等组成的侧向较密的曲流河型；当基准面抬升很快且可容空间的产生速率较大时，形成由细砂、粉砂等组成的分布孤立的网状河型。若可容空间为零，则河流为均衡河流，均衡河流为曲流河。若可容空间为负，则河流下切，侵蚀，无沉积。

2）曲流河的沉积模式。

河流沉积相是指由河流过程形成的沉积物的特征，河流沉积模式是指某些沉积环境下形成的代表性河流相集合形成的沉积体的特征及其聚集规律。很早以前，人们就发现了河流沉积物的二元结构模式，后来，随着河流分类愈来愈细，人们把河流沉积归结为不同的沉积模式，最为通用的是曲流河的向上变细模式。

曲流河为单河道，河道蜿蜒弯曲，曲率较大，坡降较小，洪泛间歇性相对小一些，流量变化也小些，碎屑物较细，推移质与悬移质之比低。河岸抗蚀性强，整个沉积过程是凹岸上不断剥削，凸岸上不断沉积，这就是地貌学上的边滩和沉积砂体中的"点坝"。经典的曲流河的沉积地貌单元有边滩、牛轭湖、天然堤、决口扇及河漫滩等（图4-6）。曲流河河道沉积底部为砾石层，其中砾石常具定向排列，为河底滞留沉积，整体呈透镜状分布，与下伏沉积层呈冲刷侵蚀接触。向上逐渐过渡为点沙坝沉积，以岩屑或长石石英杂砂岩为主，具大型板状或槽状交错层理。再向上渐变为小型交错层理和水平层理。颗粒粒度也向上变细，一般缺乏生物化石，偶具脊椎动物骨骼或树干碎块。天然堤以细砂至粉砂岩为主，发育小型槽状交错层理及水平层理。泛滥平原沉积以粉砂质泥岩为主，发育均质层理或水平层理、泥裂和雨痕。洪水冲溢天然堤形成的决口扇沉积，以粉砂岩为主，发育小型波纹交错层理，生物逃逸迹是常见的遗迹化石。当蛇曲发展促使河流改道时，就会形成废弃河道和牛轭湖，牛轭湖最终被淤塞形成泥炭沼泽，沉积呈透镜状，夹于河流沉积层序中。

3）辫状河的沉积模式。

辫状河，河谷较为平直，弯曲度很低，坡降较大，洪泛间歇性大，流量变化很大，碎屑物粗，以推移质为主，在整个河谷内形成很多心滩，很多河道围绕心滩分叉又合并，像辫子一样交织在一起在河谷内活动，河道和心滩很不稳定，沉积过程中不断地迁移改道。它由一系列宽而浅的河道、河道砂坝及冲积岛组成。也就是说，河道砂坝（心滩）和冲积岛是辫状河特有的地貌特征，其边滩不发育，河漫滩发育较少（图4-7）。

辫状河的沉积序列模式比较复杂多样，一般为自下而上由粗变细的正旋回层序，

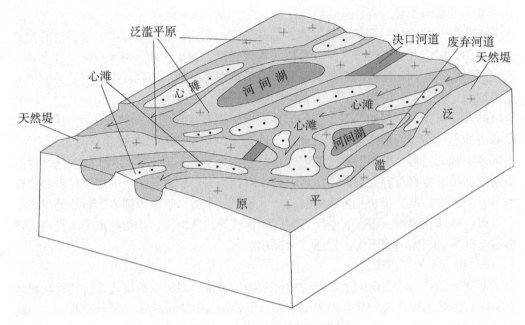

图 4 - 7　辫状河沉积地貌

反映了水流能量逐渐减弱的沉积过程。最底部为河道底部残留沉积物，以粗砂岩和含砾砂岩为主，与下伏层呈侵蚀冲刷接触。其上为大型槽状交错层理含砾粗砂岩、具槽状交错层理粗砂岩及板状交错层理粗砂岩。沙坝顶部沉积物主要为小型板状交错层理砂岩和大型水道冲刷充填交错层理砂岩。

　　综上所述，与曲流河的沉积层序相比较，辫状河流沉积层序的特点如下：

　　（1）粒级较粗，砂砾岩较发育。

　　（2）层序下部发育由心滩迁移而形成各种层理类型，如块状或不明显水平层理、大型板状交错层理。

　　（3）大型槽状交错层理发育。

　　（4）泛滥平原细粒沉积物较薄或不发育。

　　（5）心滩沉积的岩石比边滩更加复杂，粒度总的较粗，有砾、砂级碎屑堆积。

　　其中又有细屑夹层。同时，边滩和心滩概率累积粒度曲线具有明显的区别。边滩沉积物以砂为主，混有砾、粉砂和黏土；有的以砾石沉积为主。沉积物粒度取决于河流的水动力条件；在同一边滩中，离河心较近的边滩下部，其粒度要比离河心较远的边滩上部粗。沉积物成分复杂，成熟度低，常含有植物树干和碎片。

4.3.1.3　湖泊沉积

　　湖泊是陆地水圈的重要组成部分，与大气圈、生物圈和岩石圈有着不可分割的密切关系，是各圈层相互作用的连接点。作为一个相对独立的体系，湖泊经历了较长的地质历史，因其连续的沉积和沉积物中保存着丰富信息，加上较高的沉积速率，故湖相地层可提供区域环境、气候和事件的高分辨率连续记录，从而成为全球气候环境变化研究的重要载体。其沉积物分布也很广泛，常形成重要的沉积矿产，如石油、天然气、煤、泥炭、蒸发盐类矿产和沉积铀矿等。湖泊中主要水动力为波浪和湖流。大型湖泊潮汐作用明显，从滨湖到深湖，随着湖水深度增加，水动力逐渐减弱，因此沉积物由滨湖经浅湖到深湖粒度逐渐变细，层理类型从交错层理逐渐变为水平层理，形成近同心的环带状分布。当有河流进入时，河流入湖处形成小型三角洲。

湖泊受气候影响明显。在潮湿气候区，降雨量大于蒸发量，多为淡水湖泊，以细砂岩、粉砂岩及黏土岩为主。湖滨地带可出现粗碎屑沉积。在大型淡水湖泊里，泥灰岩、介壳灰岩、油页岩也极为常见。淡水湖泊中养料充分、透光度好、含氧充足，有利于生物大量繁殖。因此，淡水湖泊中常发育淡水双壳类、腹足类、介形类、叶肢介及鱼类、植物碎片、昆虫和脊椎动物化石，形成特有的湖生生物组合。在干旱气候区，蒸发量大于降雨量，可形成以化学沉积为主的高盐度咸水湖泊和半咸水湖泊。随着湖泊干枯，湖泊面积缩小、水体变浅，在滨湖地区常见干裂等暴露构造。湖泊干枯过程中，依次出现石膏、岩盐和钾盐等矿物。半咸水湖和咸水湖中除发育少量广盐度的双壳、腹足、介形和鱼类外，一般化石稀少。

在地层中，河流相和湖泊相往往共生保存，这在我国中、新生代地层中极为常见。除大型稳定背景的河湖相沉积盆地外，一些小型的夹有粗碎屑及火山物质的断陷盆地河湖相沉积也极为发育。在河湖相之间可夹有湖相三角洲沉积。相较于海相沉积来说，陆地环境沉积物的成分成熟度、结构成熟度均较低，宽与厚的比也较小，陆生动植物及湖相淡水生物发育。

4.3.2 海陆过渡环境沉积相

海陆过渡环境位于陆地和海洋的过渡地带，它既受海洋的影响，也受陆地上地质营力（如河流作用）的影响，一般指三角洲环境。三角洲被定义为河流入海（湖）后形成的常具有扇形特征的沉积体。基于水体类型分为湖泊三角洲和海洋三角洲，而基于水动力特征划分为河控、浪控和潮汐三角洲，基于三角洲的沉积特征构成又划分为细粒和粗粒三角洲。金振奎等将三角洲定义为"河流等水流汇入蓄水盆地时，所搬运的碎屑物质在入口附近堆积形成的、总体呈朵状的沉积体"。"水流""蓄水盆地""朵状的沉积体"是该定义的关键词，其形态和结构可受河流、波浪、潮汐及岸流的改造而发生变化。以河流作用为主形成的典型三角洲在平面上呈鸟足状，由陆向海分为三角洲平原、三角洲前缘和前三角洲。

4.3.2.1 三角洲平原

三角洲平原是三角洲的陆上部分，以分支河道砂质沉积为主，也包括泛滥平原和湖沼沉积的粉砂、黏土和泥炭，以及天然堤和决口扇沉积，亚相包括分流河道、天然堤、决口扇和分流间洼地等微相。三角洲平原与前缘之间，并没有一个截然的界限，而是存在一个过渡带。这个过渡带就是水位波动带。借鉴潮汐带的概念，金振奎等将此过渡带定义为"三角洲位于平均高水位与平均低水位之间的部分"。三角洲平原向陆过渡为正常河流环境，向海（湖）过渡为三角洲前缘，以分流河道、分流间沼泽、分流间湾、洪泛湖泊、溢岸沉积、废弃河道等微相为主。分流河道沉积有时以河道砂坝为主，有时以河道砂坪为主，分流河道间以炭质页岩为主，粉砂岩中可见水平层理、波状层理、生物扰动构造。三角洲平原水下沉积频繁互层，而河流沉积中一般见不到海相夹层或湖相夹层。

4.3.2.2　三角洲前缘

三角洲前缘位于三角洲平原外侧，是浪基面以上的三角洲水下部分，为河流与海（湖）水剧烈交锋带，以牵引流、波浪、湖流的改造作用为主，主要包括分流河口砂坝、远砂坝、分流间湾和三角洲前缘席状砂沉积 4 个微相。无论是高水位期还是低水位期，它一直处于正常浪基面以上，为持续动荡环境，沉积物以滚动和跳跃搬运为主，普遍较粗，主要是砂岩甚至砾岩，中厚层状，悬浮沉积不发育，基本不含泥质夹层。三角洲沉积体系最具特征的沉积就是三角洲前缘亚相，垂向上具有向上变粗的反粒序旋回，骨架砂体形态呈伸长条状或朵状。

金振奎等把三角洲前缘分为内前缘和外前缘。内前缘主要发育河口坝和席状砂，河口坝位于分支河道河口正前方，水下分流河道向前延伸时能量减弱，大量河水携带物快速堆积下来，在河口处形成河口坝。河口坝一般厚 1～30 m，以粉细砂岩为主。它是河流与波浪共同作用带，河水靠惯性向前流动形成射流，将沉积物向前搬运，同时，波浪也会作用在河口坝上，对河口坝沉积物进行簸洗、改造。在湖面整体快速下降，伴随季节性、周期性湖面频繁波动的过程中，进入三角洲前缘的河口砂坝、水下河道砂和水下决口扇被回流和沿岸流强烈冲刷改造，从而产生席状砂体。

外前缘主要发育远砂坝和末梢席状滩。远砂坝是河口坝的延伸，在细条状远端水下分流河道砂体向前推进的过程中，水动力逐渐减弱，河口处形成远端水下分流河口坝，主要由泥质粉砂岩、粉砂质泥岩组成，厚度一般小于 0.5 m，整体向上变粗，发育低角度交错层理、脉状层理和纹层状层理。末梢席状滩是席状滩的延伸，仅在低水位时期受波浪影响。远砂坝和末梢席状滩沉积十分相似、不易区分，均为薄层砂岩夹暗色泥岩和粉砂岩，可发育脉状层理；或为砂岩与暗色泥岩和粉砂岩薄互层，可发育波状层理。

三角洲前缘与三角洲平原的主要区别为：该亚相的水下分流河道和河口坝砂体的粒度明显变细，水下分流河道一般由细粒砂岩组成，且随着水下分流河道的多级次分流作用增强，粒度逐渐变细。分流河道滞留沉积以泥砾为主，分流河道间以泥岩为主，并且出现的频率增大，河道冲刷作用弱。

4.3.2.3　前三角洲

前三角洲位于三角洲前缘的前方，处于浪基面以下，以富有机质的粉砂质泥岩、泥岩、页岩为主，水平层理和均质层理发育。金振奎等将前三角洲定义为"三角洲位于三角洲前缘之外、平均混合带外缘以内的部分"。前三角洲下边界的水深一般在风暴浪基面之上，风暴浪和风暴流可将三角洲前缘的一些沉积物搬运到前三角洲中，因此，前三角洲中会有风暴沉积。前三角洲沉积为暗色泥、粉砂质泥，与正常的湖泊沉积不易区分。

在三角洲向海推进的过程中，形成自下而上以前三角洲泥—三角洲前缘粉砂和砂

—三角洲平原砂质沉积为主的向上变粗沉积序列。特殊的沉积环境条件使三角洲沉积物中可发育陆生生物–广盐度生物组合。

4.3.2.4 两种沉积模式的对比

河流类型、盆地坡降、构造背景、水动力条件、水介质密度和喷流机制等因素是决定三角洲沉积模式的主要影响因素。在此基础上，建立了两种三角洲沉积模式（表 4 – 1）。

表 4 – 1 三角洲沉积模式的对比

因素	曲流河三角洲	辫状河三角洲
河流类型	曲流河	辫状河
河道稳定性	较稳定	不稳定
流量可变性	较小	大
搬运机制	牵引流为主	牵引流为主
沉积构造特征	前积交错层发育	侧积交错层发育
砂岩结构特征（粒度）	细砂为主	含砾砂为主
分选性	中至好	差至中
杂基	少	少
砂岩泥岩比	低	高
前缘河口沙坝、席状砂	发育	不发育
物源	较远	较近

（1）曲流河三角洲。赵虹等将其沉积模式的主要特点概括为：曲流河三角洲大多出现在湖盆缓坡带上，距物源区相对较远，相带发育完整，沉积物粒度较细，结构成熟度及矿物成熟度较高，分流河道和水下分流河道对下伏沉积物侵蚀强烈，基底冲刷面起伏。沿盆地长轴方向，在坡降缓、斜坡长的古地形等条件下，源远流长的巨大的定向曲流河携带大量泥沙进入湖盆，在河湖作用过渡带形成了三角洲沉积体。三角洲平原向前推进很快，平原部分分布广泛，河漫滩沉积发育，具河道二元结构，在适宜的古气候条件下，漫滩沼泽可以形成区域稳定的煤层；三角洲前缘在纵向上延伸距离较短，侧散作用强，有较固定的河口，砂层较集中，但砂体规模较小，剖面上单层砂体呈现上平下凸的透镜状；河口坝和前缘席状砂很少发育，分流河道和水下分流河道构成三角洲砂体骨架；盆地坡降小，水动力条件弱，沉积物粒度较细，分选较好。

（2）辫状河三角洲。沿湖盆短轴形成发育，坡度较陡、较近源。与扇三角洲不同的是，形成辫状河三角洲需要的是坳陷型湖盆较陡边界，或断陷型湖盆较缓边界，且与源区有一定的距离。这样的背景决定了入湖的冲积体是辫状河沉积体而不是曲流河或冲积扇沉积体。李文厚等将其沉积模式的主要特点归纳为：是一个相带发育不完整的沉积体系，由活跃在冲积平原上的辫状河直接进入蓄水盆地形成三角洲，其间缺失曲流河等陆上演化环境;辫状河三角洲平原向前推进快,分流河道和心滩沉积微相发育,分流河道对下伏沉积物冲刷强烈,缺乏二元结构,泥质夹层少,一般不具成煤环境;辫状河三角洲前缘延伸较远,河口不固定,砂层较分散,剖面上呈宽平板状;河口坝和前缘席状砂不发育,分流河道和水下分流河道沉积构成三角洲砂体骨架,尤其以分流河道沉积最为典型;盆地坡降大,水动力条件强,沉积物粒度相对较粗,分选较差。

4.3.3 海洋环境沉积相类型

现代海洋约占地球表面积的71%。在地史时期,海相地层分布广泛,因此是地史沉积学分析的主要对象。根据海水深度和海底地形,海洋环境可分为滨海(浪基面以上)、浅海(浪基面至200 m水深,亦称陆棚或陆架)、次深海(水深为200~3000 m,包括大陆斜坡和陆隆)和深海(水深大于3000 m,深海平原)。海洋是重要的沉积场所,海洋沉积岩层的规模较大,而且分布稳定,半数以上的石油产于海相地层中。

海水的运动可概括为波浪、潮汐、海流3种形式,统称为水动力作用。海岸地形分异大,同时也是沉积作用最活跃和最复杂的地区。以波浪作用为主的滨海地区形成了海滩沉积,以潮汐作用为主的地区形成了宽阔的潮坪沉积,在两者过渡的情况下则形成了障壁砂坝-潟湖沉积体系。

4.3.3.1 陆源碎屑滨浅海沉积

陆源碎屑海滩沉积以纯净石英砂岩为主,粒度向海变细,成分成熟度和结构成熟度均较高。在高能区以物理沉积构造为主,如平行层理、低角度板状、楔状交错层理和冲洗交错层理。而中至低能区则交替发育物理和生物成因的沉积构造。生物化石多为碎片,呈零星或透镜状分布。

潮坪沉积环境可以分为潮上带(平均高潮线以上)、潮间带(平均高潮线与平均低潮线之间)和潮下带(浪基面至平均低潮线之间)。低潮线附近为潮坪环境中的高能带,以砂质沉积为主。向陆或向海沉积物粒度逐渐变细,以粉砂和泥质为主。常见潮汐成因的交错层理,如透镜状层理和压扁层理,由于涨潮和退潮潮流的作用,在潮间带至潮下带常发育向陆方向分支的潮沟(潮汐通道)。潮沟侧向迁移可以形成砂和粉砂交替的侧向加积层理。

在障壁砂坝-潟湖沉积体系中,障壁砂坝以砂质沉积为主,发育大型板状、槽状的交错层理、平行层理,在其入潮口两侧形成扇状的涨潮三角洲和退潮三角洲。障壁砂坝之后(向陆一侧)为潟湖沉积环境,沉积物以泥岩为主,发育水平层理或均值层理。随着与外海的连通状况及古气候背景的不同,水体盐度可以咸化或淡化,因此生物组合多为广盐度特点。

浪基面以下的浅海陆棚沉积环境,水体相对较为平静,含氧正常,盐度稳定,因此底栖生物化石丰富、保存完好,沉积物多为砂泥质互层。但该区有时会受到风暴流、潮流和洋流的影响,受潮流控制的浅海陆棚主要出现于大潮差(3~4 m)的半封闭海。潮流作用形成的与潮流方向平行的潮砂脊以砂岩为主，砂粒圆度高、分选好，具双向交错层理，沉积序列为向上变粗。受风暴作用控制的陆架主要发育在低纬度（5°～20°）地区，典型的风暴岩序列由三部分组成：下部为滞留的砾石或生物介壳层，底为冲刷面或漕模；中部为具丘状层理或浪成层理的砂质和生物碎屑沉积，由风暴作用形成；上部为泥质沉积，泥岩中生物潜穴发育，生物扰动强烈。

4.3.3.2　浅水碳酸盐沉积

（1）碳酸盐沉积是碳酸盐沉积环境及其相应环境下形成的碳酸盐沉积物的综合。碳酸盐沉积根据其形成古气候背景的不同可以分为两种。在干旱炎热的气候条件下（如现代的波斯湾地区的潮坪），称为萨勃哈沉积，由于雨量少、蒸发量大，沉积物中含有大量的自生蒸发盐类矿物，如石膏、硬石膏和石盐。硬石膏等结核层中可发育特殊的网状结构或盘肠状构造。自生蒸发盐类矿物的沉积提高了地下水中的镁离子与钙离子的浓度比值，引起了广泛的白云岩化作用。若在沉积过程中发生淡水淋滤，则蒸发岩将被溶解而形成塌陷角砾岩。在气候温暖潮湿的地区，潮下带往往为粗粒生物碎屑灰岩，向陆方向粒度变细，逐渐被藻纹层灰岩和白云岩所取代，鸟眼构造和干裂等暴露标志常见。

（2）生物礁石浅水碳酸盐沉积中有一种特殊的沉积体，它既可以发育在沿岸形成岸礁，也可以出现在陆棚上形成障壁礁（或堡礁），沉积物以骨架岩、黏结岩和障积岩为主。古生代造礁生物以四射珊瑚、海绵、古杯、苔藓虫、层孔虫为主，中生代以后主要为六射珊瑚和厚壳蛤等。生物礁的形成不但为其后侧（向陆方向）和前侧（向海方向）提供了大量的碳酸盐沉积物，而且直接影响着周围水体的能量、含氧量、温度、含盐度及生物的发育，因此礁后往往形成顶部相对平缓的浅水碳酸盐台地，发育对环境耐性较强的生物群，礁前则形成礁前角砾岩。

（3）陆棚碳酸盐沉积环境内除发育与陆源碎屑沉积环境相对应的风暴沉积外，主要为含生物碎屑灰岩和泥晶灰岩及其与泥灰岩和页岩的互层，具正常海相生物群组合。生物潜穴、结核状和瘤状构造常见，生物扰动作用强烈。

4.3.3.3　次深海和深海沉积

次深海和深海沉积环境中主要有远洋、半远洋沉积和海底重力流沉积。

（1）现代海洋沉积主要由褐色黏土、孢球虫软泥和放射虫软泥等组成。地质历史中远洋、半远洋沉积则含远洋浮游生物，如含笔石、三叶虫的泥质页岩和含放射虫的硅质岩等。通过对现代深海沉积物进行深入研究，发现洋流作用也可在远洋盆地中形成各种砂体，砂体中发育波痕、小型交错层理等流动构造。

（2）海底重力流沉积主要发育于大陆边缘。重力流作用形成的碎屑流和浊流沉积在空间上形成海底扇沉积体系。浊积岩是海底扇沉积的主体，经典的浊积岩由完整的鲍马序列五部分组成。此外，重力流沉积还包括岩崩作用形成的碎屑堆，滑移和滑塌形成的变形程度不等的异地堆积岩块和沉积物。地史学中常把巨厚的由深海浊积岩及其他重力流沉积组成的综合体称为复理石沉积。

4.4 沉积岩的形成过程和控制因素

与岩浆岩和变质岩相比，沉积岩的形成过程最容易被人直接观察到，因而常被直观地划分成 3 个阶段，即原始物质的生成阶段、原始物质向沉积物的转变阶段、沉积物的固结和持续演化阶段。由于表生带是地球内力和外力作用范围的重叠地带，因此沉积岩的形成过程总会受到气候背景和构造背景的共同控制。

4.4.1 沉积岩的形成过程

4.4.1.1 原始物质的生成阶段

原始物质的生成与它的来源有关，虽然整个表生带（包括岩石圈上部、整个水圈、生物圈和大气圈下部）都是原始物质的来源，但最重要的来源还是母岩风化，其次是火山喷发，而直接的宇宙来源在近几十年也受到了关注。

母岩风化所指的母岩可以是任何早先形成的岩石，它们在遭受物理、化学和生物风化时，大体可为沉积岩提供三大类物质，即碎屑物质、溶解物质和不溶残余物质。碎屑物质是从母岩中机械分离出来的岩石或单个晶体的碎块，又称为陆源碎屑（terrigenous detrital），按大小顺序可进一步划分为砾、砂、粉砂和泥。溶解物质是由母岩释放出来的各种离解离子和胶体离子，是化学或生物化学的作用结果。在自然条件下，母岩矿物的化学风化一般都是十分缓慢和不彻底的作用过程，大多会留下一些过渡性或性质相对稳定的中间产物，其中最常见的是黏土矿物和铁、锰、铝等的氧化物或其水化物，它们大多数是一些细小的固态质点，统称为不溶残余物质（或称为化学残余、风化矿物等）。碎屑物质、不溶残余物质如果仍留在风化面上，就称为残积物（residual sediments）。

火山喷发生成的原始物质通常指火山碎屑，有时也指水下喷发（尤其是喷气）直接进入水体的溶解离子。火山碎屑在向沉积岩提供时，常常是混在母岩风化产物中的次要成分，倘若它们成为主要成分，所形成的岩石即属火山碎屑岩（岩浆岩）的范畴，这当然只是人为的划分，在这一点上，沉积岩和岩浆岩实际并无严格界线。

直接来自宇宙的物质一般指陨石和宇宙尘（cosmic dusts）。据统计，现在每年降落的陨石平均是 500 颗左右，能找到的大约只有 20 颗，大小通常为几厘米或几十厘米。宇宙尘［又称为微球粒（microspherolites）］多一些，平均每年每平方米的地球表面可降落 1～5 颗，但大小都不到 0.5 mm，成分主要是富铁镁的硅酸盐，如橄榄石、辉石或磁铁矿、方铁矿等，在地表条件下很容易遭到风化，无论是以"碎屑"形式还是分解成离子或不溶残余，都会被地球岩石风化产物所淹没，因此在造岩组分中它们是极其次要的。然而，有迹象表明，在漫长的地质历史中可能曾发生过大规模宇宙物质的沉降，甚至是小行星的撞入事件，一些在地球上原本十分稀少分散而在宇宙空间却比较丰富的化学元素就会明显改变当时或稍后地表沉积物中的元素组成，典型例子是白垩纪和第三纪之间的界线黏土层中的铱含量在全球范围内突然跃升了好几个数量级。有人认为这是一个直径 $10 \sim 20$ km 的小行星与地球相撞的结果，连锁反应还导致了恐龙和其他一些生物的绝灭。类似的异常还出现在许多地方的始新世和渐新世、二叠纪和三叠纪、震旦纪和寒武纪之间的界线层中，它们对沉积岩本身的影响是微乎其微的，但对揭示生物乃至整个地球演化历史却有深远的意义。

4.4.1.2 原始物质向沉积物的转变阶段

原始物质一旦出现在地球表面，实际就已进入了第二个阶段——向沉积物的转变阶段。在这个阶段中，除少量原始物质形成残积物外，绝大多数原始物质都会离开它的生成地点向沉积盆地方向搬运。到达盆地以后，盆内的搬运常常还要继续进行。碎屑和不溶残余的搬运力主要来自水的流动，也可来自风、冰川和被搬运物自身的重力。碎屑和不溶残余的原始形状和大小会因搬运途中的碰撞和摩擦而改变，也会因各种化学变化而改变，所以随着搬运距离或搬运时间的延长，碎屑和不溶残余与原始物质之间的差别会愈来愈大。当搬运力小到一定程度时，它们会以机械方式沉积或静止下来。溶解物质的搬运也主要靠水的流动，但在一定范围内也可靠不同浓度间的扩散。搬运途中，部分溶解离子会随水的向下渗透而失去，也有新的溶解离子加入。当物化条件适宜时，相关离子将以化学方式彼此结合形成新的矿物而沉淀，部分溶解离子还会被生物吸收，以生物化学方式参与有机体的形成。已经沉积或沉淀的物质可以被再次搬运，甚至会出现多次反复。盆地内的各种物理、化学或生物作用还会制造出许多特殊的游移性颗粒实体，如生物碎屑、鲕粒等，它们像陆源碎屑那样以机械方式搬运，然后再以机械方式沉积或静止。无论搬运路途多么曲折，搬运过程多么复杂，被搬运物质最终还是会沉积下来，这种由沉积不久的物质构成的疏松多孔且大多富含水分的地表堆积体就称为沉积物（deposits）。这样，第二阶段也可表述为原始物质通过沉积作用在地表重新分配组合、形成沉积物的阶段。在自然规律的支配下，沉积物总是会按自己的成分和结构构造，并以一定的体积和外部形态在沉积盆地中占据最适合自己的位置，尽管它还比较疏松，但已经具备了一个相对稳定的三维格架，沉积岩正是借助了这个格架才得以完成它的最后形成过程。也正因为如此，研究沉积岩的首要任务就是研究相关的沉积物。

4.4.1.3 沉积物的固结和持续演化阶段

沉积物的堆积可以十分缓慢，也可以非常迅速。随着时间的推移，较早形成的沉积物将被逐渐埋入地下，它所处的温度和压力会随之升高，所含有机质将逐渐降解，内部孔隙水会因被挤出向压力较低的部位移动而减少，同时接受压力更高部位水的补充，有机质降解产物溶于其中还会提高它的化学活性。孔隙水的这种不断更新可能会溶解掉沉积物中的不稳定成分，重新沉淀出较为稳定的成分；一些喜氧或厌氧细菌也会以生物化学方式加入矿物相的转化中；即使是较为稳定的成分也会在压力增高的条件下调整自己的空间方位。伴随所有这些变化，沉积物就会逐渐固结，成为致密坚硬的沉积岩。

完成这一过程所需埋深和时间与沉积物的成分和埋藏地的地温梯度有关，大致在 $1 \sim 100$ m 和 $10^3 \sim 10^6$ 年之间。在特殊情况下，也可无须埋藏而在几十年内直接在沉积物表层迅速完成固结过程。随着埋深进一步加大、温压进一步提高，固结成的岩石还会进一步变化，在地下几千米的深度渐渐向变质岩过渡，也可能被构造运动抬升到浅部接受地下水的淋溶或接纳新的沉淀矿物，或者到达地表遭受风化成为新一代母岩。这就是沉积物固结和持续演化阶段可能涉及的主要过程。

3 个阶段对沉积岩的影响都是深刻的，也是沉积岩物质成分、结构构造多样性和时空分布复杂性的直接原因。

4.4.2　沉积岩形成的控制因素

4.4.2.1　气候因素

气候因素是指一个较长时间段内出现在大气中的各种物理现象的总和，其中最具影响力的是气温和降水，其次是风。在原始物质的生成阶段，气温和降水通过影响风化作用性质、风化速率和动植物分布来控制最重要的原始物质的类型和数量。在炎热多雨的气候中，物理风化、化学风化都很剧烈，母岩会很快解体，不稳定成分会很快分解消失，相对稳定的成分也会大量溶蚀，从而形成较多溶解物质和不溶残余，碎屑物质的粒度也偏细。相反，在寒冷干旱的气候中，化学风化很缓慢，不稳定成分常可保留，各种成分的碎屑都可出现，粒度也偏粗。在现代大陆架上，卵石和泥分布得最多的地区就分别处在寒冷和炎热的气候带中。在沉积作用阶段，气候的影响同样强烈。首先，碎屑和不溶残余物质在搬运过程中会继续受到风化；其次，降水量直接决定了地表径流的规模，继而影响到从母岩区将风化产物搬向沉积盆地的能力、速度和距离。在降水稀少的沙漠和其他植被稀少的裸露地区，水的搬运很次要，而风的搬运却很惊人。我国著名的西北第四纪黄土高原和雕塑有乐山大佛的四川白垩纪红色砂岩等就是风力搬运的结果。风还是波浪、风暴和大多数沿岸海流的动力来源，对相关沉积物的形成也具有很强的控制作用。对溶解物质来说，气候的影响更为明显，通常是降水量愈少，温度愈高（蒸发量愈大），会使溶解度愈大的矿物沉淀出来。现在被深埋在地下的石盐、钾盐、石膏等易溶盐类沉积几乎都是过去蒸发量大于降水量的环境产物，即使是最常见的与化学过程密切相关的碳酸盐沉积也主要产在温暖气候带中。不仅如此，作为最大沉积盆地的海洋，其表面还会因全球气候的冷暖变化而波动。有人计算过，如果今天大陆冰川全部融化，全球海平面就会上升 66 m，大约 7% 的大陆面积将被淹没。许多人认为，地质历史上多次出现的幅度达 100～200 m 的全球海平面升降变化的一个重要原因就是气候导致的大陆冰川体积的消长。显然，全球气候变化必将迫使风化作用、沉积作用和沉积物分布格局全都做出相应调整。沉积物被埋藏以后，气候的影响将逐渐减弱，但顶部暴露的浅埋沉积物则会受大气淡水的强烈影响，某些未经埋藏而在沉积物表层完成的固结过程则只可能出现在温暖的气候背景中。

4.4.2.2　构造因素

构造因素是指包括母岩区到相关沉积盆地的整个区域所在的构造部位及其活动阶

段。在一般情况下，如果某地处在构造持续抬升部位，那么风化剥蚀会使该地下面的岩石由浅到深依次成为母岩，不同深度的岩石类型取决于抬升处地壳的岩石构成。如果抬升前该处曾是一个接受沉积的盆地，那么最先成为母岩的是沉积岩，接着可能是由它变质成的变质岩，往后是构成原盆地基底的岩石。如果抬升处曾有岩浆侵入，那么依次成为母岩的就可能是浅成岩和深成岩，如此等等。因此，母岩成分或母岩类型基本上是随抬升部位地壳演化史和抬升速率、抬升幅度而变的，而母岩成分又会直接影响到原始物质，尤其是碎屑物质的构成。

沉积盆地都是地壳相对沉降形成的，它能容纳多少沉积物取决于它的可容纳空间（accommodation），这个空间可用当地侵蚀基准面（base level of erosion）到盆地基底之间的距离来衡量。以浅海为例，那里的侵蚀基准面大致与海平面或被海水均夷了的陆架表面一致，其可容纳空间就是全球海平面和基底垂直升降运动的函数。在全球海平面不变的情况下，如果基底相对静止，这个浅海盆地将很快被填满，沉积物的厚度就很有限；如果基底抬升，可容纳空间减小，原有沉积物将被剥蚀；只有基底持续沉降，可容纳空间才能不断增大，沉积物厚度才能随之增加。这样，地壳在什么部位、什么时间沉降及沉降的速率和幅度就成了沉积物分布格局的另一个主要控制因素。事实上，母岩区（或称为蚀源区）、沉积盆地和其间的搬运路径总是共存于一个更大的构造体系中，沉积岩的整个形成过程和它最后的物质构成都要受到这个体系的制约。试想，若构造运动使母岩区和沉积盆地相对快速升降，整个地形剧烈起伏，那么在相同气候条件下，母岩区和搬运路径上的搬运能力（如水流速度）将增大，结果是母岩剥蚀速率加快，可被搬运和沉积的最大碎屑变粗，搬运距离缩短，沉积物将很快堆积并被掩埋，即使气候湿热，化学风化也来不及深入进行，母岩中的不稳定矿物将有更多机会以碎屑形式保留在沉积物中，所有碎屑所经历的搬运改造也比较轻微。相反，若相对升降运动较为缓慢或趋于停止，那么风化剥蚀将会使起伏地形逐渐夷平，结果是搬运距离加长，搬运力减小，沉积物堆积和埋藏速度降低，不稳定矿物就会遭受更长时间的分解，保留下来的机会也就随之减少，所有碎屑在搬运途中受到的改造也要增强。

在大陆裂谷的盆–岭体系中，地壳的相对升降运动强烈，紧邻盆地两侧的大陆断块（主要由大陆基底的结晶岩系构成）是其母岩区，沉积盆地基本上是内陆坳陷，沉积物中就常见粗大砾石，砂质沉积物中斜长石、钾长石、石英的含量都比较高，还常出现角闪石、黑云母等暗色矿物，大大小小的碎屑也多带棱角。当大陆裂谷经海底扩张、大陆漂移发展到被动大陆边缘的浅海盆地时，母岩区的构造已很稳定，地势也趋于平缓，沉积物中只有少量较小的砾石，砂质沉积物中的石英常可达 60%～70%，长石也主要是钾长石，暗色矿物则基本绝迹，碎屑外形也多变得圆润光滑。其他构造体系中的沉积物形成作用也遵循这个基本法则。现在，沉积碎屑的整体粒度、成分和被改造程度及它们的空间分布与该构造体系的对应关系已成为研究区域构造运动的一个重要出发点。母岩风化的溶解物质的情况较为复杂，尽管理论上溶解离子的类型也与母岩有关，但如果它们不结合成新的矿物沉淀出来，就不会留下任何地质记录，而哪些离子在什么条件下可以结合则要受化学或生物化学规律的支配，而且反应物常常

还包括大气中的 CO_2、O_2 等活性气体和水，也就是说，沉淀矿物与母岩中的被溶矿物已经没有必然联系。因此，任何化学性沉积物都没有与自己对应的母岩。但是，不论在哪种构造背景中，自元古代晚期至今的化学性沉积总是以碳酸盐沉积最常见，其次是硅质沉积或可溶盐类沉积，这是由地壳中元素丰度、化学性质和自那时以后的地球表生环境共同决定的。在沉积物埋藏成岩的过程中，温度和压力随上覆沉积物厚度的增大而上升。在大陆裂谷这样的地壳活动部位，地热增温率常常较高，最大可达 3 ℃/100 m；在被动大陆边缘这样的地壳相对不活动部位，地热增温率则较低，常常只在 1.5 ℃/100 m 左右。以沉积岩平均密度计算，埋深每增加 1000 m，负荷压力将增加 0.275 kbar。另外，埋藏沉积物中孔隙水的化学成分因温压和沉积物成分的不同而不同，有时还会受深部压紧水或岩浆水的影响。不同成分沉积物的稳定温压条件也相差很大。所有这些与构造运动有关的因素都可左右成岩作用的进程及沉积岩和变质岩间的界线深度，因而也就控制了沉积岩在不同构造部位的最大可能厚度。

参考文献

[1] 尤继元，周鼎武，朱晓辉. 热液喷口生物体对成矿作用的影响 [J]. 地学前缘，2011，18 (5)：319 – 329.

[2] 施雅风. 中国冰川与环境：现在、过去和未来 [M]. 北京：科学出版社，2000.

[3] 黄汲清. 中国的冰川 [J]. 冰川冻土，1984，12 (6)：85 – 93.

[4] 刘宝珺. 沉积岩石学 [M]. 北京：地质出版社，1980.

[5] 华东石油学院岩矿教研室. 沉积岩石学 [M]. 北京：石油工业出版社，1982.

[6] 裘亦楠. 河流沉积学中的河型分类 [J]. 石油勘探与开发，1985，12 (2)：72 – 74.

[7] 张昌民，张尚锋，李少华，等. 中国河流沉积学研究 20 年 [J]. 沉积学报，2004，22 (2)：12 – 15.

[8] 王苏民，张振克. 中国湖泊沉积与环境演变研究的新进展 [J]. 科学通报，1999，44 (6)：579 – 587.

[9] 李思田. 沉积盆地动力学分析——盆地研究领域的主要趋向 [J]. 地学前缘，1995，2 (3)：1 – 8.

[10] GALLOWAY W E. Process framework for describing the morphologic and stratigraphic evolution of deltaic depositional systems [M] //BROUSSARD M L. Deltas：models for exploration. Houston：Houston Geological Society，1975：87 – 98.

[11] 金振奎，高白水，李桂仔，等. 三角洲沉积模式存在的问题与讨论 [J]. 古地理学报，2014，16 (5)：569 – 575.

[12] 付锁堂，田景春，陈洪德，等. 鄂尔多斯盆地晚古生代三角洲沉积体系平面展布特征 [J]. 成都理工大学学报（自然科学版），2003，30 (3)：236 – 242.

[13] 梅志超. 沉积相与古地理重建 [M]. 西安：西北大学出版社，1994.

[14] 王良忱，张金亮. 沉积环境和沉积 [M]. 北京：石油工业出版社，1996.

[15] 赵虹，党犇，李文厚. 鄂尔多斯盆地中东部上古生界三角洲沉积特征 [J]. 天然气工业，2006，26 (1)：26 – 29.

[16] 李文厚，柳益群，冯乔，等. 台北凹陷中侏罗统辫状河三角洲沉积体系与油气的关系 [J]. 西北大学学报（自然科学版），1997，27 (3)：247 – 252.

[17] 刘柳红，朱如凯. 川中地区须五段—须六段浅水三角洲沉积特征与模式 [J]. 现代地质，2009，23（4）：668－672.

[18] 王海林，田家祥. 不同类型三角洲特征探讨 [J]. 大庆石油学院学报，1994，18（4）：135－139.

[19] 尤继元. 鄂尔多斯盆地南缘三叠系延长组长 7 喷积岩特征及其与烃源岩关系研究 [D]. 西安：西北大学，2020：133－141.

模块 5   鄂尔多斯盆地沉积演化特征

自 20 世纪 60 年代以来，沉积学工作者就开始应用沉积体系原理进行沉积盆地分析，形成了沉积体系的盆地分析法。本模块主要根据岩石类型、沉积结构、构造、古生物、剖面结构和沉积旋回等特征，对鄂尔多斯盆地沉积演化特征进行分析，详细介绍了各地质时代盆地沉积体系、相、亚相和微相的特征。

能力要素

（1）掌握不同地质时代鄂尔多斯盆地的沉积演化特征。
（2）掌握中生代湖相盆地阶段鄂尔多斯盆地的沉积特征。
（3）掌握陆内湖相盆地沉积环境对优质烃源岩发育的控制。
（4）掌握鄂尔多斯盆地三叠系延长组的沉积体系及其在平面上的分布规律和特点。

实践衔接

采取多方面相互补充、完善，理论研究与实际研究相结合及宏观研究与微观研究相结合的方法，系统分析鄂尔多斯盆地的沉积体系和剖面相特征，深入研究主力油层的沉积微相、砂体形态及其展布和储层特征。

思考题

（1）侏罗纪、白垩纪的主要生物门类及代表化石？
（2）白垩纪末生物界有何重大变革？
（3）印支、燕山运动的时限、分期及其对我国的主要影响是什么？
（4）中生代我国有哪些主要矿产？
（5）E.–E.–L. 动物群和 T.–P.–N. 动物群分别代表哪些化石？
（6）晚三叠世延长期鄂尔多斯盆地经历了怎样的湖盆演化，对长 7 优质烃源岩的形成有何影响？

5.1 太古—元古代

沉积特征是对构造活动最为直接的反映，如弧后盆地的重力流夹有凝灰岩的沉积特征，就直接反映了该时期盆地与周缘造山带的关系。同时，盆地内碎屑岩的岩石成分和地球化学特征可以间接地反映周缘造山带在某一地质演化阶段的构造属性，特别是对于秦岭造山带在晚古生代的活动性，造山带能提供的资料极为有限，从盆地沉积演化及碎屑岩成分、地球化学特征的变化角度出发，可以为该时期秦岭造山带的活动性研究提供很好的证据。

鄂尔多斯盆地是华北陆台的一部分，一般认为华北陆台或华北地台形成于 18 亿年前左右的吕梁运动。在此之前，以 26 亿年前左右发生的阜平运动为界，是华北陆核的形成时期。华北陆核由中、下太古界和上太古界下部的变质岩系组成，其中最古老的中、下太古界岩层出露在华北陆台的北部，形成了华北陆核的最早骨架。

5.1.1 古元古代

古元古代是板块定型的重要时期。古元古代后期发生了强烈的地壳运动——吕梁运动。它对华北地区的岩石圈构造发展意义重大，把古元古代初期分裂的陆核重新"焊接"起来，从而扩大了硅铝质陆壳的范围，增加了地壳的厚度，提高了稳定程度，形成了华北板块的原型——原地台。从此，华北地区进入了一个相对稳定发展的新阶段，华北稳定的大陆板块基本定型。华北板块在中元古代至古生代的漫长时期，是中国唯一且世界上少见的以稳定著称的古板块。

5.1.2 中元古代

中、新元古代是华北板块形成的时期。燕山期的蓟县地区中、新元古代地层发育完整，研究最为详细。中、新元古界组成一巨型沉积旋回，剖面总厚近 10000 m。根据沉积特征、接触关系、叠层石和微古生物组合特征及同位素年龄，将其划分为 4 个群。中元古界为长城群、蓟县群和西山群（本区未发现露头）。

5.1.2.1 长城群

下限年龄为 1850 Ma，以角度不整合覆于太古宇上，底部具明显的风化壳，包括 4 个组。常州沟组、串岭沟组和团山子组组成了第一个沉积旋回。常州沟组底部为一套分选较差且成熟度低的含长石砂岩、砾岩，发育交错层理、泥裂、波痕，代表河流相沉积，向上逐渐变为分选好且成分较纯的滨海相砂岩；串岭沟组为灰绿色至暗灰色页岩，代表潮下至浅海环境沉积；团山子组为砂质白云岩，含叠层石，具泥裂、波痕、石盐假晶等暴露标志，代表滨海环境的沉积。第二个沉积旋回仅包括大红峪组。大红峪组以钙质砂岩为主，夹火山岩和火山角砾岩，砂岩中具大型板状交错层理和波痕，为滨海沉积。

5.1.2.2　蓟县群

包括 6 个组。高于庄组主要为含硅质和锰质白云岩，具燧石条带，顶部有冲刷面、交错层理，代表了滨浅海环境沉积。除独有深水薄层硅质岩、含硅质页岩外，有大量非补偿碳酸盐岩溶解相的多种瘤状灰岩及浊积岩。高于庄期是中元古代最大的一次海侵期，海侵范围向南、北大范围扩展。杨庄组为红色泥质白云岩，含食盐假晶，代表滨浅海、潟湖沉积。铁岭组为白云岩及白云质灰岩，叠层石发育，中上部有含锰页岩、页岩及瘤状灰岩，属潮间带环境。杨庄组下部有瘤状灰岩及浊积岩。雾迷山组为硅质白云岩，厚度巨大，叠层石发育，代表一种海水进退频繁的滨浅海沉积。洪水庄组为黑色炭质页岩，含黄铁矿，厚度小，水平层理发育，为静水滞流环境的沉积。

5.1.3　新元古代

华北板块沉积范围较小，主要分布于东部，以青白口群为代表。其厚度小，且无火山物质，属真正的稳定型盖层沉积。青白口群分为 2 组：下部龙山组超覆于下伏地层之上，岩性为含海绿石纯石英砂岩；上部景儿峪组为薄板状泥灰岩及灰岩，属浅海沉积类型。根据同位素年龄资料，青白口群时期为 1000—800 Ma。大约 800 Ma，华北地区又一次抬升，并遭受长期的风化剥蚀，因此华北地区主体缺乏 800—570 Ma 期间的震旦纪地层，使青白口群与寒武系平行不整合接触，这次抬升称为蓟县运动。

在华北板块中元古代蓟县群与新元古代辽南群的巨厚的碳酸盐岩沉积中，发育多层种类繁多的叠层石群，与同期西伯利亚里菲系中叠层石的种类相同，总体面貌特征相似，这可能预示着它们同处于相近的低纬度区，且沉积-构造环境接近。

5.2　古生代

华北板块主体自晚元古代后期抬升后一直遭受风化剥蚀，早寒武世开始接受海侵。寒武纪华北地区为稳定的陆表海碳酸盐沉积，其南缘以主动大陆边缘与秦岭洋毗邻。

5.2.1　寒武纪

"寒武纪"由薛知微于 1835 年创用，当时泛指泥盆系老红砂岩之下的整个下古生界。"寒武"源自英国威尔士山的古拉丁文"Cambria"日文音译，在我国沿用。1936年，赛德维克在英国西北部的威尔士一带进行研究，在罗马人统治的时代，北威尔士山称为寒武山，因此就将北威尔士山岩石形成的这个时期称为寒武纪。本纪是早古生代的第一个纪，始于 5.42 亿年前，结束于 4.85 亿年前，延续了 6000 万年。从早古生代开始，已能够严格地进行生物地层学的研究，统的划分也有了全球性对比意义。

5.2.1.1　中国的整体沉积特征

早寒武世古地理轮廓与震旦纪基本相似，但沉积范围明显扩大，地层分布更加广泛，且发育完整，化石丰富。可分为3种类型沉积区：稳定类型沉积区（以扬子板块为代表的扬子区、华北区等）、过渡类型沉积区（包括大陆板块边缘的江南）及活动类型沉积区（深海的东南区）。稳定类型沉积区分布于华北板块、扬子板块主体部位和塔里木板块北缘，以浅海碳酸盐沉积为主，化石丰富，层序完整，分布稳定。过渡类型沉积区分布于稳定类型沉积区与活动类型沉积区之间的陆棚边缘及斜坡部位，为半深海炭质、硅质及薄层灰岩沉积，地层厚度薄（非补偿盆地），含浮游型三叶虫等（图 5-1）。活动类型沉积区分布于深海部位，常为火山岩泥砂质复理石沉积，厚度大，生物稀少，多浮游生物。有的把过渡和活动两种类型合并称为活动类型。

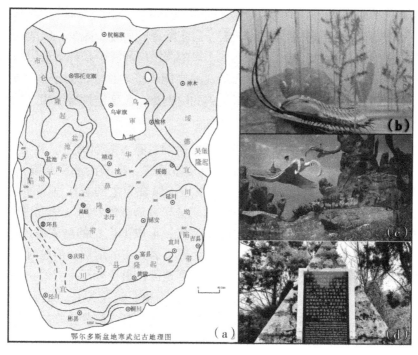

（a）鄂尔多斯盆地寒武纪古地理；（b）—（c）寒武纪古环境；（d）云南澄江帽天山。

图 5-1 鄂尔多斯盆地寒武纪古地理图

5.2.1.2 华南地区寒武纪沉积特征

扬子板块的范围是：西界在红河（三江）—龙门断裂以东，东界在武陵山（湘西北沉江以北）—幕府山（鄂东南、赣西北交界处）以西的长江中、下游广大地区，北界在秦岭以南。扬子沉积区整体呈一个略与西高东低且差异不大的陆表海。西侧的康滇古陆始终高于海面，并不断扩大。

Є1为滇东地区，由梅树村组（一层序）和筇竹寺组、沧浪铺组、龙王庙组（二层序）构成的两个层序在区内均可见到，发育程度不同。第一个层序是以梅树村为代表的含磷岩系，自西向东变薄，相变为钙质、硅磷质沉积；第二个层序（筇竹寺组、沧浪铺组、龙王庙组）则代表本区寒武纪的最大海侵期。这产生了以下结果：下部为含磷硅质黏土岩，以及含镍、钒、铀等稀有元素的炭质、粉砂质页岩，整个区内呈现海水缺氧、仅有漂游生物的局面（水体变深，形成饥饿段）；上部的高水位体系域在空间上岩相分异明显，大致以东经 105° 为界；西部由于靠近康滇古陆，以陆源碎屑岩为主夹灰岩，生物多为底栖的三叶虫，属近岸滨浅海沉积；东部灰岩增多，陆源碎屑变细，含量减少，有底栖的三叶虫和造礁的古杯，为海水清澈、气候温暖、含氧充足且含盐度正常的陆表海。在这一高水位体系顶部（Є1末期）为白云岩，推测应有暴露标志和不整合，但目前尚未发现，有待研究证实。

Є2＋Є3为扬子区，岩相稳定，相分异不明显，由均一的白云岩、白云质灰岩组成，化石稀少。该区继承了Є1的古地理面貌，仍为西高东低，但海水略有加深，海侵逐步扩大。仍以东经 105° 为界分为东、西两部分。西部，Є2中晚期康滇古陆略有扩大，邻近古陆地带为夹砂岩的白云岩，向东陆源碎屑逐步减少，碳酸盐增多，川西南、黔北等地常有膏岩沉积，表明气候干热的滨浅海环境；东部则全为白云岩，常见鲕粒和核形石，由于与广海相通，多为浅海高能环境。总之，扬子区Є岩相稳定，厚度不过千米，古地理环境为向东缓缓倾斜的陆表海，属稳定类型沉积。

5.2.1.3　华北地区寒武纪沉积特征

华北地区在包括筇竹寺期在内的很长一段时间里是古陆剥蚀区。到了沧浪铺期，华北地区局部开始下降，遭受海侵。海水沿某些通道（推测沿郯庐断裂）侵入华北板块的南部、东部和北部，沉积了一套以灰岩、泥岩为主的岩层（昌平组/府君山组/辛集组等），当时郯庐断裂以西广大地区仍处于古陆剥蚀状态（华北古陆）。到了龙王庙期（馒头组），华北地台才普遍遭到海侵，形成了广泛的陆表海，地势平坦、气候干热、生物繁盛，全区均沉积了以紫红色泥页岩为主的地层，但这时太行山以西的地区仍处于古陆剥蚀状态。在吕梁山及其以西地区，由于处于半封闭状态，海水咸化，多出现以白云岩为主的地层。Є与上覆O多为整合过渡关系，表明在Є末海水并未退出华北地区。综观华北地区，Є时地势是西高东低，海侵由东向西逐步推进。

早古生代华北板块全域结束了裂陷活动，进入了全域同步沉降期。沉积相以浅海相为主体，滨海相多出现于早寒武世，沉积－构造古地理格局的总趋势是东深西浅。华北地区主体缺失了早寒武纪早期沉积，中期从南侧秦岭洋向北海侵，鄂尔多斯盆地西南缘地区最早波及，沉积了滨浅海碎屑岩及含磷砂岩，称猴家山组或辛集组。这个时期鄂尔多斯盆地继承了震旦纪构造格局，整体处于隆升状态，仅西南边缘发生坳陷。辛集组沉积以后，鄂尔多斯盆地开始缓慢沉陷。由整个寒武系沉积厚度体现的构造格局与中上元古界的沉积格局十分相似，说明鄂尔多斯盆地的基底已经十分坚固，在它整体隆升的过程中，能够基本保持稳定的形态。将鄂尔多斯盆地寒武系上统的地层单独作图，就会发现所谓的中央古隆起已经显现，只是还有北东向古脊梁的影子存在，使定边—庆阳古隆起与黄陵隆起之间形成了一个幅度不大的鞍部。

华北板块南部为主动大陆边缘，其证据是沿商丹地缝合线发育有蛇绿岩套，且沿陕南商县至豫西西峡一带有火山岛弧带。这些均代表了秦岭洋向北俯冲的地质记录。北部为大陆边缘的性质存有争论，有待进一步研究。华北板块与柴达木古陆之间的祁连地区缺失了早寒武沉积，为古陆剥蚀期。Є2开始，祁连山南、北坡都张裂下陷为海槽。北祁连海槽，$\in_2$为较深水的放射虫硅质岩、中基性火山岩和砂泥质复理石。柴达木古陆北缘（南祁连）的欧龙布鲁克，$\in$厚 700 余米，沉积特征和三叶虫动物群与华北地区相似，说明两者关系密切。

5.2.1.4　中国寒武纪矿产资源

中国寒武系的沉积、层控矿产比较丰富，主要有磷、石煤、多金属稀有元素、膏盐和汞等。华南寒武系底部几乎普遍含磷，以康滇古陆东侧（滇东、川中、黔西）的浅海区成矿条件最好，形成层状磷块岩大型矿床。石煤及多金属稀有元素（钡、钒、铀等）主要富集在扬子板块边缘寒武系底部较深水黑色页岩相区，其中，重晶石已达到超大型矿床规模，石煤以浙西、陕南、黔东和湘西地区最为富集。湘黔、川鄂边境中寒武统灰岩则是后期热液作用叠加形成汞（辰砂）的主要产地，单个辰砂晶体色泽鲜艳时具有宝石价值。三峡一带的中、晚寒武世碳酸盐岩地层，由于后期岩溶作用往往形成风光独特的旅游景点，如西陵峡中的牛肝马肺峡、三游洞等。

5.2.2　奥陶纪

奥陶纪始于 4.85 亿年前，结束于 4.43 亿年前，延续了 6000 万年。"奥陶"一词由英国地质学家拉普沃思于 1879 年提出，代表出露于英国阿雷尼格山脉向东穿过北威尔士的岩层，位于寒武系与志留系之间。因该地区是古奥陶部族的居住地，故得名。奥陶纪的命名于 1960 年在哥本哈根召开的第 21 届国际地质大会上正式通过，其中文名称源自日语的音译。奥陶系分统历来存在不同意见（二分、三分、四分、五分）。本教材仍采取国内习用的三分方案。

5.2.2.1　中国的整体沉积特征

中国的奥陶系分布广泛，地层发育完整且出露良好，生物群丰富，沉积类型多样，是世界上研究奥陶系的重要地区之一。中国奥陶纪沉积类型的分布与寒武纪时相同，也是可分为稳定、过渡和活动 3 种类型。

（1）稳定类型。华北板块、塔里木板块和冈瓦纳板块的喜马拉雅 - 滇西地区，以稳定类型的碳酸盐沉积为主，生物组合既有游泳的鹦鹉螺类，也有底栖的三叶虫、腹足类和树形笔石类。扬子板块则以碳酸盐和泥质沉积为主，仅西缘出现碎屑泥质沉积，仍属稳定类型沉积，生物组合以底栖为主，兼有介壳类和浮游型笔石类。

（2）过渡类型。华北板块西缘、扬子板块东南缘（江南区）等被动大边缘区以碎屑泥质复理石沉积为特征。

（3）活动类型。古亚洲洋、昆仑 - 秦岭洋、原特提斯洋及其相邻活动大陆边缘区则以火山 - 碎屑岩沉积为特征，夹泥质、硅质岩和碳酸盐岩，生物群以浮游笔石类为主，也含有游泳或游动底栖的壳相生物。

5.2.2.2　华南地区奥陶纪沉积特征

奥陶纪早期的古地理轮廓与寒武纪相似，但是晚期地壳运动加强和冈瓦纳冰川的发育导致大规模海退，因而其古地理轮廓有重要改变。中国南方早、中奥陶世古地理轮廓与寒武纪没有重要差别，但晚奥陶世发生了重要变化，导致沉积类型、生物群面貌明显不同。奥陶纪时，扬子板块内部岩相变化比较显著。总的趋势是西部碎屑岩较多，东部以碳酸盐为主，特别是早奥陶世表现得更为明显。中寒武世以后抬升，使康滇古陆范围扩大，早奥陶世发生了新的海侵，在扬子板块西部形成上超，川西、滇东一带沉积了具交错层的砂岩与页岩（红石崖组），代表滨岸沉积环境。由扬子板块西部向东陆源物质逐步减少，相变为砂泥质及碳酸盐沉积（黔北、川南）-碳酸盐及泥质沉积（鄂西）-碳酸盐沉积（长江中、下游）。

在中奥陶世，西部的滇东、黔西南一带隆起与康滇古陆南段相接组成滇黔古陆，康滇古陆北段向北扩展与川西北的松潘古陆融为一体。早奥陶世由西向东依次排列的南北向延伸的相带至中奥陶世已不复存在，整个扬子区均以碳酸盐沉积为主，夹少量泥质，尤以宝塔组收缩纹灰岩及临湘组瘤状泥质灰岩分布最广。庙坡组黑色页岩的分布则呈补丁状，代表平坦的碳酸盐台地上局部坳陷形成的滞流盆地，其周围则为同期异相的浅水碳酸盐沉积（大田坝组）。

晚奥陶世早期（临湘组）海侵达到最大，沉积了薄层瘤状泥灰岩，含南京三瘤虫；晚期（五峰组）海平面下降，扬子板块的川滇古陆急剧向东扩大与滇黔桂古陆相连，形成五峰组滞流盆地，沉积范围缩小，同样反映了冈瓦纳冰川作用的影响。

5.2.2.3 华北地区奥陶纪沉积特征

华北地区奥陶系主要是碳酸盐沉积，下奥陶统发育齐全、岩相稳定；中、上奥陶统发育不全，仅在少数地区有沉积。鄂尔多斯盆地奥陶系有3种碳酸盐台地沉积模式：盆地西部为窄陆棚碳酸盐台地沉积模式，盆地南部为宽陆棚碳酸盐台地沉积模式，盆地中东部为封闭至半封闭的潟湖沉积模式。华北板块范围内奥陶系主要为灰岩和白云岩，局部含少量泥质。下奥陶统发育齐全、岩相稳定；中上奥陶统发育及保存不全，仅在太行山中、南段和山东保留有中奥陶世下部地层；上奥陶统仅见于宁夏固原和陕西陇县、耀县一带。河北唐山一带的奥陶系层序清楚、化石丰富、研究程度高，是华北板块奥陶系的标准剖面。

在太行山中段和南段、吕梁山、中条山等地，上马家沟组之上还有一套厚约140 m的厚层灰岩与泥质灰岩、白云岩，含直角石类，称为峰峰组，时代为中奥陶世。与峰峰组同期沉积在山东西部和苏北一带的称为阁庄组和八陡组。唐山地区及华北区北部未见中奥陶世地层，可能是后期剥蚀作用的结果。上奥陶统仅见于华北板块的西南部陕西耀县及宁夏固原等一带，称为背锅山组，以碳酸盐沉积为主，含珊瑚、腕足类、三叶虫、腹足类和海百合茎等，仍为正常浅海环境。早奥陶世早期（冶里组），华北板块内部岩相分异明显，大致以德州—石家庄—保德一线为界，分为南北两部分，总的地势为南高北低，海水南浅北深。北部以灰岩为主，属正常浅海环境；南部自晚寒武世开始至早奥陶世早期均以白云岩和白云质灰岩沉积为主。地层从北向南有变薄的趋势，表明此时华北区南部受怀远运动的影响已开始抬升，呈半封闭状态。早奥陶世中期（亮甲山组），水平面进一步下降，南部抬升为陆地，遭受剥蚀，为含石膏和白云岩的潮上蒸发环境，但蒸发海盆已向北迁移，范围扩大，下超在早期正常浅海沉积之上，在晋南、冀西北和鲁西北一带形成了膏盐沉积。早奥陶世晚期

（上、下马家沟组），从下马家沟期开始，华北板块整体下降，发生新的海侵；下马家沟组向南及西北方向上超。在内蒙古桌子山、豫西熊耳伏牛山古陆北缘及徐淮等地区，下马家沟组均上超于冶里组或上寒武统之上。早奥陶世末期至中奥陶世，岩相稳定，表明海侵仍比较广泛。晚奥陶世，地壳抬升，发生大规模海退，使华北板块成为持久的古陆剥蚀区，仅在西南缘仍有海侵。

鄂尔多斯盆地位于华北地块西南部，长期处于华北海与祁连海的交汇区，因而两海的演变关系是多年来研究中的一大难题。鄂尔多斯块体在早奥陶世又一次处于隆起状态，在东、南缘分布的狭窄的亮甲山组说明整个鄂尔多斯地块在整体隆起的同时发生了西北翘升、东南倾下的类掀斜运动。这种运动状态和震旦纪末至早寒武世的运动状态形成完美的对称。在早奥陶世，鄂尔多斯古陆贯通盆地南北，仅在古陆东南缘和西部的贺兰山地区发育了冶里期、亮甲山期沉积。

中奥陶世，在鄂尔多斯地区，多期次的海侵海退旋回和古气候的变化，使岩相古地理面貌经历了6次较大规模的演变。其中，马一、马二、马四、马六为海进，马三、马五为海退，盆地西部以开阔海为主，中、东部以云坪为主，含膏沉积主要位于陕北一带。在中奥陶世马家沟早期，海水再次入侵鄂尔多斯地区。马家沟二期，海水升涌盆地中东部，造成了下马家沟期首次较强的海平面上升。马家沟三期，海平面的总趋势略有下降，但在盆地中东部边侧坳陷的基础上发育了广阔的陆棚蒸发盆地环境。中奥陶世马家沟中晚期为鄂尔多斯盆地最大的海侵期。海平面的大幅度上升，使鄂尔多斯古陆退缩至北部伊盟一带，区内广大地区被海水淹没，中央古隆起区已沦为水下隆起，形成了广阔的陆棚盆地环境（图5-2）。

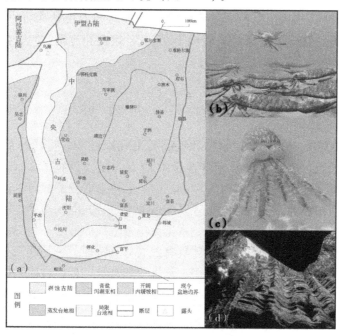

（a）鄂尔多斯盆地早奥陶世马家沟期（马三）沉积相；（b）奥陶纪海蝎子；
（c）奥陶纪海域的格拉托利石；（d）湖北恩施奥陶纪叠层石。

图5-2　奥陶纪古环境

中奥陶统马家沟组灰岩沉积之后，鄂尔多斯盆地主体又发生了整体的隆升，显示为"三隆两鞍三坳陷"。鄂尔多斯地区自西向东依次是贺兰坳陷带、伊盟隆起、中央古隆起带、榆林—米脂坳陷带、三门峡隆起带、岐山坳陷带。中央古隆起位于环县—镇原—灵台—庆阳一带，呈北窄南宽的舌形分布，轴向为南北向。伊盟隆起在磴口—杭锦旗—东胜一线，呈东西向展布。两鞍指中央古隆起与伊盟隆起之间呈南北向展布的鞍部，其位置为鄂托克旗—盐池—定边一线；中央古隆起与三门峡隆起之间近东西向的鞍部，在洛川—黄陵—宜君—澄城一带。三坳陷指东部的榆林—米脂坳陷、西部的贺兰坳陷和南部的岐山坳陷。榆米坳陷为近似椭圆状分布，坳陷中心在米脂—清涧一带；贺兰坳陷呈窄条带状南北向展布，位于银川—马家滩—惠安堡—华亭一线及以西。另外，在官道口群沉积之前，鄂尔多斯盆地主体部位的结晶基底已经经历了长达10亿年的风化剥蚀，地表已趋于夷平。到青白口纪，在庆阳—西峰一带又沉积了厚400～600 m的碳酸盐岩。这样，在中央古隆起部位上，有厚达1000 m的碳酸盐岩存在，当鄂尔多斯盆地基底发生整体隆升的时候，由于比重的差别，在地壳、地幔均衡作用的调节下，这部分整体性较强的碳酸盐岩沉积体自然会高出盆地的其他部分，形成所谓的中央古隆起。在形成时，这个碳酸盐岩沉积体是由西南向东北超覆的，加上后期庆阳—西峰青白口纪的碳酸盐岩沉积体，这一古隆起的形状就形成了所谓以南北向为主体的"L"形。

5.2.2.4 中国奥陶纪矿产资源

奥陶纪的矿产资源主要有铁矿、铅锌矿、石膏与建材等，如河北邯郸铁矿产于马家沟组富铁的碳酸盐岩地层中，青海锡铁山大型层控铅锌矿床产于上奥陶统滩间山群中，山西太原、临汾等地上、下马家沟组中石膏矿层最厚可达45 m，华北、华南地区广泛分布的奥陶系碳酸盐岩可作为水泥、石灰、熔剂和建筑业的原材料，富含头足类的宝塔组灰岩等还可用作工艺石材。

5.2.3 志留纪

志留纪（笔石的时代，陆生植物和有颌类出现）是早古生代的最后一个纪，也是古生代第三个纪，时期为4.43亿年前至4.19亿年前，延续了2400万年。"志留"源于英国东南部威尔士一个古部落的名称。由于志留系在波罗的海哥得兰岛上发育较好，因此曾一度被称为哥得兰系。本系多年来沿用三分方案，即下、中、上统。目前用四分方案，新增加了一个顶志留统。本纪为早古生代的最后一个纪，也是加里东构造阶段的最后时期，故而志留纪在全球具有三大显著特征：一是地壳活动强烈且构造古地理格局发生巨大变化的时期，许多大陆板块和古洋壳板块碰撞对接，形成了加里东造山带；二是陆地面积显著扩大的时期；三是生物界发生巨变的时期。

5.2.3.1 中国的整体沉积特征

志留纪处于加里东构造阶段的晚期，许多大陆板块及古海洋经历了复杂的构造运动，有些发生俯冲、碰撞造山运动。因此，志留纪是一个地壳运动活跃的时期，也是全球构造格局及古地理面貌发生明显变化的时期。中国的情况也不例外，如华北板块与柴达木地块碰撞拼合、扬子板块与华夏地块碰撞对接等。同时，板块内部因受造山运动的影响，在沉积、古地理方面也有显著的改变。

5.2.3.2　扬子板块志留纪沉积特征

扬子板块志留纪时的构造古地理轮廓基本上继承了晚奥陶世的格局。早、中期海侵局限于板块内部；晚期发生海退，海水仅残存于钦防地区及滇东地区，长江下游有陆相沉积。除此以外都上升为古陆，遭受风化剥蚀。由宜昌向东南，沿江南古陆北侧至修水流域，志留系发育完整。以安徽宁国剖面为代表：下统包括霞乡组及河沥溪组，两者为笔石相细碎屑岩；中统太平群为壳相碎屑岩；上统唐家坞群为含中华棘鱼（*Sinacanthus*）等化石的陆相碎屑岩。全系厚度巨大，可达 3000 ～ 4000 m。更东至长江下游苏南一带，情况与修水流域相似，志留系三统发育齐全：下统高家边组为笔石相碎屑岩；中统坟头组为壳相碎屑岩；上统茅山群为含鱼化石的陆相碎屑岩，厚度也在 3000 m 以上。安徽巢湖地区的志留纪地层仅发育了下统和中统，地层单位名称、岩性特征、生物群组合及其沉积环境与苏南类似。由此可见，在江南古陆北侧存在着一个沉积厚度巨大的沉降带，此带可看成华夏地块向扬子板块仰冲，在碰撞带北侧形成的前陆盆地，这个前陆盆地可能一直延伸到鄂西南地区。

扬子板块早、中志留世正常浅海中，富产地方色彩浓厚的四川角石（*Sichuanoceras*）等头足类、彗星虫等三叶和各种珊瑚类，平均比例高达 45% 以上。鉴于志留纪全球生物分区并不明显，上述特殊现象说明扬子板块当时已和冈瓦纳板块分离，可能处于海洋包围中而又接近华北板块的独立状态。在扬子板块西缘的滇东一带，中志留世晚期至晚志留世早期的关底组直接不整合覆盖在中寒武统之上。关底组以泥灰岩及页岩为主，含四川角石等化石。妙高组是由黄绿色、灰绿色页岩及瘤状泥灰岩、灰岩所组成。滇东剖面说明，在早志留世至中志留世早期，本区呈古陆剥蚀区，到中志留世晚期（关底组）才遭受海侵，晚志留世时成为扬子板块的沉降中心。由于滇东地区已远离江南古陆，本区晚志留世的沉降可能与西侧原特提斯带的构造演化有关。综观华南地区晚志留世时，仅滇东、川南、黔北（仅限于晚志留世早期）和钦防地区继续被海水所淹没，除长江下游有陆相沉积（唐家坞群、茅山群）外，其他地区皆上升成为古陆，遭受风化剥蚀。

5.2.3.3　华北板块志留纪沉积特征

华北板块志留纪的构造古地理情况与奥陶纪相似，主体仍为受剥蚀的古陆，绝大部分地区缺失志留系沉积，然而在大陆边缘地区，志留系却相当发育。在华北板块内部，目前能肯定的志留纪地层仅发现于板块西南缘宁夏同心地区，且只有中、上统发育。中统称为照花井组，主要由灰岩、泥灰岩构成，含大量造礁生物，厚度不大，仅100 m 左右，显然属于稳定浅海类型。上统称为旱峡群，由一套紫红色砂砾岩构成，厚度可达 500 m，代表西侧造山带山前的前陆盆地沉积。在华北板块其他地区，目前值得注意的是在河南固始下石炭统杨山组的灰岩砾石中，发现有志留纪的珊瑚化石，是拟日射珊瑚安徽近似种（*Paraheliolites* cf. *anhuiensis*），这一发现表明志留纪时在固始附近曾经有过沉积。

5.2.3.4　中国志留纪矿产资源

志留纪是一个沉积矿产相对贫乏的时期。西秦岭迭部、武都地区黑色页岩中放射性元素富集。东秦岭相当层位有可开发的石煤，是由海生藻类形成的，伴生有铀、钡、铂、镍、钴等元素。陕南大巴山区宁强县以产志留纪床板珊瑚工艺品闻名国内。有关磷块岩或磷结核的报道见于下扬子、塔里木柯坪等地区。

5.2.4　泥盆纪

泥盆纪一名源于英国西南部的德文州（Devon Shire），因该地的泥盆纪地层最早被研究。泥盆纪开始于 4.16 亿年前，结束于 3.59 亿年前，延续了 5000 多万年。泥盆纪是晚古生代的第一个纪，也是海西构造阶段的开始时期。受早古生代构造运动的影响，全球构造古地理面貌及生物界均发生了巨大变革，有以下重要表现：①陆地面积显著扩大，陆相地层开始发育（中国东部南海北陆）。②植物、脊椎动物开始大规模向陆地发展。③在泥盆纪与石炭纪中间隔着一次大规模物种大灭绝——超级地幔柱。在此次物种大灭绝中，75% 的物种灭绝。这是灭绝物种第二多的物种大灭绝，仅次于第一多的二叠纪物种大灭绝——西伯利亚暗色岩事件，灭绝动物主要有盾皮鱼类、艾登堡母鱼。脊椎动物进入了飞跃发展时期，鱼形动物数量和种类增多，现代鱼类——硬骨鱼开始发展。泥盆纪常被称为"鱼类时代"。

5.2.4.1　中国的整体沉积特征

中国泥盆纪的古地理面貌受加里东运动的影响，柴达木地块与华北板块拼合，所形成的祁连加里东造山带使二者连为一体。扬子板块和华夏板块的碰撞形成范围更大的华南板块。以丹凤蛇绿岩为代表的北秦岭洋此时已经闭合，而以勉略蛇绿岩为代表的南秦岭有限小洋盆开始形成。泥盆纪形成了华北－柴达木板块与华南板块相隔不远而又独立发展的南海北陆局面。分隔华北、塔里木和西伯利亚板块之间的古亚洲洋仍为一广阔的多岛洋。冈瓦纳板块与扬子板块及羌塘地块之间，泥盆纪很可能已形成了古特提斯多岛洋。早古生代以库地蛇绿岩套为代表的古昆仑洋已经闭合，塔里木与冈瓦纳板块之间的新昆仑洋可能南移到喀喇昆仑深断裂一带，实际上是古特提斯洋的组成部分。

5.2.4.2　华南板块泥盆纪沉积特征

加里东运动之后，东南加里东造山带隆升，扬子板块主体上升为陆。因此，在泥盆纪初期，除桂东南钦（州）防（城）地区存在残余海槽和滇东一带见到陆相泥盆系与志留系连续过渡外，华南其他地区均为遭受剥蚀的古陆或山地。华南地区海侵过程如下：自早泥盆世开始，海侵逐渐由滇、桂向外扩展，尤其在向北方向上最为明显，早泥盆世后期海侵可达湘南一带。中、晚泥盆世海侵更加广泛，可达黔中、湘中和赣西一带。早泥盆世后期广西地区开始出现台地（象州型）和台间海槽（南丹型）沉积的分异，这种分异一直持续到晚泥盆世，并扩展到湘黔地区。川鄂浅海区在中泥盆世也开始遭受海侵，晚泥盆世可能与南北海域相连。下扬子区以近海河湖相沉积为主，中夹海相层，可能与北侧的海槽沟通。

1）华南地区泥盆系深水沉积。

（1）钦州防城一带。主要岩性为暗色泥岩、硅质岩、泥质粉砂岩、含砾泥岩、砂岩及含锰泥岩，内有笔石、竹节石、菊石、介形类、三叶虫等浮游生物。

（2）桂北地区的"南丹型"地层。与"象州型"相对应的"南丹型"沉积呈北北东或北西向的带状分布，明显受同沉积断裂控制。"南丹型"沉积可以桂北罗富剖面为代表，其下统莲花山组和益兰组以碎屑岩为主，内有腕足、珊瑚等浅水底栖生物，说明此时沉积分异还不明显。以上沉积特征反映了该区为深水海槽环境，显然与华南板块西南侧的古特提斯洋相连。下统上部塘丁组为暗色泥岩，仅有竹节石等浮游生物，说明同沉积拉张裂陷开始活动，沉积分异形成。中、上泥盆统均以黑色泥岩、泥灰岩和硅质岩为特色，内有菊石、竹节石及浮游的三叶虫化石，代表较深水滞流贫氧的微型裂陷槽（台内断槽）沉积。

2）桂中地区的"象州型"地层。

以台地碳酸岩盐为主，其沉积厚度巨大，常达数千米。"象州型"沉积生物丰度高，分异性强，生物量巨大，尤其以腕足、珊瑚、层孔虫、苔藓虫大量繁盛为特色，并有双壳、腹足、头足、三叶虫、棘皮类、厚壳竹节石、介形类、藻类等多门类化石。以复体四射珊瑚和层孔虫为主筑积而成的生物礁广泛分布，反映了"象州型"沉积形成于清洁浅水、动荡富氧的条件下。

3）由桂中向东北方向。

湘中地区在中泥盆世才遭受海侵，中统下部跳马涧组以河湖 – 滨岸碎屑沉积为主，含植物和鱼类化石碎片。中统上部棋子桥组和上统佘田桥组以滨浅海碳酸盐为主，含大量腕足、珊瑚、层孔虫、棘皮类、软体类化石。上统上部锡矿山组的下部为灰岩、泥灰岩及泥质岩，含著名的"宁乡式"鲕状赤铁矿；上部以砂岩、粉砂岩为主，反映泥盆纪末期因海退形成的沉积特征。与黔桂相似，湘中地区也同样存在着台间海槽沉积，但规模较前者小，主要形成于棋子桥和佘田桥期。

4）湘赣交境附近。

中泥盆统以碎屑岩沉积为主，夹灰岩、泥质灰岩及泥灰岩（在中泥盆世才遭到海侵）。生物既有海相生物（如腕足、棘皮类、珊瑚等），也有陆生植物，反映了海陆交互相特征。上泥盆统上部的鲕状赤铁矿是华南泥盆纪重要的铁矿层。

5）江南古陆以北。

（1）下扬子地区（皖南、苏南、浙西等地区）。仅见上泥盆统五通组，岩性由灰白色、浅灰色的石英砂岩和砂砾岩及浅灰色到黄灰色的粉砂岩、泥岩组成，内有植物化石斜方薄皮木（*Leptophloeum rhombicum*）和鱼类中华弓鳍鱼（*Sinolepis*）、星鳞鱼（*Asterolepis*）等，代表潮湿气候条件下近海河湖盆地沉积。近年在皖南、浙西等地陆续发现五通组具滨岸碎屑沉积，并见有小型腕足化石，说明晚期有海泛层存在。皖南巢湖地区北部（实习基地）也仅发育了上泥盆统五通组，岩性特征、生物群面貌（植物、双壳、叶肢介，上部曾发现小型腕足类化石）及沉积环境与上述相似。

（2）海陆交互相分布于中扬子区的川东、鄂西及湘西北地区（分布于上扬子古陆的边缘地带）。仅发育中、上泥盆统。中统云台观组为河流到滨海相的纯石英岩；上统下部黄家磴组为细砂岩、粉砂岩夹泥岩和泥灰岩，内有腕足类（*Cyrtospirifer*、*Tenticospirifer*）及植物化石碎片。

5.2.4.3 华北－柴达木板块泥盆纪沉积特征

1）华北－柴达木板块。

华北板块内部至今尚无发现泥盆系的记录，因此推论泥盆纪时其仍处于剥蚀准平原状态。泥盆纪时柴达木地块和华北板块已经碰撞相连，其间形成的祁连山加里东造山带山前和山间盆地中形成了粗碎屑的磨拉石沉积。

（1）祁连山北侧甘肃走廊地区。下、中泥盆统雪山群为紫红色砂砾岩，产植物镰蕨（*Drepanophycus*）及沟鳞鱼（*Bothriolepis*）等化石，和华南地区很相似。上泥盆统沙流水群为紫红色砂砾岩、粉砂岩和泥质粉砂岩，含斜方薄皮木等植物化石。沙流水群和下覆雪山群呈角度不整合接触，反映了祁连造山带的挤压、隆升过程仍在继续进行。

（2）柴达木北缘（南祁连）。晚泥盆世早期牦牛山组为含斜方薄皮术的紫红色砂砾岩、砂岩和中酸性火山岩及火山碎屑岩，晚期阿木尼克组为紫红色砾岩和沙砾岩，代表祁连山带南部的活动山前盆地沉积。

2）西缘－古特提斯多岛洋。

（1）华南板块西侧泥盆纪时期已存在古特提斯多岛洋，其主支位于北澜沧江至昌宁—孟连一线。在保山地块和思茅地块之间的昌宁—孟连带已经发现早泥盆世含笔石（*Monograptus uniformis*）的暗色泥质页岩和放射虫硅质岩；中、晚泥盆世则出现连续的放射虫硅质岩序列。硅质岩中出现明显的铈（Ce）负异常，代表了洋盆环境。在该带北部永德铜厂街发现了蛇绿岩，并获得了 385 Ma 的年龄值，说明该带在早泥盆世已进入初始洋盆阶段，晚泥盆世已进入成熟洋盆阶段。

（2）向东，思茅地块和华南板块间的哀牢山—红河一线也出现早泥盆世的砂泥质浊积岩和中泥盆世的硅质岩和基性火山岩，代表华南板块西侧的被动大陆边缘斜坡和深水海盆沉积，证明存在古特提斯多岛洋的一个东侧分支。

（3）金沙江以西的昌都地块上仅见中、上泥盆统碳酸盐岩夹少量碎屑岩，上泥盆统具华南特有的云南贝（*Yunnanella*）动物群，反映了金沙江在泥盆纪时并不是导致生物隔离的广阔海洋。该动物群在昌宁—孟连—北澜沧江线以西不复存在，表明该线所代表的古特提斯洋主支对生物阻隔起着重要作用。

3）北缘－南秦岭海槽。

早古生代末期，以商丹蛇绿岩为代表的北秦岭洋已经闭合，并沿北秦岭形成东西向的加里东造山带。造山带南侧为前陆盆地形成的陆棚和深水盆地及重力流的碎屑、泥质和碳酸盐沉积。

（1）南秦岭。泥盆纪沿勉略—巴山弧一带开裂形成一个新的小洋盆，勉略一带发育典型的蛇绿岩套，略阳到康县一带发育双峰式火山岩（玄武岩和流纹岩）和碱性玄武岩等被动大陆边缘的火山碎屑沉积组合。

（2）勉略—巴山弧小洋盆以北的秦岭微板块则以浅水陆棚碎屑岩和台地碳酸盐沉积为特色。

（3）小洋盆以南的扬子板块北缘，如龙门山、鄂西等地区泥盆系以陆棚碎屑岩和碳酸盐沉积为主。关于华南板块东部、南部大陆边缘的情况研究较少，目前尚没有发现泥盆纪大陆边缘沉积类型的报道。

5.2.4.4　中国泥盆纪矿产资源

（1）层控多金属矿床。泥盆系是我国层控多金属矿床最重要的含矿层位，通常形成大型和超大型矿床，如华南湘粤地区的铅、锌、钨、锡、锑、硫铁矿，秦岭地区的铅、锌、铜、金、汞、锑及硫铁矿。

（2）铁矿。主要分布于华南海盆边缘海陆交错部位，以湘鄂赣地区上泥盆统的宁乡式鲕状赤铁矿最为著名。

（3）锰矿。主要分布于华南"南丹型"沉积区，见于上泥盆统榴江组，以菱锰矿、钙菱锰矿为主。

（4）建材、化工原料。华南、秦岭地区的中、上泥盆统，灰岩质地纯，可作为建筑、化工原料。在中、下扬子地区，中、上泥盆统的云台观组和五通组的石英砂岩及滇黔地区中、下泥盆统的纯石英砂岩，均可作为玻璃原料。

5.2.5　石炭纪

石炭纪是地质历史中地球上首次出现大规模森林和最早的广泛成煤时期，1822年由康尼拜（R. D. Conybeare）和菲利普（W. Phillips）根据英格兰北部含煤地层命名，时限为350—285 Ma，延续了6500万年。由于该纪时限较长，且早、晚石炭世的生物群和地史特征差异明显，因此在欧洲将早石炭世称为狄南纪（Dinantian），将晚石炭世称为西里西亚纪（Silesian），在北美则分别称为密西西比纪（Mississipian）和宾夕法尼亚纪（Pennsylvanian）。我国以往将石炭纪分为早、中、晚3个世，近年也采用二分方案，即三分方案的中石炭世和晚石炭世合并为晚石炭世。

中国石炭纪的古地理面貌是泥盆纪的继续和发展。其主要地史特征可概括为以下三点：①构造古地理的变革，华北－柴达木板块和华南板块的相互对峙以及其间的南秦岭勉略小洋盆继续存在（华北板块为海陆交互相，华南板块为海相）。华南板块东、南缘发生了新的分裂，西缘的古特提斯多岛洋进一步扩张发展。华北、塔里木和西伯利亚板块间的古亚洲多岛洋内部发生了重要造山运动，导致构造古地理格局的变革。②古气候发生巨变，石炭纪是地史上出现冰期、间冰期（冈瓦纳大陆）交替的时代，海平面升降相对频繁（图5-3）。③随着海陆变迁和陆地森林的首次大规模出现，石炭纪成为中国地史上第一个重要成煤时期（北方大陆）。

5.2.5.1　鄂尔多斯盆地石炭纪沉积演化

鄂尔多斯盆地石炭系至上二叠统在其沉积历史中经历了由海到陆、由河到湖的沉积环境转变。本溪期沉积初期，盆地西缘由于贺兰坳拉槽发生横向拉张复活，形成了

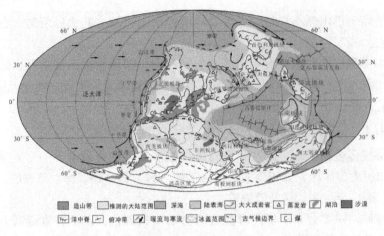

图 5-3 全球石炭纪（320—299 Ma）古地理

狭窄的裂陷盆地。东部广泛发育潮下带，岩性主要为生物碎屑泥晶灰岩与碳质泥岩、泥岩及煤不等厚互层，水平纹层较发育，生物搅动明显。本溪期后期，由于华北克拉通东北部开始倾伏下沉，华北海海水自北东、南东方向侵入盆地并形成了受限的陆表海。晚石炭世本溪期盆地南北两侧延续了早期的隆起地形，盆地中央发育的近南北向"细腰状"隆起尤为突出，它分割了东西两侧的华北海盆和祁连海盆（图 5-4）。古隆起西部的祁连海海域达鄂托克旗—环县一带，古隆起东部的华北海域达定边—宜君一带。本溪组地层超覆在加里东期奥陶系侵蚀风化地貌之上，具有填平补齐的性质，沉积厚度受古地貌控制，中央古隆起、伊盟隆起、渭北隆起地层缺失，东西部沉积区厚度及岩性差异较大，古隆起西部裂陷海湾沉积较厚，古隆起东部陆表海沉积较薄，地层呈现出向中央古隆起超覆变薄的特征。

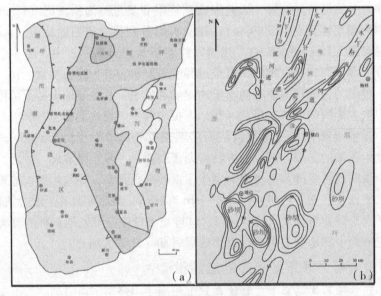

（a）本溪期；（b）太原期；

图 5-4 鄂尔多斯盆地晚石炭世岩相古地理

太原期沉积初期，靖边以北为三角洲，以南为离岸砂坝沉积。当时本区属稳定型海岸，构造运动微弱，海底平缓，水动力条件较弱，物质供给少，为一套由砂泥岩薄互层及泥粉晶生物碎屑灰岩组成的含煤建造。太原组沉积后期，潮坪沉积遍布全区（图 5-4）。该时期，华北地台继续下沉，海侵范围进一步扩大。来自东、西两侧的海水分别向中央古隆起和北部蔓延，使中央古隆起全部淹没于水下，成为水下隆起，盆地范围扩大，东西两侧成为一个统一的海域。太原组沉积期较本溪期，古隆起的范围明显缩小，沉积地层的分布范围较本溪组明显向南超覆，但是贯穿南北的中央古隆起作为重要的屏障依然对祁连海与华北海具有屏障作用，近南北向展布。盆地中除了伊盟隆起和渭北隆起局部地层缺失，全区都广泛接受了沉积。

5.2.5.2　华南板块及其大陆边缘石炭纪地史特征

1）早石炭世早期。

（1）滇黔桂一带。海盆范围与泥盆纪相似，为典型陆表海（黔桂海），以碳酸盐台地沉积为主。珊瑚、腕足、层孔虫等底栖生物发育。但在黔桂海盆地中部出现北西方向硅质、泥质、泥灰质相带，底栖生物不发育，反映了较深水的台间海槽环境，大致分布在贵州朗岱、罗甸至广西河池、柳州一线，代表陆壳上的微型张裂作用。黔桂海盆北缘仍有滨海碎屑相带分布，贵阳以北仍为广阔的上扬子古陆。雪峰古陆以东的湖广一带，沉积特点与黔南相似，如湖南一带的岩关阶（刘家塘组）亦为陆表海碳酸盐和碎屑沉积。

（2）下扬子地区。也遭受海侵，含 *Pseudouralinia* 的金陵组灰岩厚仅数米，直接覆盖在 D_3 五通组之上，与汤耙沟组层位相当。

（3）湖广海的东缘。自湘赣交境至广东陆丰一带，发育滨海碎屑沉积更东的赣东和闽浙一带则以陆相沉积为主。

2）早石炭世晚期。

海侵加大，造成超覆。

（1）滇黔桂一带。出现一套厚达数百米的碳酸盐沉积，以含有大型长身贝类和少量游泳的菊石为特征。由大塘早期旧司组下部代表的短暂海退形成高水位期滨海沼泽成煤环境，在滇东也有反映（万寿山煤系）。

（2）湖广一带。滨海沼泽成煤环境出现在大塘中期（湘中的测水组煤系、广西的寺门组煤系），代表第三个旋回层序海侵体系域的滨岸带产物（海侵过程中在古陆边沿滨海地带形成的煤系）。

（3）更东至江西境内。以梓山组煤系为代表的滨海含煤沉积代表整个大塘阶层位，反映已接近海盆东缘。再向东则相变为陆相叶家塘组煤系（浙西）和林地组煤系（闽中），它们或多或少均有含煤沉积，已接近华夏古陆。下扬子地区的岩关阶（金陵组）和大塘阶（高骊山组、和州组）厚度很小，反映了地壳沉降作用微弱，但早石炭世两个旋回层序可以和黔东南对比（安徽巢湖）。该区早石炭世动物群有一定的特殊性，海侵可能来自东北方向。

3）晚石炭世。

海侵范围进一步扩大，岩性相对稳定，以碳酸盐岩沉积为主。两个旋回层序普遍可以对比，一般厚200～400 m。

（1）滇黔桂一带。仍处于沉降中心部位，含燧石团块的灰岩厚度超过800 m，生物则以蜓类为主。靠近雪峰古陆、上扬子古陆和康滇古陆的滨岸潮坪带，出现了含镁碳酸盐（白云岩）或少量陆源碎屑岩沉积。应该提出的是，在下扬子地区的皖南、苏南等地区，晚石炭世地层分别称为黄龙组和船山组。①下部黄龙组。以肉红色中至厚层状生物屑灰岩和亮晶灰岩为主，含丰富的纺锤虫、珊瑚、腕足类、海百合、腹足类、双壳类、苔藓虫及藻类等生物化石，为开阔台地相沉积环境。②上部船山组。以深灰色、灰黑色生物碎屑灰岩为主，含纺锤虫、珊瑚及藻类等化石；底部局部地区为含砾泥岩或褐铁矿条带，如安徽巢湖北部地区。该组沉积环境基本与黄龙组相类似。上统上部船山组普遍见到含藻球灰岩，显示出冰川作用加强和海平面下降的趋势。

（2）向西北至四川龙门山一带。晚石炭世也属于碳酸盐沉积，与华南所见相似。晚石炭世的海侵向东达到闽中地区，可直接超覆在前泥盆纪变质岩系或上泥盆－下石炭统陆相地层之上。

5.2.5.3　华北－柴达木板块石炭纪地史特征

1）晚石炭世早期本溪组。

岩性、厚度变化有明显的规律。

（1）辽宁太子河流域本溪一带。本溪组厚达160～300 m，含海相灰岩多达5～6层，煤层可采。太子河流域本溪组包含有两个化石带，上部为 *Fusulina-Fusulinella* 带，下部为 *Eostaffella* 带。

（2）河北唐山。厚约80 m，只含海相灰岩3层、薄煤2层。至山东中、西部厚40～65 m，不含可采煤层。仅见上化石带。

（3）至山西太原。厚度减至50 m以下，仅含海相灰岩1层，也不含重要煤层。仅见上化石带。

由此表明，晚石炭世早期华北具有东北低、西南高的地势。当时海水首先到达东北的太子河流域，而后逐渐向华北推进。往南至河北峰峰、河南焦作及豫、皖大部分地区，缺失本溪组沉积。但在苏北贾汪一带本溪组厚约100 m，灰岩夹层总厚达50 m，岩性和所含蜓、有孔虫化石与华南地区很相似，表明当时苏北一带的海侵来自南方，很可能与南秦岭海槽东延部分的古海域有关。

2）晚石炭世晚期太原组。

华北南部海侵范围更为广泛，在皖北、豫南及鄂尔多斯一带均有明显的超覆。但在北部的本溪、北京、大同及鄂尔多斯东胜地区，却出现了陆相含煤沉积区。与此同时，在南北方向上海相灰岩夹层的数量和累计厚度也发生了"翘板式"变化。河北唐山仅有少数海相灰岩夹层；往南至晋东南沁水盆地和冀南磁县一带，太原组厚80～100 m，灰岩增至6层，海相化石丰富；更南至皖北、淮南地区，灰岩可达12层，累计共厚80 m。由此可以看出，晚石炭世晚期华北已转变为北高南低的地势，海岸线也逐渐南移，太原组的含煤性一般以北纬34°30′—37°30′一带为最好，这正好是当时滨海沼泽环境最为广布的地段。

5.2.5.4　中国石炭纪矿产资源

（1）煤。华南早石炭世晚期含可采煤层，自滇东、黔南、广西、湘粤向东至赣南、浙西都有分布。华北晚石炭世太原组的煤层质量好、规模大，是我国主要含煤层位之一。

（2）铝、耐火黏土、铁矿。华北奥陶系古喀斯特面之上，本溪组底部往往出现鸡窝状铁矿和上覆的 G 层铝土矿；后者可见豆状或鲕状构造，铝土层含量丰富，矿质优异。黔滇地区，早石炭世大塘阶与下伏寒武系的超覆不整合面上，也有大型铝土矿。华北本溪组及太原组下部，都有耐火黏土矿广泛分布，尤以本溪组更为重要。

5.2.6　二叠纪

二叠纪一名来自德文"Dyas"一词的意译，德国南部由下部赤底群（Rotliegendes）红色碎屑岩和上部镁灰群（Zechstein）组成。马尔谷（J. Marcou）于 1859 年根据其两分性将其命名为二叠系（Dyas）。由于早在 1841 年，莫企逊在乌拉尔山西坡彼尔姆（Perm）一带将相当于二叠系的地层命名为 Permian 系，因此 1937 年的国际地质会议正式采用 Permian 一名。二叠纪的时限为 285—250 Ma，延续了 3500 万年。二叠即为二分之意，但目前也有不少学者主张采用三分方案。本教材暂用二分方案。

二叠纪是晚古生代的最后一个纪，其主要地史特征可归纳为四点。一是地壳活动强烈的时期。一批长期下陷的海槽先后褶皱上升，形成海西造山带（如古亚洲多岛洋等），并伴随强烈的岩浆侵入和火山喷发；到二叠纪晚期，联合大陆（泛大陆）已基本形成，早三叠世达到高峰，以后开始逐步解体，围绕联合大陆的则是一个泛大洋（图 5-5）。二是陆地面积显著扩大的时期。许多海槽褶皱成山，一些长期被海水淹没的板块上升为陆地接受河湖相沉积（如华北板块）。三是成煤和石油及天然气形成的又一个重要时期。陆地面积扩大，植被发育，为煤、石油和天然气的形成提供了丰富物源。四是生物界发生重大变革的时代。二叠纪海生和陆生生物齐头并进，但在二叠纪末期位于古生代与中生代交界线，发生了地球历史上最大规模的生物绝灭，绝灭的科数占当时动物界总数的 60%，两栖类 75% 的科和爬行类 80% 的科都绝灭了。许多繁盛于古生代的无脊椎动物，如四射珊瑚、床板珊瑚、三叶虫、䗴等全部灭绝。

5.2.6.1　鄂尔多斯盆地二叠纪沉积演化

（1）早二叠世山西期。受克拉通南北秦岭、兴蒙海槽海西中晚期自西向东纵向迁移、关闭的影响，华北地块整体抬升，海水从鄂尔多斯盆地东西两侧迅速退出，盆地性质由陆表海演变为近海边缘盆地，沉积环境由海相转变为局部保留残留海的陆相沉积。山西期初期，三角洲平原、分流河道和分流间沼泽是其主体沉积。三角洲平原分流河道砂体呈鸟爪状，而几个沉积旋回的砂岩叠合后则呈朵状。山西期后期，仅发育三角洲相，其中靖边以北为三角洲平原，以南为三角洲前缘。北部三角洲平原的分流河道微相是最粗的沉积物，具向上变细的正粒序；砂体形态呈条带状及长透镜状，有丰富的植物化石和炭屑。总体来看，盆地东西差异基本消失，南北差异升降增强。

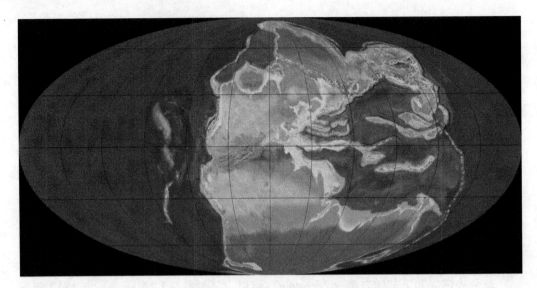

图 5-5　二叠纪末全球古地理

中央古隆起作为水下隆起，幅度进一步变缓，对鄂尔多斯盆地西缘和东部的分割作用明显变弱，海水向南超覆，渭北隆起大范围向南退缩。西缘裂陷经过本溪期、太原期的填平补齐，坳陷深度较前期明显变浅，仅在阿拉善左旗、固原一带存在较深坳陷（图 5-6）。

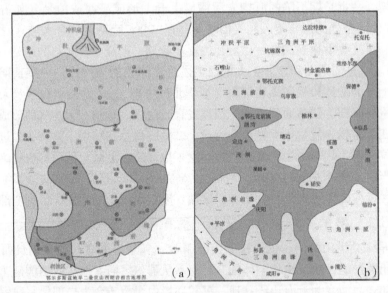

（a）早二叠世山西期；（b）中二叠世上石盒子期。

图 5-6　鄂尔多斯盆地岩相古地理

（2）早二叠世下石盒子期。中央古隆起范围明显向西偏移，渭北隆起解体，华亭—镇原—富平一线以南由原来的相对隆起区变为相对坳陷区。原来华北地台南缘相对隆起区已转变为沉积区，西缘银川一带依然存在坳陷，北部伊盟隆起乌审旗以北地层逐渐减薄，至杭锦旗为剥蚀带。气候由温湿演变为干热，植被大量减少，形成了一套黄绿色陆相碎屑沉积。北部物源区继续抬升，河流进一步向南推进。早期湖岸线在靖边一带，北部为三角洲平原，南部为三角洲前缘。后期湖岸线向北部推进，仍然是北部为三角洲平原，南部为三角洲前缘。兴蒙海槽西段褶皱关闭，受其挤压应力影响，盆地北部阿拉善、阴山古陆进一步抬升，坡度变陡，其构造格局与山西组相比发生了明显变化。

（3）中二叠世上石盒子期。气候进一步变干燥，随着基底沉降速率加快，沉积范围持续扩大，鄂尔多斯地区南部的麟游官务河、岐山后周公庙地区上石盒子组超覆于奥陶系灰岩之上，上石盒子组为以细粒碎屑岩为主的杂色沉积。与前一时期相比，该时期的河流-三角洲沉积体系萎缩，而湖泊范围扩展。受区域海平面升降作用，华北地区多受到海侵事件的影响，其直接表现是硅质海绵岩。上石盒子组沉积期，形成了大面积的滨浅湖和洪泛平原沉积。岩性以杂色泥岩夹薄层粉细砂岩为主，泥岩单层厚度为 5～40 m，累计厚度为 80～120 m。泥岩中常见干裂、虫迹、雨痕等构造，砂泥混杂，层序不清，属洪泛湖间歇沉积。吴起、富县一带湖水较深，泥岩水平层理广泛发育（图 5-6）。

（4）晚二叠世石千峰期。北缘兴蒙海槽因西伯利亚板块与华北板块对接而消亡，秦岭海槽向北的俯冲加剧，使华北地台整体抬升，海水撤出大华北盆地。盆地沉积环境完全转化为大陆体制，盆地的地形仍保持着南陡北缓、南深北浅的不对称箕状湖盆面貌，三角洲-湖泊沉积进一步萎缩。盆地北部石嘴山—杭锦旗—准格尔旗一带被曲流河、三角洲平原所占据，气候继续干旱炎热，植物稀少，为一套陆相红色地层，在盆地南部以滨湖沉积为主。由于南部构造抬升加剧，三角洲沉积体系向北推进，平凉—岐山—兴平—渭南一带为三角洲平原发育区，向北到西峰—麟游—铜川—韩城地区则以三角洲前缘沉积为特征。湖泊沉积区向南部、西南部退缩。中部吴起—延安—蒲城一带发育滨浅湖沉积，但总体湖水变浅，湖泊逐渐萎缩。到石千峰期，原来的中央古隆起已经完全消失，盆地主体构造格局开始由前期的东西分带转变为南北分带，主体构造线方向由南北向转为东西向（图 5-7）。

5.2.6.2   华南板块及其大陆边缘二叠纪地史特征

二叠纪是古生代最后一个纪，地壳运动又趋活跃，全球范围内一系列板块的碰撞使地史中著名的联合大陆（Pangea）在二叠纪晚期已基本形成。该大陆几乎由北极延伸至南极，跨越了不同的古气候带。这种全球古构造、古地理环境的巨变，造成了陆相与潟湖相沉积类型的广泛发育、气候带的明显分异和生物界的重要改变。联合大陆东南缘继续存在结构复杂的古特提斯多岛洋，使中国二叠纪地史既反映全球共性，又有自身特点。

华南板块二叠纪时遭受了晚古生代中最大的海侵，与华北-柴达木板块的大陆面貌形成了鲜明对照，呈现出"南海北陆"的古地理新格局。早二叠世栖霞初期，大面积海退主要发生在昆明、贵阳至江南古陆一线以北的上扬子地区，栖霞组底部有明显的沉积间断，普遍发育以梁山段为代表的"栖霞底部煤系"，属滨海-湖沼相陆源碎屑沉积。在川南、汉中梁山一带，含菱铁矿、黄铁矿层的梁山段超覆于志留系之

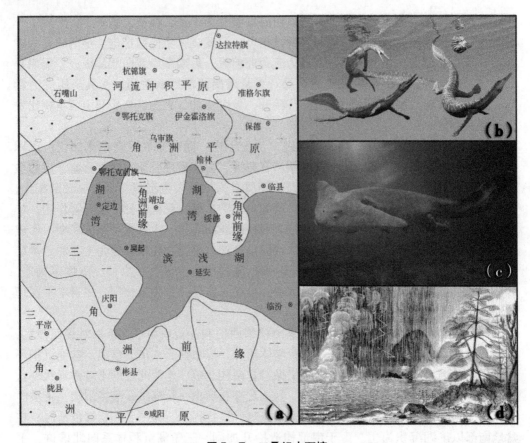

图5-7　二叠纪古环境

上。其间断时间之长可与华北下、中奥陶统之上的侵蚀面比拟。早二叠世栖霞中晚期，华南板块发生地史上最大海侵，使晚古生代以来长期遭受剥蚀的扬子古陆沉陷为上扬子海。栖霞组灰岩是向上变深的沉积物，代表海平面上升速率大于碳酸盐的加积作用，顶部可能有最大海侵面，组成了以碳酸盐为主的海侵体系域。栖霞组灰岩以深灰色富含沥青质和燧石结核为特征，有"臭灰岩"之称。厚度大体稳定在150 m左右，显示出华南板块内部构造差异升降微弱，大规模的海平面上升可能与全球气候变暖导致冈瓦纳大陆冰盖融化有关。早二叠世茅口期，扬子海域内茅口组碳酸盐岩向上变浅的层序，代表有海平面上升速率减弱的高水位体系域。

从茅口期开始，华南板块岩相分异明显。湘中、下扬子地区是以当冲组或孤峰组为代表的硅质、泥质沉积，其中极少底栖生物，但富含浮游的菊石类及放射虫，代表缺氧条件下较深海滞流静水环境。这种现象可能与同时期冈瓦纳大陆冰盖的最后消融导致海平面上升和区域性裂陷沉降叠加作用有关。而华南板块东部闽浙赣地区，茅口期出现了近海碎屑含煤沉积（童子岩组），为该区特有的重要含煤层位。在闽浙沿海及温州以东海底钻孔中发现的前寒武变质基底岩系可以证实，华南板块东缘存在一个相当规模的华夏古陆，它从茅口中期起率先抬升，成为古陆西侧含煤沉积的陆源碎屑供应区。茅口晚期华南板块构造分异普遍增强。华南板块西缘，地幔柱上拱诱发了著名的峨眉地裂运动，以地壳开裂引起大量玄武岩喷发和全区海退，缺失茅口期顶部新米氏䗴带为特征。东部下扬子和东南区传统上称为东吴运动，晚二叠世早期以龙潭组近海沼泽沉积广泛发育为特征，反映了隆升运动所造成的显著的海退事件。但龙潭组底部的平行不整合面仅见于次级隆起部位，反映了地区性构造差异作用的影响。

早二叠世末期，东吴隆升运动延续至晚二叠世早期（龙潭期），其间海平面快速下降，造成上、下二叠统之间平行不整合接触，构成Ⅰ型层序界线不整合。扬子西部为陆上沉积区，峨眉地裂运动在康滇古陆东西两侧强度最大，持续时间也最久。而峨眉山玄武岩组，其时代包括茅口晚期和龙潭期，以陆上喷发为主，在康滇古陆西侧的滇北丽江地区厚达 3300 m，往东逐渐减薄，在贵阳附近尖灭，是典型的时间上穿时的岩石地层单位。

晚二叠世龙潭期，自西向东可见由陆向海方向的明显相变。在西部陆上部分，为宣威组河流冲积平原相碎屑岩夹煤层。海陆过渡带为龙潭组含煤碎屑岩夹海相碳酸盐夹层，远离康滇古陆的海域相变为吴家坪组生物碎屑灰岩和礁灰岩。吴家坪组上部及长兴组的浅水碳酸盐属高水位体系域沉积。长兴期中后期所形成的灰岩局部相变为较深水硅质岩（大隆组），可看作凝缩层，反映了二叠纪最晚期的另一次小规模海侵事件。长兴期末海平面一度下降，有些地区曾有过陆上暴露，造成与三叠系间的平行不整合。在东部下扬子和东南地区，东吴上升运动末期仍保持着北东向隆起和坳陷带间列格局。华夏古陆从龙潭期起上隆幅度增大，导致西侧闽中、赣东一带出现以陆相为主的 P2 翠屏山组，已不含可采煤层，平行不整合覆于 P1 童子岩组之上。华夏古陆以西的下扬子和赣湘粤一带，龙潭期出现的近海沼泽沉积普遍含有可采煤层，显示了聚煤带由东向西的迁移规律。长兴期的海侵事件造成的古生代最高层位的动物群和大隆组硅质岩相的分异，较上扬子区更为明显。长兴期沉积中已发现少量火山凝灰岩夹层，反映了邻区存在较微弱的火山喷发。

综上所述，华南板块的晚二叠世沉积类型总体上呈现东西两侧古陆边缘粒度变粗，陆相和近海沼泽相发育，中间部位以碳酸盐为主的对称格局，是一种双向陆源的局限陆表海盆地类型。

5.2.6.3 华北–柴达木板块及其大陆边缘二叠纪地史特征

华北–柴达木板块自二叠纪起已基本脱离了海洋环境，仅局部地区遭受短期海侵影响。因此，本区二叠系以陆相沉积相为主。山西太原地区二叠系发育最好，研究也最详，是公认的标准剖面。

（1）早二叠世早期（太原组中上部和山西组）。华北及东北南部普遍出现聚煤环境，相当于山西组层位时期。由于华北板块北部古陆的抬升，太原以北全属陆相河湖沉积，最有利聚煤的近海泥炭沼泽环境已迁移到华北中部带。更南至豫西、两淮地区，早二叠世早期含多层海相灰岩。本期地层的总厚度仅 200 m 左右，显示了稳定的构造环境。

（2）早二叠世晚期至晚二叠世早期（石盒子期）。普遍以杂色至紫红色内陆盆地河、湖沉积为主（石盒子群），厚度增大，一般不含可采煤层，指示地势差异增强、气候渐趋干旱的过程。在黄河一线（北纬 34°30'）以南的淮南地区，整个石盒子群都含重要可采煤层，并常见富含 *Lingula* 夹层。在豫西禹县，上石盒子组中也发现硅质海绵岩等海生化石，说明华北地区南部为近海沼泽环境，且常遭受来自南部海区的海泛影响。

（3）晚二叠世晚期。整个华北干旱气候广布，为红色河湖碎屑沉积（石千峰组）。在甘肃祁连山（走廊南山）西段，相当于石千峰组的层位（肃南组）为紫红色陆相碎屑沉积，局部绿色夹层中含安加拉和华夏混生植物群。这说明二叠纪中期的晚海西运动已使华北－柴达木板块和西伯利亚－蒙古板块最终碰撞拼合，其间的北方海槽已基本消失，从而促进了不同区系陆生植物的迁移和混合。

5.2.6.4 中国二叠纪矿产资源

（1）煤。华北太原组中、上部和山西组普遍含重要煤层，石盒子群下部仅豫西、淮南一带仍有可采煤层，显示了聚煤层位向南穿时抬升的特点。在华南至青藏地区，聚煤层位存在由东往西穿时抬升的现象。例如，茅口期（童子岩组等）的聚煤层限于闽浙粤带；龙潭期是华南主要聚煤期，分布也最广，富煤带位于黔西六盘水地区；长兴期煤层出现于藏东妥坝和藏北双湖，规模较小，而栖霞组底部梁山煤系主要受海平面升降控制，限于上扬子地区。

（2）铝土矿和耐火黏土。以华北石盒子群下部和山西组较为重要，华南滇、川、湘一带也有分布。

（3）铁锰矿。华南茅口期硅质岩相中的铁锰矿层见于黔桂和湘粤地区。

（4）其他矿产。华北石千峰组及塔里木南缘和田一带下二叠统上部有石膏或盐岩薄层。在北疆准噶尔、吐哈、三塘湖等盆地，中二叠统是找油目的层之一，川中二叠系产天然气。著名的峨眉山金顶景区坐落在柱状节理发育良好的峨眉山玄武岩峭壁之上，蔚为壮观。

5.2.7 生物古地理与古纬度

华北板块早古生代三叶虫动物群与扬子－塔里木板块、澳大利亚板块等同属亚澳生物大区，它们共有的属群均属广布分子，而华北板块独有自己的土著动物群，是独立的一个生物古地理区。晚古生代板块本体的石炭纪至二叠纪海相动物群、陆相植物群均属于华夏特提斯区，与扬子区亲近，但仍为一独立分区，与其北部的北方生物大区有显著的区别。

在早古生代发育有膏盐沉积，红色砂泥质岩石、碳酸盐岩发育，具大量的灰质鲕粒沉积和暖水海相动物群。在晚古生代出现风化壳型铁、铝质沉积，并具热带、亚热带植物群及暖水海相动物群和紫红色、红色砂泥质沉积。这表明，华北板块在中元古代至古生代漫长的地质历史时期，基本上漂移于赤道两侧低纬度气候带内，即在热带－亚热带气候带、飓风活跃区内漂移。

石炭纪至二叠纪沉积相的演化特点是，由海相逐渐过渡为过渡相与陆相交替。海相沉积为陆源障壁海沉积，出现于石炭系。过渡相沉积由三角洲和近海湖泊沉积物组成，出现于太原组顶部和山西组。陆相沉积由河流和湖泊沉积物组成，出现于下石盒子组和上石盒子组。古气候的演化特点是，由温暖潮湿逐渐过渡到炎热干旱，两者大致分界于早二叠世晚期。

5.3　中生代

鄂尔多斯盆地中生代包括三叠纪、侏罗纪和白垩纪，总体为湖相沉积，边缘以粗碎屑的河流－三角洲及各种扇体沉积为主。鄂尔多斯盆地在整个生成、发展、消亡的历程中具有较好的继承性、连续性。各沉积相带的平面变化基本上呈环带状展布，而砂体的发育情况则完全受控于沉积相的展布特征。

5.3.1　三叠纪

三叠纪一名意为三分。三叠纪的名称是德国学者弗里德里希·冯·阿尔伯于1834年提出的，他将普遍存在于中欧的白色的石灰岩和黑色的页岩及其间的红色的三层岩石层统称为三叠纪。三叠纪开始于252 Ma，结束于199 Ma，延续了50 Ma。标志三叠纪的典型的红色砂岩说明当时的气候比较温暖干燥，没有任何冰川的迹象。如今一般认为当时在两极没有陆地或覆冰。因为当时地球上只有一个大陆，所以当时的海岸线比今天要短得多，当时遗留下来的近海沉积也比较少，只有在西欧比较丰富。因此，三叠纪的分层主要是依靠暗礁地带的生物化石。

该纪独立构成了一个构造阶段——印度支那构造阶段。本纪为中生代的第一个纪，主要地史特征可归纳为以下三点：一是联合大陆开始分裂解体的时期。在晚三叠世，全球性构造运动再次活跃，不但导致联合大陆进入分裂解体阶段，也对古特提斯洋（晚三叠世末闭合）和环太平洋带的构造发展产生了重要影响（图5-8）。例如，西秦岭—巴彦喀拉—松潘—三江地区这一长期下陷的海槽褶皱造山，华南与冈瓦纳板块连为一体；新特提斯洋开始扩张。环太平洋带已开始形成火环，我国东部地区有较大规模的岩浆活动，并形成了多金属内生矿产。二是陆地面积不断扩大、海洋面积缩小、干旱气候带（早三叠世）扩展的时期。华南板块中三叠世海水已退缩到滇黔和龙门山前及下扬子地区皖南、苏南等局部地区；晚三叠世末期，除了广东海等局部地区仍遭受海侵，海水全部退出。从此结束了我国东部地区南海北陆的构造格局，南北大陆连为一体，我国长期存在的南北向分异从此转化为东西向分异。三是动、植物界开始发生重大变革的时期。

鄂尔多斯盆地是陆相三叠系发育的标准剖面。早三叠世至中三叠世，沉积层序自下而上分别为下统刘家沟组与和尚沟组，以及中统纸坊组。该时期由沉积厚度所反映的盆地相对沉降幅度有很大变化。早三叠世刘家沟期，沉积地层南薄北厚，所反映的盆地基底南高北低的特征非常显著。经过早三叠世和尚沟期和中三叠世纸坊期早期的过渡，南北向地层厚度由变化不大到无明显变化，表明整个盆地的相对沉降幅度已无明显差异。晚三叠世，鄂尔多斯盆地进入了内陆坳陷盆地发育阶段，伴随着基准面的升降变化，可容纳空间和沉积物补给通量相应地发生变化，湖盆演化经历了初始坳陷、强烈坳陷、回

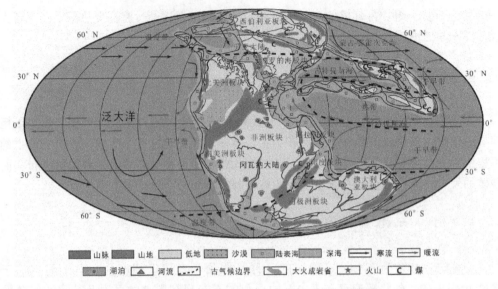

图 5-8　晚三叠世（240—220 Ma）全球古地理

返抬升及萎缩消亡 4 个完整的阶段，湖盆沉积中心由东向西逐渐迁移，湖盆演化表现出不同的地层堆砌样式和充填特点。发生了由南薄北厚至南厚北薄的彻底转变，主要沉降中心位于盆地的西北、西南和中南部地区。上三叠统延长组是盆地的主要含油层位，有研究者按沉积旋回将延长组自下而上划分为 10 个油层组（长 10 到长 1），其沉积特征总体反映了大型坳陷湖盆形成、发展和消亡的全过程（表 5-1）。

表 5-1　鄂尔多斯盆地三叠系地层

系	统	组	段	油层组	厚度/m	岩性特征	标志层名称	标志层位置	湖盆演化史
侏罗系	下统		富县组		0～150	厚层块状砂砾岩夹紫红色泥岩或两者呈相变关系	缺失		缺失
三叠系	上统	延长组	第五段 T_3y_5	长1	10～240	灰绿色泥岩夹粉细砂岩、碳质页岩及煤层	K_9	底	平缓坳陷湖盆消亡
			第四段 T_3y_4	长2	120～150	灰绿色块状中、细砂岩夹灰色泥岩	K_8	底	稳定坳陷湖盆收缩
						浅灰色中、细砂岩夹灰色泥岩	缺失	缺失	
						灰色、浅灰色中、细砂岩夹暗色泥岩			
				长3	110～120	浅灰色、灰褐色细砂岩夹暗色泥岩	K_7 K_6	上底	

续表 5 - 1

系	统	组	段	油层组	厚度/m	岩性特征	标志层名称	位置	湖盆演化史
三叠系	上统	延长组	第三段 T_3y_3	长 4 + 5	80～100	暗色泥岩、碳质泥岩、煤线夹薄层粉 - 细砂岩	K_5	中	稳定坳陷湖盆收缩
						浅灰色粉细砂岩与暗色泥岩互层			
				长 6	110～120	绿灰色、灰绿色细砂岩夹暗色泥岩	K_4	顶	
						浅灰绿色粉 - 细砂岩夹暗色泥岩	K_3	底	
						灰黑色泥岩、泥质粉砂岩、粉细砂岩互层夹薄层凝灰岩	K_2	底	
				长 7	100～110	灰黑色、黑色泥岩及油页岩夹薄层粉细砂岩、凝灰岩	K_1	底	强烈坳陷
			第二段 T_3y_2	长 8	80～90	暗色泥岩、砂质泥岩夹灰色粉细砂岩	缺失		湖盆扩张
				长 9	80～100	暗色泥岩、页岩夹灰色粉细砂岩	K_0	中上	
			第一段 T_3y_1	长 10	280～300	肉红色、灰绿色长石砂岩夹粉砂质泥岩，具麻斑结构	缺失		初始坳陷湖盆形成
	中统	纸坊组			250～300	上部为灰绿色、棕紫色泥质岩夹砂岩，下部为灰绿色砂岩、砂砾岩	缺失		缺失

5.3.1.1　长 10 沉积期

长 10 期鄂尔多斯盆地已具雏形，长轴呈北西 - 南东向伸展，中心区域为浅湖亚相，在湖盆的东西两岸发育着三角洲前缘亚相，向外推则演变为三角洲平原亚相及冲积平原。该期由于地形高差较大，物源供屑能力充足，尤其是主力物源的东西两岸，故沉积以粗碎屑为主，厚度为 100～300 m，而且在不同地区差异较大。

长 10 沉积期主要发育河流相（冲积平原相）、三角洲平原亚相和浅湖亚相，湖泊面积甚小，这是鄂尔多斯盆地延长组湖盆的初始形成期。长 10 沉积期印支运动活动较弱，鄂尔多斯盆地基本继承了早三叠世、中三叠世的应力影响，在纸坊组东北高、西南低的基础上缓慢下沉。沉降速度较慢，沉降中心与沉积中心基本一致，位于志丹—富县地区，物源供给充足，虽然鄂尔多斯盆地可容纳空间和沉积物补给均在增长，但可容纳空间（A）增加量小于沉积碎屑补给量（S）（A/S<1），河流沉积体系广覆在鄂尔多斯盆地大部分地区，呈主动进积充填。湖泊雏形初步形成，水体较浅，为滨浅湖沉积，平面上由北西向南东敞开，分布局限，在黄陵、黄龙等地发育。冲积平原仅发育于西南和西部地区，它与三角洲的界线大致位于姬塬—庆城一带，湖岸线位于正宁—吴起—安边—志丹一带；西北、西南主要发育辫状河及辫状河三角洲，三角洲前缘普遍不发育；盆地西南缘虽承受南西－北东向挤压力，但尚未形成明显的前陆式结构，没有发育大规模磨拉石建造（图5-9）。

（a）神木窟野河，辫状河沉积；（b）神木窟野河，麻斑砂岩。

图5-9　延长组长10油层组露头

5.3.1.2　长9沉积期

进入长9期，盆地下沉速度明显加大，盆地南部全部被湖水淹没，长10期的所有三角洲全部沉没水下，湖岸线大范围向外推移，湖盆面积大规模扩大。深湖相主要位于定边—吴起—志丹—直罗—马栏—长武—宁县—太白—华池范围之内。其中，在富县—马栏—长武地区发育少量油页岩，因此，长9期的暗色泥岩已具备一定的生烃能力。

印支构造运动有所增强，盆地西南部边缘断裂及与其斜交的锯齿状次级断裂活动加剧，湖盆快速下沉，可容纳空间增加，可容纳空间大于沉积物补给量（A/S>1），盆地内泥岩增厚，颜色变深。在长9油层组沉积时期，除发育浅湖亚相和三角洲相外，还出现了半深湖－深湖亚相，湖泊面积大，无冲积平原相及冲积扇相。这反映了鄂尔多斯盆地三叠系延长组的湖盆已经形成。长9油层组沉积期的物源供给体系主要为北部的阴山古陆、西北部的阿拉善古陆和西南部的秦祁褶皱带，主要发育东北部的曲流河三角洲沉积、西北部和西南部的辫状河三角洲沉积。尤其是西北部的盐池三角洲，砂体厚度大，粒度较粗，以中砂岩和细砂岩为主。长9_2沉积期，半深湖沉积在盆地内较为局限，主要分布在吴起—志丹—甘泉—黄陵—黄龙区域，三角洲沉积在盆地广泛发育（图5-10）。

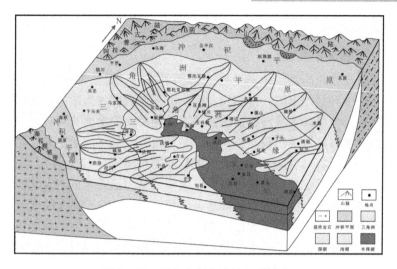

图 5 - 10　鄂尔多斯盆地长 9₂ 沉积相

　　长 9₁ 沉积期，研究区主要发育三角洲平原、三角洲前缘和半深湖沉积，冲积扇沉积紧邻物源区呈环带状展布。此时期湖盆初始扩张达到最大范围区，半深湖沉积较为发育。与长 10 油层组沉积时期相比，长 9 油层组沉积时期的湖泊范围广，湖水面积达到 9 万平方千米，西部湖岸线扩张至环县—镇原—泾川一线，东部湖岸线抵达榆林—米脂一带（图 5 - 11）。南部三角洲萎缩，向北仅影响到靠近黄陵一带，地层的砂地比一般小于 40%。东北三角洲的建设作用相对较弱，砂体厚度也相对较薄，主砂体呈枝状或指状展布，地层砂地比多为 30% ~ 40%，三角洲延伸到靖边—安塞一带。

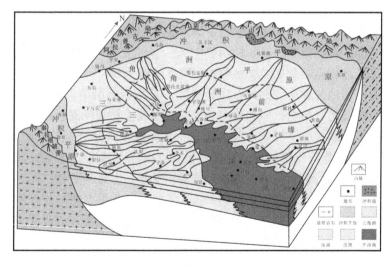

图 5 - 11　鄂尔多斯盆地长 9₁ 沉积相

　　长 9 期是一个以湖侵为主的时期，基本以泥质类细粒沉积为主。目前仅有的钻井资料反映，该层沉积砂体不发育，仅在盆地的东北缘或西缘可能有局部近源沉积的砂体发育。

5.3.1.3 长 8 沉积期

长 8 油层组是在长 9 油层组的基础上沉积形成的，是盆地进一步坳陷扩张的过程。西部和西南部因强烈沉陷，冲积扇和辫状河入湖后即成为扇三角洲和辫状河三角洲；而北部和东部坡度较为平缓，曲流河进入浅湖后演变为曲流河三角洲。

该时期为湖盆强烈坳陷阶段。长 8 沉积初期由于盆地不均衡下陷，湖盆范围迅速扩大，水体变深，可容纳空间增加量大于沉积碎屑补给量（$A/S > 1$），盆地出现了短时间的退积过程；随后盆地沉降速度减慢，盆地周缘源区带来的丰富物质源源不断地向盆地充填，使可容纳空间小于沉积碎屑补给量（$A/S < 1$），湖盆逐渐填平补齐，表现为大面积的滨湖沼泽化，煤系地层发育。长 8 沉积中晚期，在特提斯构造体系域与古太平洋动力体系域的联合作用下，盆地东北部的构造倾斜抬升，盆地北部的二叠系地层中凝灰岩发生风化、剥蚀和再沉积，同时盆地西南部的沉降增强，盆地沉积格局由滨浅湖沉积快速变为以半深湖沉积为主。

（1）深湖亚相。长 8 油层组沉积期，湖盆的深湖区已有了一定规模，主要分布在葫芦河—永宁—旦八镇—新安边—姬塬—环县—唐源—镇原—径川地区，呈北西 - 南东向不对称展布，南部宽阔，北部狭长。面积约为 2.5×10^4 km。

（2）浅湖亚相。浅湖亚相呈环带状围绕深湖亚相发育。由于湖盆西岸陡峭，东岸相对平缓，因此浅湖亚相在西部表现为狭窄，甚至不发育，而在东岸则较为宽阔，最宽处可达上百千米，总面积为 6.5×10^4 km^2 以上。西缘自北向南发育了石沟驿扇三角洲、环县扇三角洲、镇北辫状河三角洲、径川辫状河三角洲。北部和东部则发育了盐池 - 定边三角洲、志丹 - 吴起三角洲、延安 - 甘泉三角洲和黄陵三角洲。

5.3.1.4 长 7 沉积期

长 7 油层组沉积时，鄂尔多斯盆地在继承长 8 期湖盆的同时继续下沉，并达到了盆地的鼎盛时期，湖盆范围较长 8 期明显扩大，水体变深。该时期湖盆形态不对称，仍具有西陡东缓之特点。长 7 油层组的地层厚度一般为 $80 \sim 120$ m，沉积最厚区仍然是东南部的葫芦河地区和西北部的石沟驿地区。岩相依然沿湖盆边缘呈环带状分布，近岸发育各种类型的三角洲，向湖盆中心依次为浅湖亚相和深湖亚相。长 7 期是盆地基底整体不均衡强烈拉张下陷、水体急剧加深、湖盆发育达到鼎盛的时期。长 7_3 至长 7_2 沉积期，湖盆范围明显扩大，定边—延安以南广大地区处于半深湖至深湖，湖盆发展进入了全盛期。该时期，盆地处于弱补偿状态，盆地可容纳空间远远大于沉积碎屑补给量（$A/S > 1$），盆地内沉积了一套厚度大、有机质丰度高的暗色泥岩和油页岩，俗称张家滩页岩，是鄂尔多斯盆地中生界主力烃源岩，泥岩内发育大量的碳酸盐结核，对指示古环境具有重要意义（图 5 - 12）。

图5-12 鄂尔多斯盆地三叠系延长组长7碳酸盐结核

同时,(半深湖)深湖周边三角洲前缘砂体在地震、波浪等外力诱导因素的影响下,经历了再次搬运沉积,形成了广泛分布的浊积砂体。长7_2沉积后湖盆开始萎缩,长7_2至长7_1沉积期,盆地西南部受印支运动增强的影响,发生了逆冲推覆作用,使不同的层位岩体被推出而成为新的母岩,导致盆地西部、西南、南部沉积体系中长7段及其之上层位的砂岩成分与长7沉积前的砂岩成分存在较大的差异,岩屑含量明显增多。同时,砂体厚度明显增加,盆地西南缘和西缘地区开始发育冲积扇。

长7期的深湖亚相分布在黄陵—富县—西河口—靖边—定边—李井—大水坑—环县—镇原—泾川一线以内的广大地区,面积约为$2.5 \times 10^4 \ km^2$,依然呈北西-南东向不对称分布。该区黑色泥岩厚$80 \sim 120 \ m$,泥岩百分比为$60\% \sim 90\%$,油页岩或炭质泥岩厚$40 \sim 100 \ m$,普遍发育水平层理、波状层理。垂向上为浊积岩、深湖相泥岩交替。动植物化石丰富,黄铁矿晶体或结核普遍分布,是鄂尔多斯盆地最主要的生油岩发育区。浅湖亚相呈环带状沿深湖区展布,总面积约为$6 \times 10^4 \ km^2$,与长8相似,表现为西部狭窄、东部宽阔的特点。灰色、灰黑色泥岩厚达$10 \ m$以上,泥岩百分比在60%以上,具水平或波状层理,含植物化石碎片,常见瓣鳃类、介形类、叶肢介、鱼类及赏虫化石,也是重要的生油层系。西北缘的石沟驿扇三角洲呈东西向延展,前缘沉积约为$120 \ km^2$,前缘的前端以灰黑色泥岩和泥质粉细砂岩为主,基本上不具备储集性能,向西颗粒变粗,物性有变好的趋势(图5-13)。

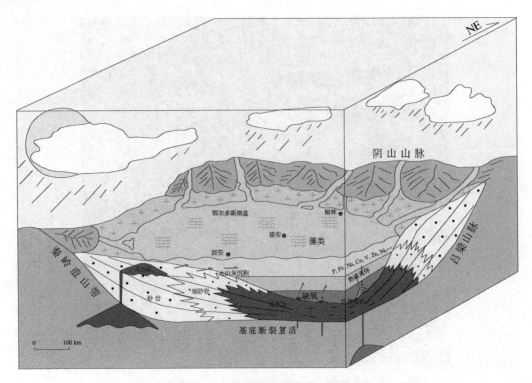

图 5-13　鄂尔多斯盆地长 7 沉积相

东北缘的三角洲相互叠置连片，可分为靖边三角洲和安塞三角洲，均呈北东－南西向展布，湖岸线在横山—麒参 1 井一线，三角洲前缘较为发育，面积可达 2000 km²，砂岩百分比可达 70% 以上，岩性为中细粒长石砂岩，应具有一定的储集能力。东南缘的黄陵浊积扇、庙湾浊积扇和南部的正宁三角洲组成盆地南部的主要沉积，这 3 个沉积体直接深入深湖形成浊积岩，颗粒普遍较细，在局部地区有可能成为较差的储集岩层。

镇北辫状河三角洲前缘与马岭－庆阳－合水浊积扇连为一体，过去通通称作西南部水下扇，或者说是水下扇的中扇部位，面积达数百平方千米。它较前缘的浊积扇物性明显更好，主要以中粒长石砂岩为主，碎屑成分如下：石英含量为 40% ～ 50%，长石含量为 20% ～ 30%，岩屑含量为 12% 左右，孔隙度平均约 10%（最大可达18%）。从平面上看，物性向西部物源方向变好，纵向上由下向上物性有所变化。该地区长期与巨厚的生油层相接触或直接覆盖于最好的生油层之上，是重要的油气运移指向区，所以也是值得深入研究的地区之一（图 5-14）。

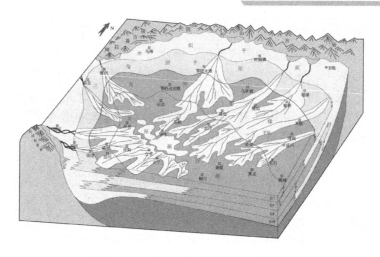

图 5-14 鄂尔多斯盆地长 7 沉积模式

5.3.1.5 长 6 沉积期

鄂尔多斯盆地的下沉在长 6 期渐趋减缓，湖盆开始收缩，沉积补偿大于沉降，沉积作用大大加强。长 6 期是湖泊三角洲的主要建设期，周边的各种三角洲迅速发展，整个湖盆从此步入逐渐填实、收敛直至最后消亡的历程。在长 6 期，随着盆地基底下沉作用逐渐减缓并由下降逐渐转为抬升，湖盆开始收缩，物源供给逐渐增大，盆地可容纳空间小于沉积碎屑补给量（$A/S < 1$），沉积作用渐趋增强。由于河流的注入充填，在盆地中沉积了一系列高建设性的河流 – 湖泊三角洲沉积体系（图 5 – 15）。

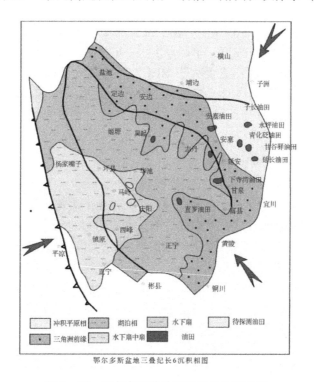

鄂尔多斯盆地三叠纪长6沉积相图

图 5-15 鄂尔多斯盆地三叠纪长 6 沉积相

长6期沉积厚度一般为80～120 m，石沟驿—华池—直罗—黄深1井一线沉积厚度普遍为100～130 m，西缘的扇三角洲、辫状河三角洲和其余地区的曲流河三角洲沉积有了更大的发展，东岸的沉积作用则明显大于西岸，更强于长7以前的各个时期。总的来看，长6期沉积物源具多方向特点且主次分明。北东方向的物源显得特别重要，南部则形成了铜川和彬县等三角洲，西缘的物源继续向扇三角洲和辫状河三角洲及浊积扇提供沉积物，展现了盆地四周全补给的局面。长6期突出的沉积特征是，由于北部、东北、东部沉积作用的显著加强，深湖中心区有来自各个方向的浊积岩体。这时，由于西部沉积物源的减弱和东部物源的加强，在湖盆中心发育了规模较大的浊流沉积，总面积可达4000 km^2。这些浊积岩体含砂比可达到75%，由于主要以三角洲前缘为物源，因此普遍较细，以粉细砂岩为主，而且单层厚度较小，各地区的成分及物性亦有一定差别。

石沟驿扇三角洲平原亚相有明显的扩大，前缘的面积与长7时期的相近，可分为石沟驿和马家滩两个扇状体，由西向东延展，一直推进到大水坑地区，总面积可达2000 km^2。盐池－定边三角洲大规模向东南推进，与东部的乌审旗－安边三角洲、安塞三角洲前缘在吴起汇合后又共同向南推进，一直抵达华池地区。

该三角洲虽然直接覆盖于长7的有利生油区之上，但因砂岩颗粒普遍较细且物性较差而无法形成有工业价值的油藏。而三角洲东南部可能受到东部强物源的影响会形成局部好的储集砂体，该巨型三角洲面积可达2500多平方千米。靖边－安塞三角洲在安塞—靖边以北已平原化、沼泽化，平原分流河道砂体较为发育，砂岩百分比可达80%，主体带砂厚45～80 m，单层厚达50 m，只要有充足的油源，便可形成良好的油藏。该三角洲最为显著的特点是三角洲前缘亚相十分发育，仅前缘部分的面积就可达18000 km^2，具有招安、候市、杏河、五里湾等4个扇状体，均呈北东向南西方向伸展，分流河道砂体极其发育，单层厚度大，砂层厚达40～70 m，主要以中细长石砂岩为主，碎屑成分中长石含量大于50%，而且具有长石石英岩屑的特点，与西缘石英含量较高明显不同。主体砂带则以中粒砂岩为主，加之其直接覆盖于长7最有利的生油母岩之上，只要有良好的物性，便可"近水楼台先得月"，形成良好的油气藏。

5.3.1.6　长4+5沉积期

鄂尔多斯盆地长4+5油层组沉积期是继长6之后又一重要的三角洲建设时期，但由于河流的能量、携沙量及发育的规模等，在平面上表现出了明显的不均衡性。主要变化表现在靖边—安塞地区长6期的许多大型三角洲的平原化与沼泽化，在三角洲前缘砂体之上沉积了大面积的漫滩沼泽相泥岩，成为区域性盖层；而姬塬地区三角洲建设逐渐加强。与长6油层组相比，长4+5沉积面貌基本相似，深湖区范围较长6略有缩小，约为1.8×10^4 km^2，仅分布在庙湾—四郎庙—黄深1井—太白—华池—马岭—庆阳—宁县地区。岩性主要以灰黑色泥岩为主，暗色泥岩厚可达60～80 m，植物碎片丰富，动物化石有介形虫、瓣鳃类等。

长4+5沉积期，盆地基本继承了长6沉积期的沉积格局。沉积初期局部范围内沉降速率大于沉积速率，湖盆小范围内又经历了一次短暂性的湖平面波动（湖侵），湖水面积短时间发生扩张，三角洲建设进程趋于减慢，沉积物中泥岩含量增多。长4+5沉积期是盆地中又一次重要的生油岩形成时期。之后盆地发生湖退，深湖范围向正宁—合水一带进一步萎缩，盆地周缘三角洲进积作用明显。东北部吴起三角洲推进至白豹一带，在重力作用下滑塌，形成较大的浊积砂体；靖边以北已全面平原化，在原来三角洲前缘砂体之上沉积了大面积的漫滩沼泽泥岩，成为良好的区域盖层；西南三角洲沉积体系向湖盆中心进一步推进，前缘占据了大部分长6沉积期的浊积岩分布区，整个湖盆逐渐填实、收敛。

长4+5期环带状的浅湖亚相各地区范围变化很大，表现为东北宽阔、西南较窄，但较长6以前发育，总面积约为6×10^4 km^2。岩性主要是灰色、灰黑色泥岩和泥质粉砂岩互层夹薄层细砂岩，砂岩的多少主要受该区的沉积强度控制。

5.3.1.7　长3沉积期

该时期为湖盆萎缩消亡阶段。长3沉积期，盆地西缘、南缘构造活动明显减弱，断裂走滑拉张作用基本停息，受其影响，湖盆开始逐步淤浅、萎缩、消亡。在沉积速率大于沉降速率的条件下，盆地周缘三角洲建设进一步加强，各类三角洲沉积体系向湖盆内大幅度地进积（图5-16）。

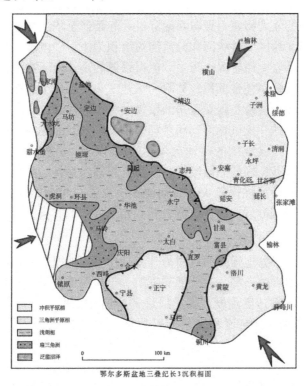

鄂尔多斯盆地三叠纪长3沉积相图

图5-16　鄂尔多斯盆地三叠纪长3沉积相

长3期沉积作用再次加强，开始了又一次全区性的三角洲建设，各个地区的三角洲均明显地向湖心推进，湖盆水体大规模收缩。深湖亚相的范围较小，只在庆4井南—正宁一带发育，湖岸线也大为收缩，浅湖亚相分布在庆阳—马岭—环县—吴起—旦八—直罗地区，与深湖相面积之和约为 $3.2 \times 10^4 \text{ km}^2$。地层厚度变化很大，沉积厚度为 $60 \sim 140$ m，存在于摆 18—环 4—环 20 井、天深 1、定探 2—城川 1、华池—午 3—午 1。长 3 期的暗色泥岩厚 $10 \sim 20$ m，泥岩百分比为 70%，母质类型为腐殖型，具备一定的生烃能力，但较差。

长 3 期马岭三角洲较发育，由西向东伸展，前缘有 4 个明显的指状砂坝向湖盆中心伸展。砂岩厚度多为 $40 \sim 60$ m，最大单层厚度可达 30 多米。泾川三角洲呈南西向北东方向延伸，由于该区地层剥蚀严重，三角洲变化趋势不太清楚。环县三角洲只有环 20 井以东的前缘部分，西部已抬升剥蚀殆尽，并呈东西向展布，含砂量比较低，约 40%，粒度较细，以粉细砂岩为主。北岸的天池三角洲与盐池 - 定边三角洲已浑然一体，组成一个盆地西北大平原 - 沼泽区，以湖沼相、辫状河和平原分流河道为主体。河道砂体单层最厚可达 60 多米，呈南北向展布，向南可伸入浅湖区，由于其频繁改道、游移叠加，因此也可形成大面积的厚砂岩层。只可惜物性普遍较差，但向西北、北部源区方向，由于成分中石英含量较高，具有较强的抗压实能力，因此也能形成局部好的储集砂体。

长 3 期整个东北部已成为一个大的平原 - 沼泽区，只是来自榆林—横山方向的一支北东—南西方向的强大物源一直向西南穿过吴起延伸至华池地区，形成了吴起 - 华池三角洲。整个东北地区以辫状河和分流河道沉积为主，砂体基本上都呈长条状南北伸展，以长石粉细砂岩夹泥岩沉积为主。值得强调的是，由于物源经过长途搬运，分选良好，加之长时间多期叠合沉积，吴起 - 华池三角洲形成了巨厚的三角洲砂体，从而构成该区良好的储油层系。延安三角洲较为发育，向西经过永宁一直延伸至南梁地区，同时在永宁西南的一支可延伸到葫芦河、固城川地区进入深湖区形成浊积扇体。尤其是延安—永宁—南梁地区的砂地比可达 70% 以上，砂体单层厚度局部有 40 余米，个别地区应该具有良好的储层砂体。甘泉三角洲、富县三角洲、黄陵三角洲及铜川三角洲呈东西向展布，规模较长 6 时期的小。富县三角洲的面积较大，砂厚可达 40 m，主要是长石粉细砂岩，物性普遍较差。相对而言，甘泉三角洲物性较好。

5.3.1.8 长 2 沉积期

长 2 沉积期，由于盆地强烈的后期抬升剥蚀作用，地层仅在湖盆内及南部部分地区有所保留，西南部剥蚀殆尽，西北部受蒙陕、宁陕等侏罗纪古河道的侵蚀，地层也保留不全。湖盆的收缩速度加剧，湖岸线进一步向盆内推移，整个盆地缺乏深湖亚相，浅湖也是局部残存，河流和三角洲平原成为这一时期沉积相发育的重要特征（图 5 - 17）。

鄂尔多斯盆地长 2 油层组沉积时，由于整个盆地构造抬升，湖盆收缩加剧，浩瀚湖泊已支离破碎。只有北部保存完整，原先的三角洲已完全冲积平原化。西缘、西南缘剥蚀殆尽，东缘也有不同程度的剥蚀。总的来说，整个盆地缺乏深湖亚相，浅湖也只在环县—华池—太白—黄深 1 井一线以南残存。西缘目前只在环县地区可以看到一个向东推进较远的冲积扇扇端沉积，主体砂岩厚 $10 \sim 20$ m，由于该扇体长期继承性发育在深湖相边缘，以石英长石中砂岩为主，故可成为有利的储油相带。湖盆西北部

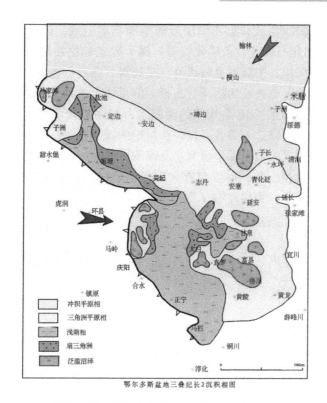

鄂尔多斯盆地三叠纪长2沉积相图

图 5－17　鄂尔多斯盆地三叠纪长 2 沉积相

到安边地区与长 3 时期的相似，只是平原沼泽化进一步加强，以辫状河沉积为主，砂岩厚达 60～100 m，基本上无泥岩夹层，见大型板状交错层理。河道砂坝十分发育，砂层呈厚层状、块状，多期沉积叠合，有时达到了很大的面积，单层砂厚一般为 20～30 m，个别可达 40 m 以上，以中细粒长石砂岩为主，可成为良好的储油砂体。东北缘至安塞地区基本上是大面积的平原、沼泽区，分流河道十分发育，最强的两支分流河道向西南穿过吴起，然后再向南伸展到华池地区形成华池三角洲，该区的长 2 油层组分流河道主体砂厚可达 40～70 m，单层厚也普遍在 30 m 以上，以巨厚的块状砂岩为主，主要是长石中砂岩，在这一地区均可成为良好的储层。

5.3.1.9　长 1 沉积期

长 1 沉积期，随着盆地基底的倾斜式抬升，整个盆地进一步分化瓦解，在局部地区出现差异沉降，沉积中心和沉降中心迁移至盆地的中部定边—子长一线，在局部地区（如姬塬、子长等地）形成了内陆闭塞湖泊。盆地内大面积沼泽化，广泛发育煤层或煤线，其中包括著名的瓦窑堡煤系。由于后期的侵蚀及季节性洪水冲刷，盆地地层残缺不全。长 1 油层组由于后期强烈的剥蚀作用，变得残缺不全，厚度变化很大，仅在盆地内部的"古残丘"上有不同程度的保存。

长 1 期由于气候湿润，植物繁茂，加之蚀源区地形平缓，沉积物供给不足，区域普遍大面积沼泽化。这个时候盆地北部冲积平原相更为广布，发育河道砂坝和洪泛平原沼泽沉积，形成了著名的瓦窑堡煤系，从而导致湖盆最后枯竭，结束了延长组的沉

积历史。湖盆中心的浅湖区和长 2 油层组的范围基本一致，浅湖相泥岩沉积厚度为
30～50 m，见植物化石碎片、鱼鳞化石等，属于较差的生油层。在靖边—延长一线
以北为冲积平原相沉积，主要发育辫状河、曲流河、泛滥盆地及沼泽。沿子洲—永坪
—延长一线的东部地区有狭长的沼泽分布带。值得注意的是，在子长—横山地区，不
仅见到薄层油页岩，而且有 10 余米厚的浊积岩，粒序层理、槽模、冲刷模等典型浊
积岩构造均可见到，所以这一带曾有过较长时期的深湖相存在，至于范围大小及对这
一地区石油勘探的意义等值得深入研究。马家滩—盐池—定边—吴起—华池—甘泉以
北地区为三角洲平原相沉积，亦发育有大面积沼泽区，局部地区分布有分流河道砂
岩，以长石中砂岩为主，物性较好（图 5-18）。

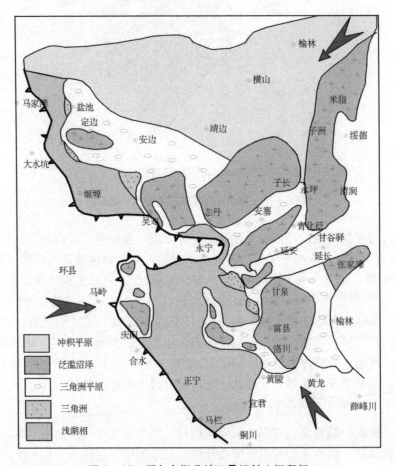

图 5-18 鄂尔多斯盆地三叠纪长 1 沉积相

5.3.2 侏罗纪

侏罗纪的名称来源于瑞士、法国交界的侏罗山，由德国学者亚历山大·冯·洪堡
于 1795 年最早使用"侏罗灰岩"演绎而来。侏罗纪（图 5-19）开始于 2.05 亿年

前，结束于 1.35 亿年前，延续了 7000 万年。1837 年，德国岩石学家利奥波特·冯·布赫将德国南部的侏罗系分为下、中、上三部分。1843 年，F. A. 昆斯泰德则将下部黑色泥灰岩称为黑侏罗，将中部棕色含铁灰岩称为棕侏罗，将上部白色泥灰岩称为白侏罗。该纪三分，分别用早侏罗世（J_1）、中侏罗世（J_2）、晚侏罗世（J_3）表示。侏罗纪时期发生过一些明显的地质、生物事件。最大的海侵事件发生于晚侏罗世，与联合古陆分裂和新海洋扩张速率增强事件相吻合。环太平洋带的内华达运动也发生于该时期，这显示联合古陆增强分裂与古太平洋板块加速俯冲事件之间可能存在着某种联系。晚侏罗世，海生动物中出现特提斯大区和北方大区的明显分开，反映了古气候分带和古地理隔离程度的加强。中侏罗世末的降温事件在欧亚大陆许多地方均有反映。在波兰、西班牙的中、上侏罗统中发现了地内罕见的铱、锇异常，有人认为是地外小星体撞击地球的结果。

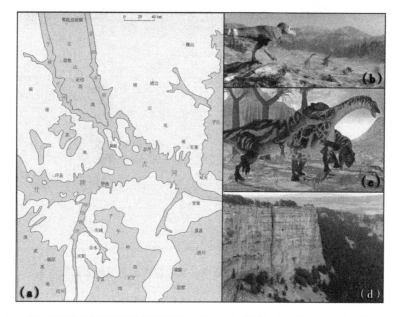

（a）鄂尔多斯盆地侏罗纪富县期沉积相；（b）—（c）侏罗纪古环境；（d）瑞士侏罗山。

图 5-19　侏罗纪

侏罗纪和白垩纪为燕山构造阶段，燕山构造运动命名源于北京北部的燕山地区。该运动对我国的地史发展影响深远。其主要地史特征归纳为四点：一是强烈的构造-岩浆活动的时期，形成了著名的环太平洋火环，故有人把这一时期称为环太平洋构造阶段。我国大兴安岭—太行山—武陵山一线以东地区受该运动的影响，形成了北东-北北东向华夏和新华夏构造体系（如松辽—华北—江汉—北部湾盆地等），致使华北和华南板块 Z-T 盖层全部发生褶皱，J-K 内部形成了多次不整合（地台活化）。二是多种内生金属矿产（铜、铁、钨、锡、钼、铅、锌等）和石油、天然气及煤形成的重要时期。三是爬行动物或恐龙的时代（占据了海、陆、空各个领域）。四是以内陆河湖相沉积为主的时期，除福建和广东沿海、喜山等局部地区仍遭受海侵以外，海水已全部退出我国，中国古大陆已基本形成。

5.3.2.1 鄂尔多斯盆地沉积演化

侏罗系是在晚三叠纪的印支运动之后，鄂尔多斯盆地由从大华北盆地分离后形成的碎屑岩建造，自下而上分别为富县组、延安组、直罗组、安定组、芬芳河组。延安组（图5-20）在区域上可以与豫西的义马组上部、山西的大同组、阿拉善地区的青土井群下部、阴山地区的石拐群召沟组大致对应。

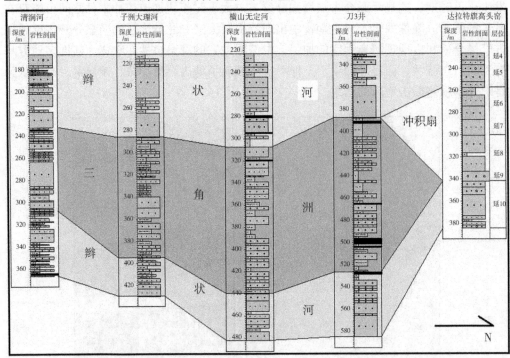

图5-20 鄂尔多斯盆地清涧河—达拉特旗延安组剖面沉积体系

1）富县期。

三叠系末期，受印支期构造运动的影响，盆地隆升，上三叠系延长组地层遭受不同程度的剥蚀及河谷的下切作用，产生了高地、低山丘陵、深切河谷及洼陷等多种古地貌形态。盆地总体呈现出了西高（盐池—镇原）、中陷（吴起—华池）、东缓（靖边—富县）的古地貌特征。富县期古地貌高地有盐池、定边、姬塬、演武、子午岭等，各个高地间被河谷下切形成干流和支流河谷，主要有甘陕、宁陕、蒙陕、晋陕及庆西古河等。其中，甘陕河谷为主河谷，其他河谷都与之交汇。由于河谷切割深度及河谷宽度不同，河谷两岸部分的坡度不同，如甘陕河谷是北陡南缓，宁陕河谷是北缓南陡。低山丘陵地貌也是由甘陕、宁陕、蒙陕等水系侵蚀切割而成的，地形相对高差可达100～200 m，在吴起、华池、马岭等地区被水系分割成演武、子午岭、姬塬、靖边等低山丘陵区［图5-19(a)］。

洼陷区主要位于深切河谷、河流的交汇区，如吴起、安塞、甘泉等地区。早侏罗世富县期就是在这种古地貌背景下填平补齐式沉积的，地层厚度、岩性直接受古地貌的控制。其特点是，在深切河谷的交汇区，充填的富县组地层厚，最厚可达 130 m，如在吴起—志丹—安塞一带沉积了岩性较粗的砂砾岩；而在丘陵区则沉积了较薄的泥岩、粉砂岩。富县期末期，有一次短暂的抬升，虽然随后发生的延安期早期的沉积基本上继承了富县期的古地貌轮廓，但沉积范围快速扩大，高地显著缩小，河谷变宽，特别是甘陕古河的深切河谷位置、河谷两岸的部分坡度均有变化。例如，甘陕主河谷在马岭、华池、城壕地区的谷坡比北坡环县—元城要陡；宁陕河谷在油房庄—王洼子地区的东坡比西坡要陡；东部仍然是谷地开阔、河道蜿蜒曲折的冲积平原地貌。

　　2）延安期。

　　在鄂尔多斯盆地，侏罗纪富县期和延安期为沉积盆地发展的顶峰时期，经历了完整的由填补、区域沉降–沉积到缓慢抬升的演化过程和 3 个阶段，相应的沉积体系也划分为富县期至延 10 期的冲积扇–河流沉积体系、延 9 期至延 6 期的三角洲–湖泊沉积体系，以及延 4＋5 期的由河流回春和盆地抬升形成的交织河–湖泊沉积体系。

　　在不同发展阶段、不同地区及不同沉积体系中，由于盆地周边构造、沉积物供应及盆地自身发展的不平衡性，盆地又可相应地分为若干期，即富县期和延 10 期为构造抬升期，出现河谷下切和河谷超覆允填；由于构造沉降，延 9 期为河湖过渡期、湖侵最大期；延 8 期为构造局部抬升、盆地开始填平补齐期，湖泊开始充填淤浅；延 7 期至延 6 期构造活动较稳定，盆地补偿沉积；延 4＋5 期构造再次抬升，河流回春，沉积作用为超补偿沉积，湖泊被淤塞，形成残余湖泊。

　　（1）延 10 期。富县期后，整个盆地曾有短暂的抬升，造成了富县组与延 10 之间的侵蚀间断关系。延 10 期的沉积面貌大体上继承了富县期冲积扇–河流沉积体系的特点。延 10 期为盆地中侏罗世主要的填平补齐期，盆地西缘的构造抬升较富县期趋缓，沉积区面积增大。此时的古地貌高地有盆地南缘的演武高地、子午岭高地，东缘的古峰庄高地、姬塬高地，五条水系仍然存在，但河谷宽度扩大（图 5－21）。前期的高地则进一步缩小，靖边高地已不存在，形成了更为广泛的低弯度河流沉积体系，尤以近东西向的甘陕河道更为突出，形成了横贯盆地、宽达数十千米的宽阔河谷，其他水系则分别汇入其中。在五条水系中，甘陕、庆西、宁陕和蒙陕河道为低弯度砾砂质河道，河道中砂砾岩沉积厚度大，纵向上一般见两个由含砾粗砂岩到泥岩的正韵律旋回，表明河道经历了两次迁移。河道两侧均有宽阔的边滩、沼泽、河漫滩和泛滥平原等微相沉积发育，其顶部广泛发育煤层。东北部的晋陕河道为网状砂质河道，河道层序中无砾质河床滞留沉积，河流下切作用弱，沉积物以中细粒砂、粉砂和泥岩为主，网状砂质河道之间有牛轭湖、河漫滩、洪泛湖及决口扇等微相，其粉砂岩的累积厚度大，层数多。在吴起—延安一带，甘陕主河道由于有四条水系交汇而变得宽广，宽达数十千米。延 10 期，古地形虽然经历富县组的沉积充填成为冲积平原，但彼此切割叠置成巨厚砂体，这反映了当时坡降仍然较大，河流流量变化快，所以地层厚度变化也较大。

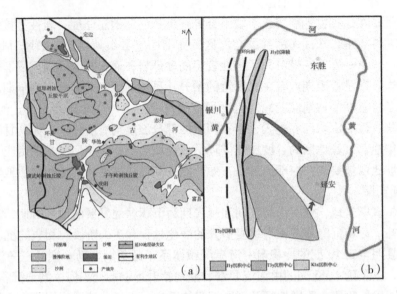

图 5-21　鄂尔多斯盆地侏罗纪延 10 期沉积相及沉积中心迁移特征

（2）延9期。延10期沉积之后，气候已转为温湿型，地形已较为平坦，河流搬运的悬移物质增多，河道趋于稳定，主河道流向仍然以自西向东为主。盆地中部及东南部受断裂作用的影响，相对沉降幅度较大，盆地内积水形成湖泊，湖水面积比较大，盆地内高地、残丘等地形消失，盆地普遍接受河湖三角洲沉积。盆地四周水系注入湖泊，形成多源河湖三角洲，河湖三角洲的面貌具有大三角洲平原、中三角洲前缘和小前三角洲的特点（图5-22）。延9期盆地内主要发育河流、三角洲和湖泊沉积体系，原五条河道均演变为三角洲平原或前缘的网状砂质分流河道，分别形成大小不同的三角洲，主要三角洲包括近东西向的西峰－庆阳三角洲、环县－华池三角洲，近南北向的定边－吴起三角洲、靖边－安塞三角洲及延安三角洲等。浅湖区位置主要在盆地东南部的延安、安塞、志丹、吴起、华池、庆阳、合水、富县等地区。延9期为河湖－三角洲体系发育的早期，其后的延安期各阶段基本继承了延9期的古地理特征。但由于盆地周边的构造环境演化特征不一，盆地内沉积体系也相应地发生着变化，主要表现为：在延9期之后，三角洲平原及前缘位置不断向湖区推进，湖泊面积缩小；在三角洲平原区，西南部广泛发育平原沼泽煤系，河道范围减小，砂体变薄。

（3）延8期。延8期与延9期大致相同，三角洲前缘已退到吴起附近，原姬塬高地、演武高地全部被泛滥平原或平原沼泽覆盖。延8期盆地内发育着河流、三角洲和浅湖沉积，浅湖相的分布范围已退至延安—志丹—华池—富县一带。与延9期相似，围绕浅湖相发育着西峰—庆阳三角洲、环县—华池三角洲、定边－吴起三角洲、靖边－安塞三角洲及延安三角洲等。延8期的特点是三角洲平原扩大、前缘逐渐缩小，并不断地向盆地中心推进，近东西向的西峰－庆阳三角洲、环县－华池三角洲水下分流河道不断地向前延伸，而且由于前缘的不断废弃和建设，曲折的湖湾已经逐渐消失。这个时期的前缘推进以定边－吴起三角洲最明显，但是平原边界没有明显变化，南部已经出现水下分流河道沉积，表明其前缘位置已经明显北移，西部的前缘推进速

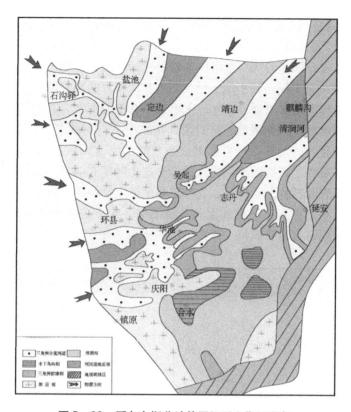

图5-22　鄂尔多斯盆地侏罗纪延9期沉积相

度要缓慢一些，但平原上的沼泽仍较发育。延8期分流河道层序具单旋回正韵律的特征，三角洲平原水上分流河道两侧低凹处发育分流间洼地，姬塬地区已为广阔的泛滥平原沉积所覆盖。

（4）延7期。延7期和延6期是盆地发育的稳定充填期。沉积体系发育的主要特点是三角洲平原部分的范围明显扩大，但河流作用减弱，含煤沼泽广泛发育，是主要的煤时期，而三角洲前缘不发育，推进速度慢，部分有所收缩，如环县-华池三角洲和西峰-庆阳三角洲前缘已经退缩到华池、庆阳附近，定边-吴起三角洲和靖边-安塞三角洲前缘河道分汊不发育，西北方向来源的河流入湖后，向湖延伸仍有明显分叉作用，前缘部分的河口砂坝相对比水下分流河道发育。浅湖相无大的变化，分布范围略比延8期的缩小，由于三角洲产生进积，明显向湖泊中心推进，反映出湖泊开始萎缩。延7期盆地内部三角洲平原发育，因此这一时期三角洲平原上的沼泽非常发育，这就为成煤提供了有利的沉积环境。这时期三角洲前缘的沉积范围比较小，主要发育水下分流河道和分流间湾两种微相［图5-23（a）］。

（5）延6期。延6期的沉积面貌基本继承了延7期的，岩相古地理展布格局变化不大，仍然是广阔的三角洲平原上网状砂质河道纵横交汇，在环县—姬塬一带河道间有广阔的平原沼泽，镇原—合水一带为泛滥平原，而在定边一带河流已开始改道形成牛轭湖。三角洲前缘亚相有河流延伸入湖形成水下分流河道，以指状砂体为主。延

6 期的三角洲前缘比延 7 期向湖延伸更远，表明延 6 期湖泊的淤浅程度更大，浅湖相的分布范围比延 7 期的缩小。延 6 期的三角洲平原上沼泽亦非常发育，盆地内广泛沉积了一套煤层，延 6 顶部的煤层也可作为辅助的标志层进行地层划分。

（6）延 4 期 + 延 5 期。延 4 期 + 延 5 期是盆地发育的萎缩阶段。沉积作用的主要特点是河流沉积作用再次增强，在平原上形成了交错的河网，在河湖边界部分，水下分流河道也十分发育，延伸很远，使湖区日益减小，完全被水下分流河道包围分割，残缺不全。在湖盆中，尤其以来自西部、西北部的河流形成的水下分流河道最为发育，延伸最远，反映了盆地西缘的构造活动在这个时期有明显加强的趋势。延 4 期 + 延 5 期主要为河流回春的沉积特征，其特点是平原上交织河的河道变宽，沼泽平原也相对发育。残余湖内有水下分流河道及分流间湾，水下分流河道可贯穿整个残余湖盆，形成这个时期特有的交织河 – 残余湖沉积体系［图 5 – 23(b)］。

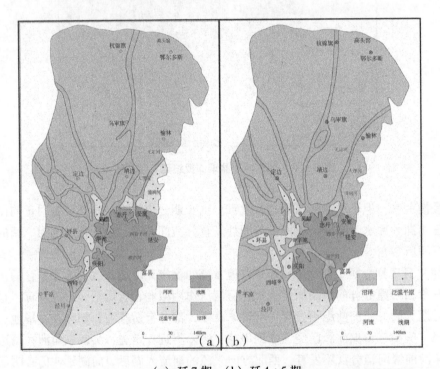

（a）延 7 期；（b）延 4 + 5 期。

图 5 – 23 鄂尔多斯盆地延 7 期和延 4 + 5 期岩相古地理

（7）鄂尔多斯盆地的原始盆地边界。延 3 期至延 1 期，鄂尔多斯盆地仅在东部露头和西缘山前盆地中沉积有河流相砂、泥岩及煤层，绝大部分地区为直罗组所覆盖，由于分布很少，这里不做讨论。鄂尔多斯盆地在延安组沉积期的原始沉积边界大致为：向东跨过黄河和晋西挠褶带，在今太行山脉以西，原始含煤沉积曾广泛超覆至豫西北及山西西部地区，包括大同、宁武、义马和济源盆地。西北边界为贺兰山西侧的贺兰山西缘断裂带，沉积区包括汝箕沟及新井子盆地；西南边界为六盘山西侧的六盘山西缘断裂带，河西走廊盆地与鄂尔多斯盆地可能存在一定的联系。北部边界位于黄河断裂以南的乌兰格尔—罕台川一线，即伊盟隆起的北部一带，石拐盆地不属于同一原始沉积盆地。南部边界大致位于陇县—千阳—麟游—彬县—旬邑—宜君一线，即渭河断陷盆地以北（图 5 - 24）。根据边缘相的分布和今盆地延安组沉积体系的展布样式推测，盆地沉积中心为延安、延长和延川一带，从盆地周缘向湖盆中心大致有 5 个方向的物源区供给，即原始盆地东部的太行山隆起、北部的伊盟隆起、西北部的阿拉善古陆、西南部的陇西古陆、南部和东南部的秦岭造山带。原始盆地沉积范围幅员辽阔，其沉积面积约是今残留盆地的 2 倍。

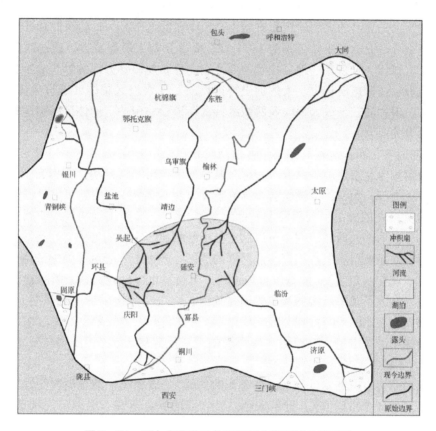

图 5 - 24　鄂尔多斯盆地侏罗纪延安期原始盆地面貌

3）直罗 - 安定期。

自早二叠世开始的前期南北分带、东西展布的古地理格局一直持续到晚三叠世，随后逐步开始发生转变；至侏罗纪直罗 - 安定期，盆地古构造格局的特征已完全呈现为东西分带、南北展布。此时，盆地东部已隆起为陆，西部仍为河湖环境，地势由东向西逐步降低。

5.3.2.2　古中国大陆东部火山活动带侏罗纪地史特征

本区北起黑龙江畔，南抵海南岛，全长 3000 多千米，宽 300 ~ 800 km，是中生代环太平洋沿海火山活动带的一部分。本区在早、中侏罗世普遍发育含煤沉积，中晚期以强烈火山喷发、岩浆侵入和构造变动为特征。

1）辽西侏罗系综合剖面。

辽西地区在岩性组合上可归纳为 3 次火山喷发期－宁静期沉积旋回，相互都有重要的不整合面分隔（属燕．Ⅰ），可划分出 3 个群。北票群和南岭群都有 *Coniopteris-Phoenicopsis* 植物群，其时代可定为早侏罗世至中侏罗世。据蓝旗组的火山岩年龄及下部所产的 *Euestheria ziliujingensis*，可将其归入中侏罗世；土城子组上部产原始的鹦鹉嘴龙类朝阳龙（*Chaoyangosaurus*）和叶肢介——尼斯托叶肢介（*Nestoria*），有人主张其属晚侏罗世，但下部假线叶肢介动物群应属中侏罗世晚期，上部是否跨入晚侏罗世尚待查明。义县组的火山岩沉积夹层中含极丰富的 E.－E.－L 动物群和孔子鸟、中华龙鸟等化石，火山岩年龄范围为 140—128 Ma，暂归入晚侏罗世。通过对上述 3 个群的火山岩特征、沉积相、地层接触关系及空间分布规律等方面的综合分析，可以恢复其古地理、古构造演化史。上述地史特征反映了辽西地区总体处于挤压构造背景，显然和古中国大陆东缘古太平洋及西南缘特提斯洋板块俯冲、地体拼贴引起的地壳应力场背景有关。

2）横向变化和古地理（东部地区由南向北）。

燕山西段为北京西山至张家口一带，其地层系统可与辽西相比。相当于北票群的含煤地层称为门头沟群，下部也有辉绿岩喷发（南大岭组），相当于南岭群蓝旗组下部（海房沟段）的火山－沉积岩系（称为九龙山组），髫髻山组相当于蓝旗组的火山岩主体部分。上部的后城组完全可以和土城子组相比，它们的特殊岩性是划分复杂火山岩系的有效标志层。但在相当于热河群的底部，多出了一套巨厚的中酸性火山喷发岩（白旗组和张家口组）。晚侏罗世的强烈火山喷发也出现在大兴安岭、松辽盆地和阴山地区，形成了规模巨大的兴安火山盆地区，在松辽盆地以东也有同期火山活动，但强度减弱。在北纬 43°以北地区，火山岩系往往夹有可采煤层。黑龙江东部鸡西地区仅见晚侏罗世滴道组，该组由夹薄煤层的凝灰质碎屑岩和安山岩组成，厚度仅为 300 m，大体相当于义县组层位。

更东的完达山虎林龙爪沟地区（那丹哈达岭），侏罗纪中期至白垩纪发育海陆交互相含煤沉积（龙爪沟群），近年来经过多方面的综合研究，取得了一批重要成果。该群下部产 *Coniopteris-Phoenicopsis* 植物群；火山岩中获 173.8—167.3 Ma（钾氩年龄），应属于中侏罗世。裴德组顶部海相层中产菊石化石，该群中部的云山组为海陆交互相细碎屑岩，含薄煤层，产海相双壳类等化石。菊石化石被分别鉴定为中侏罗世晚期的北极头盔菊石（*Arctocephalites*）或早白垩世中期至晚白垩世的属种（*Kennicottia* 等）；双壳类化石被分别鉴定为晚侏罗世至早白垩世早期的雏蛤（*Buchia*）或早白垩世中晚期至晚白垩世初期的小小鸟蛤（*Aucellina*）。晚侏罗世海相地层和雏蛤（*Buchia*）演化系列发现于乌苏里江畔的虎饶东安镇地区，证明北方区海侵来自东北方向，向西可波及三江平原的绥滨一带。

东南地区侏罗纪早期也普遍存在成煤环境。早侏罗世早期，在香港、广东、湘南一带出现正常浅海环境；里阿斯期海生动物群中有不少是世界广布分子，说明当时海侵沟通了新特提斯与滨太平洋地区。稍北至湘赣和桂东地区仅见以祁阳蚌（*Qiyang-*

ia）和醴陵蛤（*Lilingella*）为代表的淡化海湾半咸水动物群。更北的赣北、苏皖等地区仅含西伯利亚蚌（*Sibireconcha*）等淡水双壳类的陆相含煤沉积，反映出古地理面貌在空间上有规律的变化。中侏罗世起，东南地区完全脱离了海水的影响，开始出现中生代最老的红色沉积，不再形成可采煤层。

东南沿海地区，晚侏罗世也有强烈的地壳运动和火山活动，浙江的建德群、福建的兜岭群可为典型代表。以浙西建德、兰溪地区为例，建德群下部劳村组以酸性火山岩、凝灰岩夹凝灰质砂岩、页岩为主，底部常见凝灰砾岩，也广泛超覆在不同层位之上，含有叶肢介（*Eosestheria*）等化石，厚约 2000 m；随后的黄尖组，火山喷发相对宁静，为暗色、紫红色凝灰质砂岩夹硅质岩条带和纸状页岩，常见昆虫、叶肢介和鱼等湖生生物组合，厚近 1000 m。

5.3.2.3　古中国大陆西部大型盆地侏罗纪地史特征

本区包括大兴安岭—太行山—武陵山以西的侏罗纪广大内陆区，其地史经历和东部火山活动带有重要区别。在古秦岭以南有川滇盆地，可以川中泸州剖面为代表。自流井组以紫色砂岩、泥岩为主，夹杂色层及多层介壳泥灰岩，底部还有薄煤层、赤铁矿、菱铁矿和黏土层，厚度大于 400 m，产禄丰龙动物群和大量淡水双壳类化石，时代为早侏罗世。新田沟组和沙溪庙组为紫红色泥岩夹砂岩，厚度大于 1500 m，产自流井真叶肢介（*Euestheria ziliujingensis*）、裸珠蚌（*Psilunio*）和始丽蚌（*Eolamprotula*）等，属中侏罗世。遂宁组以颜色鲜艳的棕红色泥岩为主，普遍含钙质，厚约 200 m，产萨雷提缅达尔文介（*Darwinula sarytirmenensis*）和赵氏裸珠蚌（*Psilunio chaoi*）等。蓬莱镇组以棕红、棕紫色泥岩和砂岩为主，上部偶夹灰绿色泥灰岩，厚 600 m 左右。根据所产化石，遂宁组和蓬莱镇组均归入晚侏罗世。在古秦岭以北地区，鄂尔多斯、河西走廊、柴达木、准噶尔盆地的地史特征与川滇盆地有一定差异，早侏罗世至中侏罗世早期发育重要的含煤沉积，其与华北、东北同属温带潮湿气候带，近年发现早侏罗世晚期存在气候变热事件。

5.3.2.4　青藏地区海相侏罗系地史特征

青藏高原侏罗纪的发展史以班公错—双湖—怒江海域消减带的逐步闭合消失和雅鲁藏布江带新特提斯洋壳海域的进一步扩张为主要特征（以前多为浅海）。可以青藏高原南缘雅鲁藏布江以北的冈底斯地块聂拉木剖面为代表：下统，普普嘎组代表陆棚浅海环境；中统，聂聂雄拉组、拉弄拉组和门布组下部代表滨浅海环境；上统，包括门布组上部和休莫组，既有生物礁等浅水层位，又有代表大陆坡环境的菊石相深水沉积。雅鲁藏布江南岸的江孜、拉孜一带，侏罗系发育完整，以杂砂岩、黑色页岩、放射虫硅质岩和基性火山岩为主，常见复理石韵律或滑塌岩块，代表印度板块北缘被动大陆边缘自陆棚下部－陆坡－深海洋盆的沉积记录。

在班公错－怒江带的东巧地区，已发现侏罗纪蛇绿岩套，其上被晚侏罗世拉贡塘组的底砾岩不整合覆盖。这说明由于冈底斯地块向北拼合增生于古亚洲大陆南侧，班公错－怒江小洋盆自晚侏罗世起已经转化为地壳叠接缝合带。古亚洲大陆南缘直达以雅鲁藏布江带为代表的新特提斯洋北岸。班公错－怒江带北侧的羌塘－唐古拉地区在印支运动后已经成为古亚洲大陆的一部分，中侏罗世发育巨厚海相至海陆交互相沉积，陆相夹层所产始丽蚌淡水双壳动物群已与华南、西北地区一致。

5.3.2.5 中国侏罗纪矿产资源

（1）煤、石油和天然气。中国北方早侏罗世、中侏罗世是重要的聚煤期，其规模仅次于石炭纪、二叠纪。山西大同、京西门头沟、辽宁北票、鄂尔多斯盆地的神府和东胜等都是著名的煤田。从全球范围看，侏罗系是最重要的含油气层位之一，我国近年在北疆吐哈、三塘湖和准噶尔盆地中已获得陆相侏罗系工业油流。

（2）膏岩、含铜及含铀砂岩。干旱气候带中的膏盐沉积见于三江带早侏罗世红层。川滇盆地中、晚侏罗世的半干旱气候带内的沉积物中，存在含铜、含铀砂岩。环太平洋带的强烈构造－岩浆活动，为一系列内生金属矿产的形成提供了有利条件。以铜、铁、铝、锌、钨、锡为主的太平洋金属成矿带外带，其主体部分即在侏罗纪时形成。

5.3.3 白垩纪

白垩一名源于西欧，在西欧广泛形成了白垩质沉积物，并在英吉利海峡两岸构成了白色断崖，故而得名。白垩纪开始于 135 Ma，结束于 65 Ma，共延续了 70 Ma。白垩纪通用二分法，用 K_1 和 K_2 表示。本纪是中生代的最后一个纪，其地史主要特征可归纳为三点。一是生物界发生重大变革的时期，许多生物在末期灭绝。二是地壳活动强烈的时期，发生了大规模的大陆漂移。南美、北美与欧洲、非洲分裂，大西洋已经扩张，新特提斯洋逐步萎缩，冈瓦纳大陆首先解体，非洲与欧洲逐渐接近（地中海已成为残留海），环太平洋带与侏罗纪相似，地壳运动活跃，岩浆活动不止。三是重要的油、气、煤的聚集时期。

5.3.3.1 古中国大陆东部火山活动带白垩纪地史特征

中国白垩纪古地理总体格局与侏罗纪相似。大兴安岭—太行山—武陵山一线东侧的岩浆活动较晚侏罗世相对减弱，空间分布更向东移。白垩纪中、晚期出现了北北东方向的松辽、华北、江汉等重要含油盆地。此线西侧的大型稳定盆地自白垩纪起趋向萎缩。

本带在早白垩世晚期（约110 Ma）发生过重要构造事件，导致沉积盆地构造格局变迁和标准剖面发育地点易位，称为燕山运动Ⅱ。辽西、松辽白垩系剖面及其分析如下：

（1）辽西地区的早白垩世地层（由阜新、朝阳和建昌等建立的综合剖面）。由于110 Ma受燕山运动Ⅱ的影响，早白垩世早期（135—110 Ma）和早白垩世晚期至晚白垩世（110—65 Ma）两个阶段的地层发育特征不同。九佛堂组的中国鸟（*Sinornis*）已属白垩纪类型，介形类、孢粉等也指示属早白垩世早期。昆虫动物群中大型三尾类蜉蝣数量明显减少，被小型莱阳中蜉代替而成为优势种，反映了白垩纪初的气候变凉事件。沙海组下部，手取日本蚌、横滨手取蚬的出现，可与日本凡兰吟期地层相当。

沙海－阜新组，聚煤环境的出现和克拉梭粉含量的逐渐下降，都指示古气候向潮湿温凉的方向发展，在阜新组下部达到高峰期。磁性地层学研究显示阜新组内部存在有正负频繁交替的混合极性期和正极性静磁期之间的钼负极性事件，与生物地层学研究成果一致。孙家湾组归属于早白垩世晚期。

（2）松辽盆地的白垩纪地层松花江群。燕山运动Ⅱ引起了中国东部古地理格局的重要变化，自早白垩世晚期起新的大型坳陷盆地转移到北北东向的松辽盆地一带，形成了我国目前最重要的含油岩系——松花江群。松花江群下伏的早白垩世含煤地层，在地层序列、化石组合和磁性地层等方面都可与辽西地区相比。泉头组的孢粉组合指示早白垩世晚期阿尔布期层位，红层和大量喜干热型孢粉 *Classopollis* 出现。从青山口组开始，湖盆水体突然变深，*Classopollis* 等喜干热型孢粉含量明显下降、"海泛"动物化石出现。嫩江组的"海泛"层位可以对应坎潘期的全球性高海平面大海侵。明水组顶部温度下降及生物群特征反映了白垩纪末期的地质事件（铱异常）。

5.3.3.2　横向变化及古地理

东北、内蒙古早白垩世重要聚煤带是温暖潮湿气候带的典型代表，松花江群代表半潮湿气候下的油气形成带。华北－苏北盆地以红色及杂色湖泊相沉积为主，夹有火山岩，当时处于干湿过渡气候带。秦岭以南气候干燥，以红色含膏盐盆地为其特色。粤北南雄盆地，从晚白垩世开始发育，以红色河湖环境粗碎屑沉积为主，富产恐龙蛋化石。早白垩世的火山－岩浆活动带已转移到郯（城）—庐（江）断裂以东的东北东部、山东半岛至东南沿海地区。以松辽、华北、江汉盆地为代表的白垩纪中晚期坳陷盆地带呈北北东方向展布，其中火山活动微弱。松辽、华北、江汉盆地以东的浙东丽水群（发现大量成窝恐龙蛋化石）仍含相当数量的火山喷发物，而闽东的相当层位（石帽山群）则以火山岩为主。燕山运动Ⅱ造成浙东丽水群下部馆头组与下伏磨石山组等之间的角度不整合接触，并引起沉积范围的转移。与晚白垩世叶肢介共生的火山岩仅见于丽水—海丰断裂以东的浙闽滨海狭窄地带。白垩纪后期的晚期燕山运动导致丽水群及其相当地层遭受褶皱变形，并在白垩纪末期发生抬升而转化为剥蚀区。

5.3.3.3　古中国大陆西部内陆盆地白垩纪地史特征

本区包括大兴安岭—太行山—武陵山以西的广大内陆区，又可进一步以贺兰山—龙门山—横断山一线为界：之东为一系列北东－北北东向大型内陆盆地；之西为北西西向大中型内陆盆地，一般都蕴藏油气资源。

（1）滇中盆地剖面。高峰寺组代表河流滨湖沉积，属早白垩世早期。普昌河组以湖泊沉积为主，属早白垩世晚期。马头山组底部常以砾岩平行不整合覆于下统或更老地层之上，归为晚白垩世早期，以河流沉积为主。江底河组以滨、浅湖至咸化湖泊沉积为特征，属晚白垩世。从盆地演化历史看，滇中和四川盆地侏罗纪时连成一整体，自白垩纪起萎缩、分隔。白垩系在川滇地区都以红层为主，夹盐类、含铜砂岩或风成砂岩，代表干旱至半干旱气候条件。四川盆地龙门山前晚白垩世晚期发生过褶皱变形，代表了相对稳定的内陆盆地类型。

（2）秦岭—祁连山以北的广大西北地区。白垩系下统广泛发育红色河湖碎屑沉积，上统分布零星，大部分已转化为剥蚀区。

（3）新疆北部。下统吐谷鲁群属红绿交替的杂色河湖沉积。上统艾里克湖组为灰色砾岩夹褐红色砂质泥岩，透镜体与吐谷鲁群间未见明显间断。

（4）塔里木盆地北缘库车地区。白垩系以陆相红色沉积为主。下统，卡普沙良群以红色为主，夹灰色、绿色岩层；上统，巴什基奇克群为红层。

5.3.3.4 中国白垩纪矿产资源

白垩纪是地史中重要成矿期之一。

（1）煤。东北、内蒙古地区早白垩世早期是著名含煤层位，如辽宁阜新、黑龙江鸡西和鹤岗、内蒙古霍林河等。

（2）油气资源。松辽盆地的松花江群是大庆油田的生油和储油层位。西北塔里木、准噶尔、吐哈、鄂尔多斯等盆地的白垩系中都有油气资源。

（3）膏盐和含铜砂岩。华南干旱-半干旱气候带的晚白垩世红层中（如滇中和衡阳盆地等）有膏盐和含铜砂岩共生产出。塔里木西南缘咸化潟湖中也有膏盐。

5.3.4 燕山运动

燕山运动发生于侏罗纪至白垩纪，命名于河北燕山地区。由于该运动主要影响到太平洋东西两岸地区，故称该时期为环太平洋构造阶段。本次构造运动影响深远且非常强烈，遍及全国，使我国的构造古地理格局发生了巨大变化。在我国东部地区使板块（地台）内部盖层发生褶皱（如华南和华北板块成冰系—三叠系全部褶皱，形成盖层褶皱带）。另外，造成地层间的多次不整合接触关系，形成了北东-北北东向的（华夏及新华夏构造体系）褶皱断裂山地（隆起带）和规模不等的斜列盆地（沉降带），自东向西为：第二隆起带，朝鲜半岛—武夷山（赣闽交界处）褶皱山系；第二沉降带，松辽盆地—华北盆地—江汉盆地—北部湾等，主要形成于 J_3—K；第三隆起带，大兴安岭—山西高原—雪峰山褶皱山系；第三沉降带，呼伦贝尔—巴音和硕盆地—陕甘宁—四川盆地，主要形成于 T_3—J_1。伴随本次运动发生了大规模中酸性火山喷发和岩浆侵入活动，在我国东部地区形成了北东-北北东向分布的火山岩带，即燕山期花岗岩，并形成了铜、铁、锌、钼、铅锌矿等多种内生矿产，沉降带内产有丰富的石油、天然气及煤。从全国范围看，该期岩浆侵入活动早期比晚期强，东部比西部强，南方比北方强，岩体南方比北方大，这反映了太平洋板块向欧亚板块的强烈俯冲。

5.4 新生代

燕山运动后，鄂尔多斯盆地整体抬升，形成了一浅碟形高原，成为鄂尔多斯盆地现代高原地貌的雏形；周边的裂谷系开始发育。喜山运动时鄂尔多斯盆地周围山地迅速上升，周边裂谷发育成熟；第四纪以来，鄂尔多斯盆地主体继续整体抬升，抬升速率以白于山为最，形成了白于山南北两侧完全不同的沉积系统。北部以剥蚀波状高原和大面积风沙堆积景观为特征，而南部普遍接受了厚层的黄土堆积。中、晚更新世河流的侵蚀作用加强，由于抬升强度的不同，形成现今自北向南的由黄土峁、黄土梁、黄土塬和沟壑组合而成的黄土高原地貌景观。

5.4.1　新生代总体特征

新生代地史特征主要包括以下三点：一是地球岩石圈构造演化发生重大变动，印度板块与古亚洲板块拼合，新特提斯洋消失，青藏高原急剧隆升且构造活动较为频繁，地质运动至今仍然活跃，多次发生大地震（图 5-25）。古太平洋板块运动方向改变（以前为北北西，第三纪开始向近北方向运动），古亚洲大陆东缘形成现代的沟-弧-盆体系，大陆内部弧后或内陆裂谷活跃。二是古气候发生显著变化的时代。早第三纪继承了晚白垩世的特点，成为横贯亚洲的干旱气候带。晚第三纪以温暖气候为主，但后期逐步向寒冷过渡，最终进入第四纪冰期。三是被子植物和哺乳动物的时代，第四纪可称为人类的时代和冰川的时代。

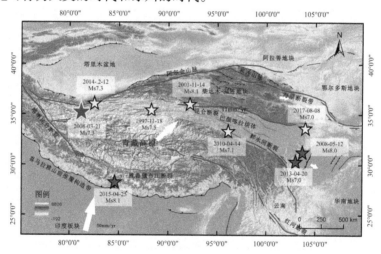

图 5-25　近 20 年青藏高原发生的大地震（$M \geqslant 7$）

中国第三纪陆相地层分布广泛，海相沉积限于西藏南部、台湾及塔里木盆地西南缘等局部地区。第三纪中期，由于古印度陆块及太平洋大洋板块对中国大陆的强烈影响，不仅上、下第三系之间普遍存在不整合（喜山运动），两者在沉积、古构造、古地理方面也呈现出明显的差异。中国陆相第三系大致以贺兰山—龙门山一线为界，东、西部两大地区在构造古地理格局、盆地类型、沉积特征及地史发展过程等方面都有显著的差别。

第四纪为地史时期最后一个纪，因与国民经济关系密切，故将其作为一个独立学科即第四纪地质来研究。该纪底界为 164 万年前（存有争议），一直延续到现在。本纪有 4 个突出特征：一是人类活动及文化和生产不断发展的时期，故称为人类的时代（灵生纪）；二是冰川广布的时代，故称为冰川的时代；三是大陆面积增大、新构造运动活跃、地势高差显著的时代；四是沉积类型繁多的时代。在大陆出现的主要是未完全固结成岩的松散堆积。

5.4.2　早第三纪沉积类型及古气候

早第三纪全球古地理格局与现代极为接近，不同的是青藏高原、喜马拉雅山、中亚及欧洲西部为陆表海（图5-26）。中国古大陆东部第三系，除台湾及个别地区有海相沉积外，其他均为陆相沉积。总体特征是：中生代早、中期广泛发育的西部大型盆地区已经上升为晋陕高原和西南高地，主体沉降的大型盆地东移，出现华北盆地和江汉盆地等，更东的沿海隆起带大部分遭受剥蚀，多为小型断陷盆地和零星玄武岩喷发。受构造古地理及气候分带的控制，主要有4种沉积类型。

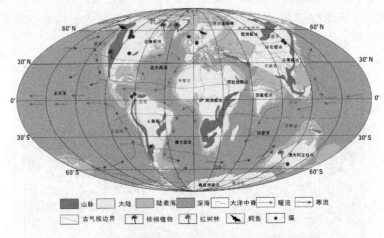

图5-26　早第三纪（58—49 Ma）全球古地理

5.4.2.1　隆起区上的断陷含煤盆地

断陷含煤盆地分布于南、北两个潮湿气候带内，即古阴山—燕山以北和古南岭以南地区。

（1）北带。东北东部隆起地区（郯庐断裂以东），沿北东方向大断裂出现地堑型含煤盆地，可以辽宁抚顺盆地为代表，它是我国重要的煤炭基地之一。第三系抚顺群可进一步分为6个组，以暗色砂岩、页岩为主，煤层位于下部，底部为玄武岩夹煤层及砂页岩；不整合于古老变质岩或下白垩统之上，总厚达1000 m。植物化石丰富，主要产于中部古城子组及计军屯组，属于常绿落叶、阔叶混交林组合面貌，反映了潮湿的亚热带气候，时代为始新世。下部的老虎台组和粟子沟组，据孢粉组合，时代定为古新世。盆地狭长，沿北北东走向延伸很远，横向相变大，玄武岩喷发及盆地形成与张裂作用有关。

（2）南带。古南岭以南的广东茂名、广西百色等地，代表另一种潮湿含煤盆地类型。茂名盆地早期仍处于干旱气候条件下，以红色碎屑沉积为主，局部尚可夹石膏层，中、后期气候明显转为潮湿，出现油页岩及煤层。同时，南宁地区有咸水生物化石，很可能是遭受过海泛影响的内陆盆地。

5.4.2.2　隆起区上的准平原游移河湖盆地

准平原游移河湖盆地主要分布于内蒙古，以四子王旗脑木更剖面最为典型。剖面层序清楚，古新世至渐新世地层发育完整、化石丰富，是我国下第三系重要的剖面之一。剖面根据化石可以详细划分。岩石特征以棕红间夹灰绿色泥质砂质沉积为主，总厚度 200 m 左右，代表处于一定海拔高度且差异升降不明显、地势高差不大的内陆河湖沉积。盆地的位置在不同时期经常发生迁移，造成组与组之间为不整合或假整合接触。就整个下第三系来看，其分布范围仍相当广泛。

5.4.2.3　强烈沉陷的"半地堑型"海泛河湖盆地

海泛河湖盆地发育于古秦岭以北至古阴山—燕山之间的华北地区，早第三纪时处于干湿相间的过渡气候带。在渤海沿岸和冀中、鲁西北一带，当时发生强烈沉降，并向南延伸至豫东，向北达辽宁下辽河一带，形成了大体呈北北东向一系列平行的隆起和半地堑型坳陷。这一沉降河湖盆地目前的主要油田有辽河、大港、任丘、胜利和中原油田。2007 年又发现了唐山油田。下第三系在坳陷区厚度可达 4～5 km，而在隆起区厚度很薄或缺失。华北盆地下第三系不整合覆于中生界之上，缺失古新统，包括3 个组：下部孔店组，产介形类五图真星介等，时代为始新世；中部沙河街组，化石丰富，时代为始新世至渐新世；上部东营组，介形类 80% 是新属。根据东营组与其下沙河街组为连续沉积，其上与上第三系为不整合接触，推测时代为渐新世。

5.4.2.4　断陷型红色膏盐盆地

断陷型红色膏盐盆地发育于古秦岭至古南岭间的中南地区，早第三纪时属于干旱气候条件下的断陷盆地类型。其中，规模较大的江汉盆地（湖北潜江剖面）也出现含有孔虫化石的海泛层位，但盆地内部次级断裂发育，横向变化很大，各坳陷部位是石油和膏盐矿物形成的有利部位（江汉油田）。中南地区出现许多小型红色的断陷盆地（如粤北和南雄盆地），南雄盆地底部上湖组以产古老类型的哺乳动物化石而著名，应为古新世。据哺乳动物组合特征，浓山组时代为晚古新世。丹霞组未得化石，与下伏浓山组为整合接触，推测时代为始新世。中国东部早第三纪时，构造活动性较强，尤其断裂活动，形成了一系列断陷盆地（或盆地内的断裂坳陷）；属南北成煤、中部干旱的明显气候分带。

5.4.3　晚第三纪沉积类型及构造分异

渐新世晚期的喜马拉雅运动对中国东部有显著影响，下第三系受到断裂变动的影响，很多地方有褶皱变形，与上第三系多为不整合接触。晚第三纪在古构造、古地理及气候等方面都有不同程度的变化，主要表现为：一是渤海湾地区裂谷作用已经停止，地壳活动趋于大面积上升或下降，沉积范围普遍扩大；二是干旱气候带在东部消失，晚第三纪后期沿海地区大面积玄武岩喷发是其突出特点；三是上第三系除在广东雷琼海峡两侧为海相沉积以外，其他均为陆相沉积。可区分为以下 4 种不同的沉积类型：

（1）大型沉降河湖盆地。一般较早第三纪盆地断陷作用明显减弱，沉积范围更加广阔，包括松辽盆地和华北盆地等。①松辽盆地（吉林乾安）。第三纪沉积范围扩大到整个松辽平原。主要岩性为暗色碎屑岩夹薄煤层，厚 200 余米。属暖温带气候条件下稳定的大型盆地沉积。②华北盆地（河北黄骅）。上第三系与下第三系为不整合或假整合接触。以浅灰黄、灰绿、棕红色泥砂岩为主，厚度在 1000 m 左右。沉积范围比早第三纪时有所扩大，并向南与苏北盆地相连，已属大型沉降盆地，早第三纪时发育的裂谷作用已经停止。由于发现有孔虫等化石，推测仍遭到海泛的影响。

（2）隆起区上的河湖游移盆地。主要分布于内蒙古地区，其沉积特征与早期第三纪情况相似，但分布范围更广。上第三系包括中新统通古乐组和上新统宝格达乌拉组，以杂色泥砂岩为主，夹含砾粗砂岩或砾岩，含丰富的脊椎动物化石，厚度不大，是一种河湖盆地的沉积。

（3）隆起区上的静水湖泊沉积及土状堆积。主要分布于北部大型沉降盆地两侧的隆起区，包括静水湖泊沉积和土状堆积两种沉积类型。①静水湖泊沉积。以山东临朐一带的中新统山旺组为代表，由泥岩、硅藻土页岩、油页岩、砂砾岩及玄武岩组成，厚度为 70～80 m。其中，硅藻土微细水平层理发育，有"万卷书页岩"之称，保存有大量完好的动、植物化石。以暖温气候带为主，混有部分亚热带植物的气候条件。②土状堆积。主要分布于晋陕地区，为深棕红、鲜红、橘红色黏土沉积，产三趾马及大唇犀等，即过去所谓的"三趾马红土"。它是在高原之上，半干旱且温暖气候条件下的风化产物，主要代表上新世沉积。

（4）隆起区上的断陷含煤盆地。中国南部，晚第三纪以上隆为主，仅发育有小型盆地。滇、桂、粤、闽一带，因为气候已转为潮湿热带至亚热带，所以含煤湖沼泽沉积范围较早第三纪更为宽广。云南开远小龙潭盆地的上第三系剖面可作为代表。中新统小龙潭组由白色黏土夹褐煤组成，上部多泥灰岩，下部多碎屑岩，产利齿猪等，厚 300～400 m。上新统河头组由灰色砂质黏土夹褐煤组成，厚 145 m。显然，这是潮湿气候条件下的湖沼沉积。

5.4.4 鄂尔多斯盆地新生代地貌特征

鄂尔多斯盆地自新生代以来持续的差异升降运动形成了现今中部高原耸立、周边断陷盆地环套、山地围绕的地貌景观。盆地四周多被山地环绕，南是秦岭，北为阴山，东有吕梁山，西为贺兰山—六盘山。按照大的地貌单元划分，可以分为中间的高原、四周的断陷盆地和周缘的山地。高原内部，以东西向展布白于山和南北向展布子午岭两条近于直交的"T"形山系为界，将高原分为北部沙漠高原、南西部陇东黄土高原和南东部陕北黄土高原。在东部吕梁山前黄河贯通的地区有一狭长的南北向的坳陷区，该区贯通了北部的沙漠高原和南部的黄土高原，为小型坳陷盆地。全区按地貌形态可分为沙漠高原、黄土高原、断陷盆地、坳陷盆地和山地四大类。沙漠高原主体分布在白于山以北，为构造剥蚀高原，地势平坦，一般相对高差小于 100 m。区内沙漠主要有毛乌素沙漠和库布齐沙漠。黄土高原主要分布于白于山以南，以子午岭为界可以分为陕北黄土高原和陇东黄土高原。黄土高原地貌按成因和形态又可进一步分为黄土塬、黄土梁、黄土峁。黄土峁主要分布在延安以北的吴起、志丹、安塞、绥德、米脂、子洲等地。黄土梁主要分布在区内黄土高原的西部和西北部及黄土塬的周边，即固原西、彭阳、华池、环县一带，洛川塬的西北及白于山南侧。较完整的黄土塬主要分布在陇东的西峰和陕西的洛川。值得一提的是，黄土高原的峁、梁、塬的地貌分布具有分带性特征，自北向南依次为黄土峁、黄土梁和黄土塬。

5.4.5　喜马拉雅运动

喜马拉雅运动（新阿尔卑斯运动）的命名源于我国喜马拉雅山，发生于始新世晚期。受该运动影响，印度和欧亚板块碰撞对接，喜山海槽褶皱形成造山带，从此海水基本全部退出我国大陆（更新世我国东部和南部大陆边缘等局部地区有海相沉积）。这次运动对我国西南和东部地区产生了巨大影响，第二、第三沉降带和隆起带在中生代构造格局基础上继续发展，并不断加强，第一沉降带和隆起带开始形成：日本海、东海、南海等边缘海为沉降带，日本岛为隆起带。在东部及其沿海岛屿和云南等地区发生了大面积玄武岩喷发及岩浆侵入活动（长白山玄武岩喷发达数万平方千米），同时还使晚第三纪构造古地理面貌发生了巨大变化。

中南和东南沿海地带主要为上升剥蚀区，缺失了上第三系；华北和松辽盆地大幅度下陷，扩大了沉积范围；秦岭山脉不断上升，形成了渭河裂谷；晋陕地区显著上升成为干旱的高原环境，并使早第三纪地层发生轻微褶皱，造成了东边与北边之间的不整合接触，这一不整合面广布于华北地区，称为唐县侵蚀面，使大部分地区缺失了中新世（N_1）沉积；上新世（N_2）时由于气候干热而形成了广泛的含三趾马的红色土状堆积，简称三趾马红土。

5.4.6　中国第三纪矿产资源

（1）煤。第三纪是全球重要的聚煤时期之一。早第三纪早期聚煤区主要分布在东北、鲁东一带，可以辽宁抚顺群下部为代表。晚期的聚煤区转移至河北、山西境内，也见于南岭以南的广东沿海和广西百色盆地一带。

（2）石油。第三系是我国重要的含油岩系，海相、陆相或过渡相地层中都已发现有工业价值的石油资源。主要见于江汉、苏北和三水盆地（早第三纪中期），渤海湾、江汉和南阳盆地（早第三纪晚期），准噶尔独山子、柴达木和塔里木盆地（早第三纪末期至晚第三纪早期）。海相含油层位于台湾西部、塔里木西南部的喀什海湾，以及渤海湾、东海、南海区。

（3）膏盐。早第三纪干旱气候带广布，膏盐产地较普遍。西起喀什海湾，南达滇西兰坪、思茅地区和广东三水盆地，东至江汉、衡阳等盆地，都有膏盐矿床。山东大汶口附近还发现钾盐的存在。晚第三纪的盐类沉积仅见于西北柴达木、吐鲁番等盆地。

参考文献

[1] 程裕淇，沈永和，张良臣，等. 中国大陆的地质构造演化 [J]. 中国区域地质，1995，12 (4)：289 – 294.

[2] 王鸿祯，王自强，朱鸿，等. 中国晚元古代构造与古地理 [J]. 地质科学，1980，15 (2)：103 – 110.

[3] 段吉业，张焕翘，卜德安. 辽东半岛南部晚期前寒武纪叠层石的研究 [J]. 中国地质科学院沈阳地质矿产研究所所刊，1982 (3)：156 – 168.

[4] 段吉业，刘鹏举，夏德馨. 浅析华北板块中元古代——古生代构造格局及其演化 [J]. 现代地质，2002，16 (4)：331 – 338.

[5] 郭彦如，赵振宇，付金华，等. 鄂尔多斯盆地奥陶纪层序岩相古地理 [J]. 石油学报，2012，33 (S2)：95 – 109.

[6] 夏新宇，洪峰，赵林，等. 鄂尔多斯盆地下奥陶统碳酸盐岩有机相类型及生烃潜力 [J]. 沉积学报，1999，17 (4)：638 – 643.

[7] 王庆飞，邓军，黄定华，等. 鄂尔多斯盆地石炭纪中央古隆起形成机制 [J]. 现代地质，2005，19 (4)：546 – 550，595.

[8] 段吉业，葛肖虹. 论塔里木 – 扬子板块及其古地理格局 [J]. 长春地质学院学报，1992，22 (3)：260 – 268.

[9] 殷鸿福. 中国古生物地理学 [M]. 武汉：中国地质大学出版社，1988.

[10] 杨俊杰. 鄂尔多斯盆地构造演化与油气分布规律 [M]. 北京：石油工业出版社，2002.

[11] 李文厚，庞军刚，曹红霞，等. 鄂尔多斯盆地晚三叠世延长期沉积体系及岩相古地理演化 [J]. 西北大学学报（自然科学版），2009，39 (3)：501 – 506.

模块 6 野外地质实习路线与教学内容

野外地质实习路线主要针对榆林地区，包括榆林红石峡地质公园路线，靖边龙洲丹霞地貌路线，横山雷龙湾碎屑岩及沉积构造路线，榆林市赵庄—余兴庄—鱼河延安组、延长组沉积岩及沉积构造路线，定边白于山红黏土地质路线。要求学生充分应用沉积学的基本原理与方法，对以上地质剖面的典型地貌、地层、岩石、构造、沉积相进行分析。

能力要素

（1）了解榆林红石峡地质公园河流相的砂岩特征。
（2）了解横山雷龙湾碎屑岩及沉积构造。
（3）观察榆林市赵庄—余兴庄—鱼河延安组、延长组沉积岩及沉积构造。
（4）了解靖边龙舟丹霞地貌的形成原因。
（5）了解定边白于山红黏土的形成原因，寻找大型动物化石。
（6）掌握地层的产状三要素：走向、倾向、倾角。

实践衔接

跟随老师，用地质罗盘测量岩层的产状，包括岩层的走向、倾向和倾角。用放大镜观测自己生活中的岩石结构、矿物成分等。选择三至五块构造标本进行描述，包括手绘素描图，描述内容包括以下 4 个方面：①岩石类型和名称；②沉积构造类型；③构造形态特点；④分析成因及环境。

思考题

（1）所有剖面观察过的沉积构造主要存在于什么岩石中？
（2）哪些沉积构造可作为指向构造（即指示水流方向的原生沉积构造）？哪些沉积构造可作为沉积物的暴露成因构造？
（3）哪些沉积构造形成于流水环境，哪些沉积构造形成于重力流环境，哪些沉积构造形成于三角洲环境？

6.1 路线一：榆林红石峡地质公园实习路线

6.1.1 路线位置

榆林红石峡地质公园（图6-1、图6-2）。

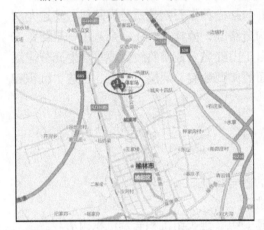

图6-1 榆林红石峡地质公园地理位置

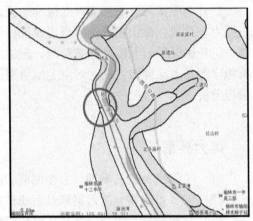

图6-2 榆林红石峡地质公园地质情况

6.1.2 教学内容

（1）观察和描述沉积岩中的砂岩和砂泥岩。

（2）观察和描述平行层理和交错层理，根据交错层理初步判断河流古流向。

（3）观察河流的地质作用，包括河流的剥蚀、搬运、沉积作用。

（4）观察河流地貌，包括边滩、心滩、河漫滩二元结构、牛轭湖、天然堤、决口扇。

（5）观察平移断层。

（6）学习使用地质罗盘测量沉积岩产状。

6.1.3 教学内容安排与要求

6.1.3.1 观察点1

位置：红石峡东岩壁（图6-3）。

内容：砂岩岩壁观察。

要求：观察砂岩，描述砂岩的成分、结构和构造；观察和描述平行层理和交错层理，根据交错层理初步判断河流古流向；绘制信手剖面。

时间：30 min。

（a）红石峡全貌；（b）边滩和心滩；（c）白垩系红色砂岩；（d）砂岩墙体遭受风化作用后被破坏；
（e）砂岩发育交错层理；（f）砂岩发育斜层理。

图6-3 榆林红石峡野外地质特征

6.1.3.2 观察点2

位置：红石峡东岩壁野外露头。

内容：学习使用地质罗盘测量产状。

要求：用地质锤采集岩石样品，用放大镜观察岩石成分、胶结类型；学习使用地质罗盘测量沉积岩产状。

时间：2 h。

6.1.3.3 观察点3

位置：红石峡北桥。

内容：观察河流地貌。

要求：观察河流砾石的叠瓦状排列，观察河流边滩、心滩、河漫滩、牛轭湖、天然堤、决口扇，并判断其成因。

时间：1 h。

6.1.3.4 观察点4

位置：红石峡南吊桥。

内容：观察平移断层。

要求：观察平移断层，判断其成因，绘制信手剖面。

时间：30 min。

6.1.4 实习点描述

榆林地处陕西北部，历史上是一个多民族聚居之地，农耕文化和游牧文化相互交融。除汉族外，历史上在这个地区居住过的少数民族主要有戎狄、匈奴、鲜卑、突厥、党项、蒙古族等。尤其是到了清代，这里的汉蒙两族和睦相处、易马互市，更促进了这一地区的安定和繁荣。红石峡作为榆林的北方门户，地处要冲。特别是到了明代，榆林为九边重镇之一，红石峡更是因其军事重镇的雄姿而驰名塞上。

红石峡距城不远，红崖对峙，榆溪中流，长城穿河而过，雄关冲霄侧立，加上石渠蜿蜒、石桥拱卧、石窟栉比、石刻如鳞、石路萦回、古寺错落，也就成了游览憩息的胜景，红山夕照当之无愧成为榆林八景之一。到了清代，由于政局安定、水利兴修，榆林作为经济文化中心的地位更加突出。不仅达官贵人来此宴乐酬宾者增多，一般文人墨客到此消遣解闷者也甚众。这就是明清两代这里记功、记游石刻特别多的原因之一。从这个角度讲，红石峡也是因其秀美的山水风光而闻名遐迩。

6.2 路线二：靖边龙洲丹霞地貌实习路线

6.2.1 路线位置

靖边县龙洲乡闫家寨子（图6-4、图6-5）。

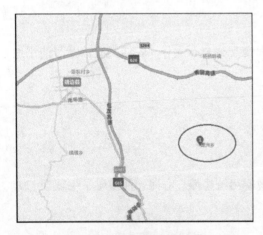

图6-4 靖边龙洲地理位置

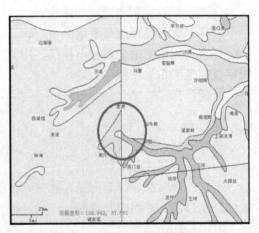

图6-5 靖边龙洲地质情况

6.2.2　教学内容

（1）观察和描述沉积岩中的砂岩和砾岩。

（2）观察和描述平行层理、波状层理、交错层理和倾斜岩层。

（3）观察流水地质作用。

（4）观察和描述红色岩层。

（5）观察风化作用、重力崩塌、流水溶蚀、风力侵蚀、节理切割等地质作用（图6-6）。

（6）观察风蚀蘑菇、风蚀洼地、风凌石、风蚀崖、风蚀柱等地貌。

（a）靖边龙洲河流剥蚀地貌；（b）靖边龙洲砂岩；（c）靖边龙洲风蚀地貌；（d）靖边龙洲斜层理；
（e）靖边龙洲交错层理；（f）靖边龙洲地层特征及产状。

图6-6　靖边龙洲丹霞地貌

6.2.3 教学内容安排与要求

6.2.3.1 观察点1

位置：龙洲闫家寨子。

内容：红色砂岩陡壁观察。

要求：观察平行层理、波状层理、交错层理和倾斜岩层，判断其成因；观察风化作用、重力崩塌、流水溶蚀、风力侵蚀、节理切割等地质作用，判断其成因；观察风蚀蘑菇、风蚀洼地、风凌石、风蚀崖、风蚀柱等地貌，判断其成因。

时间：1 h。

6.2.3.2 观察点2

位置：龙洲丹霞地貌湖边。

内容：观察丹霞地貌。

要求：观察流水剥蚀、搬运、沉积的地质作用，判断其成因；观察红色砂岩成分、结构、构造、胶结类型；观察准平面与夷平面，判断其成因；绘制信手剖面。

时间：1 h。

6.2.4 实习点描述

丹霞地貌（Danxia landform）是指由产状水平或平缓的层状铁钙质混合不均匀胶结而成的红色碎屑岩（主要是砾岩和砂岩），受垂直或高角度节理切割，并在差异风化、重力崩塌、流水溶蚀、风力侵蚀等综合作用下形成有陡崖的城堡状、宝塔状、针状、柱状、棒状、方山状或峰林状的地形。丹霞地貌主要分布在中国、美国西部、中欧和澳大利亚等地，以中国分布最广。1928年，冯景兰等在粤北仁化县发现丹霞地貌，并把形成丹霞地貌的红色砂砾岩层命名为丹霞层，此后又有多人对其概念进行了阐述。

龙洲丹霞地貌被当地人称为"红砂峁"，后来被一些摄影爱好者称为"波浪谷"，它与美国亚利桑那州的波浪谷是有一定区别的。亚利桑那州的波浪谷在红色之间加有白色线条，红白相间；而靖边的波浪谷则以红色为主。这种红色的石头在学术上被称为"砒砂岩"，形成于古生代二叠纪和中生代三叠纪、侏罗纪、白垩纪之间。这是地球历史中地质运动最活跃、植物最繁茂、动物规模最庞大的时代，每一代、每一纪，气候、生物、地壳的风云际会，都在砒砂岩的岩层中绘上了属于自己的独特色彩：红色的泥岩和碎屑岩，是古海洋封闭为内陆盆地、大地上以蕨类植物为主时沉积而成；同是红色的陆相红泥岩，是气候更趋干旱炎热时，继续沉积的巨厚岩层。砒砂岩区是自然界中风蚀与水蚀的过渡区，再加上重力侵蚀和人为侵蚀，各种侵蚀力不仅在空间上有复合作用，在时间上也交替影响，一年中每一季节都有较强的侵蚀现象：春季万物解冻，岩体的水分不断蒸发，冷热变化，裸露砒砂岩的斜坡岩体不断剥落；夏、秋季时水蚀又开始发挥作用，尤其是7—9月，水力和重力共同作用，在坡面上切出一条条沟壑，而侵蚀下的泥沙又在沟坡上重新堆积；冬季至第二年春季植被覆盖度低，狂风就像一把刻刀一样直接在裸露的岩面上雕刻，尤其是4—5月，风力侵蚀最为严重。因为被不断侵蚀"雕琢"，砒砂岩呈现出各种不同的形态：有的像流水，有的像云朵，有的像陀螺。

6.3 路线三：横山雷龙湾碎屑岩及沉积构造实习路线

6.3.1 路线位置

横山区雷龙湾（图6-7、图6-8）。

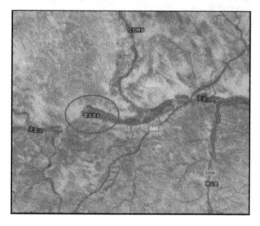

图6-7 横山雷龙湾沉积构造实习路线

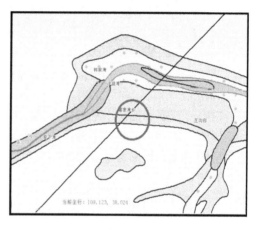

图6-8 横山雷龙湾地理位置

6.3.2 教学内容

（1）学会岩石手标本的野外采集和包装。

（2）学习野外记录簿的使用和野外记录方法。

（3）学习使用放大镜观察和描述岩石。

（4）学会地质罗盘的使用方法，测量岩层产状和地形坡度。

（5）认识平行层理、交错层理、波状层理。

（6）认识河流地质作用。

6.3.3 教学内容安排与要求

6.3.3.1 观察点1

位置：雷龙湾无定河边（图6-9）。

图6-9 横山雷龙湾大石畔斜层理构造

内容：观察和描述水平层理、楔状交错层理及岩层的尖灭。

要求：观察、描述并手绘水平层理；观察、描述并手绘楔状交错层理；观察、描述岩层的尖灭；根据层理尖灭判断河流古流向。

时间：2 h。

6.3.3.2 观察点2

位置：横山波罗（图6-10、图6-11）。

图6-10 横山波罗无定河河流地质作用

（a）直罗组上段水下分流河道与滨浅湖相泥岩互层（横山波罗镇）；（b）直罗组下段辫状河与水下分流河道沉积；
（c）横山波罗镇直罗组中段水下分流河道砂体与紫红色泥岩；（d）横山波罗镇延五段上部的泛滥平原沉积。

图 6 - 11　横山波罗直罗组沉积地貌

　　内容：观察和描述铁质砂岩。

　　要求：对岩石的颜色、成分、结构和构造进行详细描述；学习标本采集、地质锤的使用、样品整理；学习辫状河与水下分流河道的沉积作用；学习河流的沉积作用，观察泛滥平原沉积；观察直罗组上段水下分流河道与滨浅湖相泥岩互层。

　　时间：1 h。

6.3.4　实习点描述

　　观察点 1 位于榆林市横山区雷龙湾乡大石畔景区，该地与靖边县的黄蒿界乡、红墩界镇，内蒙古乌审旗的纳林河乡，榆阳区的红石桥乡接壤，是典型的风沙草滩区。沿无定河溯流而上数十里，便来到了雷龙湾最具代表性的大石畔景区。这里峡谷对开，几处瀑布飞流而下，与锈红色的红砂石崖相映成趣。崖边是润泽万亩良田的雷惠渠，水渠或窄或宽，或深或浅，几十年来绵延百里灌溉着周边农田，造福一方百姓。现在还能依稀看见水渠两边的凿痕，着实让人惊叹。从公路旁沿着蜿蜒小道往下，便到了大石畔谷底，河水自然流入一处山洞进行了分流，再往下走便到了山洞出口，洞里水声滔滔，水奔涌而出。这些岩石主要是发育于白垩系的河流相砂岩。

观察点2位于榆林市横山区波罗镇无定河边。波罗镇位于横山城东北部约25 km处，在毛乌素沙漠南缘及黄土高原丘陵沟壑交界处，无定河两岸。东部与白界、响水两镇相连，南部与殿市镇毗邻，西部及北部与横山镇及榆林市接壤。波罗镇自古是"北进咽喉，西去隘口""山明水秀，物阜人杰"的塞上重镇。古秦直道、万里长城及雷惠、波惠二渠贯通东西，鱼靖、榆靖、波乌公路穿境而过，电信、交通方便通达，水电供给充裕优良。这里是陕北甘露工程示范镇、国家飞播造林重点实施区。镇内煤炭、油气、瓷土资源丰富，被列为长庆油田天然气重点开发区，同时又是横山的工业区。

6.4 榆林三鱼路延安组、延长组沉积岩及沉积构造实习路线

6.4.1 路线位置

沿三鱼路经赵庄、余兴庄、鱼河沿线（图6-12）。

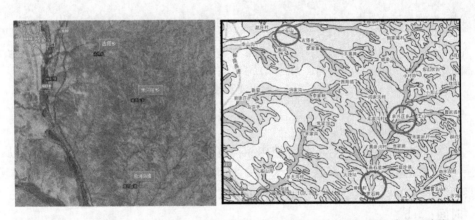

图6-12 榆林市赵庄—余兴庄—鱼河延安组、延长组沉积岩及沉积构造实习路线

6.4.2 教学内容

（1）观察并描述延安组地层的岩性、沉积特征。

（2）通过岩性及沉积特征判断沉积环境。

（3）观察延安组煤层，分析其聚煤环境。

（4）观察并描述延长组地层的岩性、沉积特征。

（5）根据地形测量沉积岩厚度、走向、倾角并绘制简单的地质图。

（6）观察保德红土。

6.4.3　教学内容安排与要求

6.4.3.1　观察点 1

位置：榆林市赵庄。

内容：观察和描述延安组地层的岩性、沉积特征；通过岩性及沉积特征判断沉积环境；观察延安组煤层，分析其聚煤环境。

要求：观察和描述延安组地层的岩性、沉积特征；通过岩性及沉积特征判断沉积环境；观察并描述延安组薄煤层，分析其聚煤环境；分析鄂尔多斯盆地北部三叠纪的沉积演化特征。

时间：1 h。

6.4.3.2　观察点 2

位置：榆林市余兴庄（图 6 – 13）。

图 6 – 13　延长组灰黑色、深灰色粉砂质泥岩与灰绿色砂岩互层（余兴庄三鱼路）

内容：测量沉积岩厚度、走向、倾角并绘制简单的地质图。

要求：学习"V"字形法则在实践中的应用；学习使用地质罗盘测量地层产状；绘制简单的地质图；观察保德红土。

时间：1 h。

6.4.3.3　观察点 3

位置：榆林市鱼河。

内容：观察和描述延长组地层的岩性、沉积特征。

要求：观察和描述延安组地层的岩性、沉积特征；通过岩性及沉积特征判断当时的沉积环境；学习鄂尔多斯盆地长 10 至长 1 的沉积环境演化。

6.4.4 实习点描述

保德红土是第三系的深红色黏土夹钙质结核层，分布于山西省保德县全境，含有三趾马、黄河象、大唇犀化石。1927年国际地质学界接受了我国著名地质学家杨钟健教授的提请，将第三系的"深红色黏土夹钙质结核层"命名为"保德红土"，保德红土中富含三趾马等古脊椎动物化石且种类繁多。中国在中新世后，地势趋向平坦，气候也较湿热，在河北、河南、山西、陕西、甘肃、云南、广西等地广泛堆积了河湖相、红色黏土相的上新统。一般来说，北方，特别是晋陕一带，广泛堆积了棕红色、鲜红色黏土，含三趾马及大唇犀等化石，旧称三趾马红土，因在山西保德最为典型，又称保德红土（图6-14）。

图6-14 保德红土（余兴庄三鱼路）

6.5 榆林定边白于山红黏土实习路线

6.5.1 路线位置

该实习区位于陕西省榆林市三边（安边、定边、靖边）盆地的交界处，是南北水系的分水岭——白于山。

6.5.2 教学内容

（1）鄂尔多斯盆地红黏土的分布特征。

（2）红黏土的产状。

（3）红黏土与构造运动的关系。

（4）白于山区构造隆升与地貌的演化特征。

（5）新构造运动研究方法。

6.5.3 教学内容概述

6.5.3.1 白于山前红黏土的分布特征

黄土高原的北部与毛乌素沙漠、三边（安边、定边、靖边）盆地的交界处是南北水系的分水岭——白于山。白于山东西向延伸，高程在 1800 m 以上，是南北两侧水系的分水岭。其南为环江的上游至东川、西川、洛河、延河及大理河的上游；其北为红柳河、东西葫芦河的上游，也就是无定河的上游。白于山南北两侧的地貌形态并不相同，北为长梁与残塬地形，梁顶平缓，沟谷切割深度不大，逐渐过渡到沙漠高原区。白于山南沟谷深切，其中典型的黄土峁就发育在白于山山南。由于白于山位于黄土高原的北缘，与沙漠分布区相毗邻，有着独特的地质发展历史和古地理环境，且白于山以南的洞峪岔一带，红黏土厚度巨大，与黄土高原区的 30 ～ 50 m 的厚度形成较大的反差，因此有必要将白于山作为一个单独的区域，对其红黏土分布作介绍。

该区域的红黏土为棕红色，夹有钙质结核，自下而上颜色变深；下部的钙质结核层多且钙质结核的直径较大，最大可达 8 m，局部地区夹有细砂层。厚度整体比较稳定，为 80 ～ 100 m，局部地区的厚度变化大，甚至缺失。东部的洞峪岔的厚度可达 100 ～ 110 m，偏东北部的驼耳巷的厚度也可达 100 m（1:200000横山幅区域水文地质普查报告，1979）。野外调查表明这两个地方是该区域的沉积中心，向西到五谷城一带最大厚度可达 80 m，沿洞峪岔—驼耳巷—五谷城一线向周缘展开，红黏土逐渐变薄（图 6 - 15），如杏子河上游的钻井揭示红黏土的厚度仅有 45 m，其厚度与盆地中央相似。北部靖边一带的钻井数据相对密集，数据显示从 0 ～ 56 m 都有分布，但总的规律是靠近沙漠区红黏土逐渐减薄、尖灭。洞峪岔向北到石窟沟一带，厚度仅有 50 m，再向北到横山厚度逐渐变小，直至尖灭在沙漠边缘。

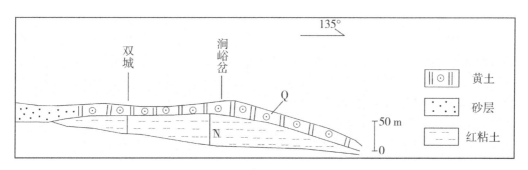

图 6 - 15 横山双城—洞峪岔红黏土剖面

6.5.3.2 白于山的隆升

白于山位于陕西西北边境一带，海拔为 1200 ～ 1800 m，相对切割深度为 250 ～

300 m，是洛河、延河、无定河、清涧河诸河的分水岭，呈东西方向延伸，基岩为侏罗纪红色、紫红色砂岩，红黏土充填于起伏不平的侏罗纪地层被侵蚀的沟谷之中，红黏土之上又堆积了黄土－古土壤序列，构成白于山的主体。不论红黏土是风成成因还是水成成因，它总是在地势较低的部位堆积厚度较大。鄂尔多斯盆地中红黏土的 3 个沉降中心分别是东部吕梁山山前的坳陷地段、西南部渭北北山（北部）山前和六盘山山前的坳陷地段。我们认为，在红黏土沉积的时候，白于山带的地势并不是很高，而是一个相对较为低洼的地段。

黄土地貌是指在第四纪堆积的黄土地层中发育的各种地貌形态。黄土地貌是在特定的气候与构造环境中发育起来的。鄂尔多斯盆地广布的黄土－古土壤序列发育的黄土地貌主要有黄土塬、黄土梁、黄土峁三大有成因联系的地貌类型。

黄土塬即顶面平坦宽阔、面积较大的平坦黄土高地，又称为黄土台地。其顶面中心部位平坦，向四周边缘倾斜，塬的周围为深切的沟谷，它的边缘受沟头的溯源侵蚀形成锯齿状边缘，如陕北的洛川塬。

黄土梁为长条状延伸的梁状黄土地形，在黄土高原广泛分布的顶面平坦的梁称为平梁，又称为塬梁，一般分布在黄土塬的边缘，是黄土塬经过长期强烈的沟谷侵蚀切割形成的。大部分地区的黄土梁顶面呈缓倾斜，受两侧坡面上沟谷的长期溯源侵蚀，梁顶出现许多马鞍形凹地，长条梁顶呈波状起伏。一般认为黄土梁是由黄土塬演变而成的。也有人认为黄土梁与黄土塬在发育过程中没有直接关系，典型的黄土梁都是在波状起伏的基岩丘陵上发育起来的，它的外形、梁脊长短、顶面起伏都受黄土堆积的下伏地形控制。野外地质调查中也见到了受下伏地形控制的黄土梁。但是考虑到鄂尔多斯盆地是在长期隆升、剥蚀、夷平的基础上发展起来的，基岩本身存在这种长条形地貌的可能性不大，因此我们认为鄂尔多斯地区的黄土梁主要是由黄土塬演变而来的。

黄土峁是指外形的顶部浑圆呈弯隆状或馒头状的黄土地形。主要分布在陕北延安以北的吴起、志丹、安塞、绥德、米脂、子洲等地。黄土峁其实不是孤立的丘陵地形，相邻的基座是连接在一起的，它是在黄土梁的基础上经长期强烈侵蚀切割演化形成的。

综上所述，黄土塬、黄土梁和黄土峁虽然是 3 种不同的黄土地貌单元，但是它们是有内在的成因联系的，尤其在鄂尔多斯地区应该是一脉相承的地貌形态。不同的是，它们所反映的新构造运动对黄土地层的侵蚀切割程度不同。根据三者的定义，显然，黄土峁、黄土梁和黄土塬所反映的侵蚀切割程度是逐次降低的。前已述及，黄土峁主要分布在陕北延安以北的吴起、志丹、安塞、绥德、米脂、子洲等地。黄土梁主要分布在区内黄土高原的西部和西北部以及黄土塬的周边，即固原西、彭阳、庆阳、华池、环县一带，洛川塬的西北及白于山南侧。较完整的黄土塬主要分布在陇东的西峰和陕西的洛川。值得一提的是，黄土高原的峁、梁、塬地貌的分布具有分带性特征，自北向南依次为黄土峁、黄土梁和黄土塬。这说明鄂尔多斯盆地内部的构造隆升的强度有自北向南逐渐减小的趋势。

目前的白于山是洛河、延河、无定河、清涧河诸河的分水岭，自白于山向南，地势逐渐降低。白于山前红黏土的厚层堆积和吴起早更新世湖相地层的存在，表明至少在早更新世时期，白于山尚未隆升成山。自北向南的带状分布的黄土峁、黄土梁和黄土塬指示了白于山在第四纪以来的隆升历程。

6.6　榆林麻黄梁侏罗系含煤地层实习路线

6.6.1　路线位置

该实习路线位于陕西省榆林市榆阳区麻黄梁镇—安崖乡段道路（图 6-16）。

图 6-16　侏罗系延安组含煤地层（麻黄梁黑龙潭）

6.6.2　教学内容

（1）掌握侏罗系延安组含煤地层的基本特征。
（2）学习野外记录簿的使用和野外记录方法。
（3）学习使用放大镜观察和描述岩石。
（4）掌握煤层与河流相砂岩的接触关系。

（5）认识平行层理、交错层理、波状层理。

（6）掌握榆林地区侏罗纪时期的古环境。

6.6.3 教学内容安排与要求

位置：榆林麻黄梁镇。

内容：观察和描述侏罗系煤系地层特征。

要求：观察、描述并手绘煤层与河流相砂岩的接触关系；观察、描述并手绘楔状交错层理；观察、描述岩层的尖灭；根据层理尖灭判断河流古流向；观察层理，如水平层理、平行层理、板状交错层理、槽状交错层理、冲刷构造层理、透镜状层理、波状层理、粒序层理、韵律层理、块状层理。

时间：2 h。

6.6.4 实习点描述

该剖面位于榆林市榆阳区城北麻黄梁镇到安崖乡的路边。麻黄梁镇隶属陕西省榆林市榆阳区，地处榆阳区东北部长城沿线，东与大河塔镇接连，南与青云镇毗邻，西与牛家梁镇接壤，北与金鸡滩镇毗邻。辖区东西最大距离为 28 km，南北最大距离为 29 km，总面积为 488 km²。麻黄梁镇地处毛乌素沙漠南缘和陕北黄土高原的交界处，地势北高南低。地形主要有风沙草滩区与丘陵沟壑区，为典型的"七山二沙一分田"。境内最高点位于谢家梁，海拔为 1413 m；最低点位于沙河川出境处。麻黄梁镇境内已探明地下矿藏主要有煤炭、天然气、盐等。其中，煤炭储量为 2.3×10^9 t，已开发的煤矿有二墩煤矿，位于十八墩村，矿区面积为 8.43 km²，年产量为 1.2×10^6 t；麻黄梁煤矿位于北大村，矿区面积为 17.68 km²，年产量为 1.2×10^6 t；另外有双山、神树畔、千树塔等煤矿正在开发。该剖面主要为侏罗系延安组河流相砂岩，可运用沉积学的基本原理与方法，认识含煤地层的野外产状、地层接触关系、沉积构造等。

模块7　鄂尔多斯盆地的事件沉积

鄂尔多斯盆地上三叠统延长组的事件沉积主要包括火山和热液活动导致的凝灰岩、热水沉积岩沉积，重力流事件导致的浊积岩、砂质碎屑流、震积岩沉积，卡尼期湿润事件导致的厚层黑色页岩沉积，以及孢粉组合的突变等。在学习过程中要充分掌握事件沉积及其对应岩石的基本地质特征，包括凝灰岩、震积岩、浊积岩、热水沉积岩的识别与区分。学习过程中需要多加思考、充分理解。

能力要素

（1）了解鄂尔多斯盆地晚三叠世的火山和热液活动。
（2）掌握火山碎屑岩的分类，及鄂尔多斯盆地的主要凝灰岩类型。
（3）在湖相细粒沉积中相对准确地区分凝灰岩、层凝灰岩、沉凝灰岩、尘凝灰岩、热水沉积岩等。
（4）掌握鄂尔多斯盆地热水沉积岩的基本特征。
（5）掌握地震的有关概念及震积岩特征。
（6）掌握浊流沉积的形成过程及浊积岩特征。

实践衔接

寻找自己周围的野外地层或岩石，仔细观察凝灰岩的地层特征，在湖相细粒沉积中区分凝灰岩、层凝灰岩、沉凝灰岩、尘凝灰岩、热水沉积岩等。

思考题

（1）凝灰岩的类型有哪些，是如何分类的？
（2）凝灰岩、层凝灰岩、沉凝灰岩、尘凝灰岩的主要区别是什么？
（3）热水沉积岩的概念是什么，在野外是如何识别的？
（4）震积岩的概念是什么，其沉积特征有哪些？
（5）浊流沉积是如何形成的，在野外如何识别浊积岩的鲍马序列？

一般把具有突发性和瞬时性的沉积过程称为事件沉积。因此，与其缓慢的沉积背景相比，事件沉积在岩相特征上与背景沉积之间存在明显的差异。前人将事件沉积分为四类：短期物理事件（陨石撞击事件、火山事件、重力流沉积事件）、化学事件（大气或水体化学性质的突然变化）、生物事件（生物的间断演化和灭绝事件、集群死亡事件、生态及古地理的突然变化等）及上述物理、化学和生物事件的复合事件。

7.1 火山活动及凝灰岩

火山喷发和热液喷流地质作用是现今地球表面常见的两类地球系统内能量－物质运输的主要方式，它们客观地记录着在地球表面不同环境（陆上、海洋、湖泊）及不同构造单元（被动大陆边缘、裂谷、活动大陆边缘、岛弧、弧后盆地、大洋底、洋中脊及大陆大洋板内热点）发生的地球深部物质外泄并沉积的地质过程。

7.1.1 鄂尔多斯盆地火山活动概述

火山喷发是世界上最宏伟壮观的自然现象之一，也是自古以来留给人类印象最深刻的一种地质现象。它不仅形成了地壳中的重要组成——火山岩，同时，地球内部能量在地表的释放及地球内部物质对生物圈和大气圈的改变会造成重大的地质灾害和产生深远的环境影响。火山凝灰岩的存在是地质历史时期火山活动的证据之一，也是深部热水活动的产物，这些地质作用可能是有助于盆地内部各种矿物形成与富集的外部因素。火山凝灰岩的存在为盆地成矿物质的源区探索提供了有利的条件（图7-1）。中三叠世末或晚三叠世初，受古特提斯海扩张和华北地块逆时针旋转的共同影响，包括鄂尔多斯盆地在内的秦祁山链及华北广大地区，不同于以往的构造运动，总的应力状态发生变化，构造面目也发生变化。鄂尔多斯盆地内部的定边—庆阳—黄陵古隆起部位，因长期隆起引起地幔物质亏损，表壳层发生裂陷，这与该时期在本区出现的高地温场状态和深层的高导层相吻合。

鄂尔多斯盆地延长组的火山物质在长8至长2各个油层组中均有分布。通常有两种赋存状态。一种是分布在砂岩中的火山喷出岩碎屑颗粒，常见的有尤安山岩、流纹质熔结凝灰岩和玻屑凝灰岩，玻屑凝灰岩中石英、长石斑晶的几何形态为板柱状或鸡骨状。另一种是夹在泥岩中由火山灰沉积形成的沉凝灰岩，以及夹在砂岩中的玻屑凝灰岩，呈薄层状分布。沉凝灰岩粒度均匀、结构致密、硬度大、硅质含量高，矿物成分为蒙脱石和伊蒙混层。凝灰岩夹层主要分布于盆地西南部，与浊积岩、震积岩的平面分布特征基本一致，并且在南部正宁地区有一个相对凝灰岩的沉积中心（图7-1）。凝灰岩与烃源岩和深部放射性异常关系密切，成因上可能有联系。同期火山喷发活动引起大气环境的剧烈变化，以及火山喷发气体中含有大量二氧化碳、氨、氮的氧化物、硫化氢和硫的氧化物等，可以加速碳、氮循环，满足生物勃发的需要。新鲜的火山灰物质为水解作用提供了氮、磷、铁、钼、锶等生物营养物质，有利于富营养湖盆的形成。凝灰质纹层沉积可起到隔氧作用，有利于有机质的保存。这些最终引起了延长组优质烃源岩的发育（图7-2）。

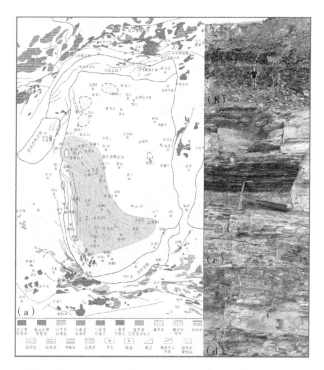

（a）岩浆岩分布；（b）马泉剖面；（c）—（d）衣食村剖面发育凝灰岩层。

图 7 - 1　鄂尔多斯盆地及邻区岩浆岩分布

图 7 - 2　鄂尔多斯盆地南缘瑶曲三叠系延长组长 7 凝灰岩

7.1.2 凝灰岩相关概念

火山喷发产生的火山碎屑物可分为岩屑、晶屑和玻屑，它们构成了火山碎屑岩的主体，凝灰岩为火山碎屑岩的一种类型（图7-3）。涉及的相关概念，通用的岩石学教材均有详细论述，在此仅作简要介绍。

图7-3 鄂尔多斯盆地南缘霸王庄三叠系延长组长7凝灰岩特征

7.1.2.1 岩屑、玻屑、晶屑

岩屑在喷出时可以是完全凝固的刚性不可塑固态物质，也可以是尚未完全固结的半凝固或未凝固物质。前者多由火山下面的基底岩石和先期固结的火山岩炸碎形成，呈棱角状，在搬运和堆积成岩过程中一般不再发生形态变化，称为刚性岩屑。后者为喷出时尚未固结或未完全固结的岩浆团块，在空中飞行时可因旋转和碰撞形成不同形状，降落堆积时可因仍未凝固溅落和压扁而形成各种不同的形态。

玻屑是气泡化的岩浆气孔壁爆碎的产物，喷发时一般尚未完全凝固，只有半塑（变）性和塑性（变）玻屑之分。半塑（变）性玻屑一般简称玻屑，基本保存了爆破后的气孔壁的原始形态；塑性（变）玻屑在堆积时仍为可塑状态。塑性（变）玻屑和塑（变）性岩屑的区别是，前者粒度一般小于 2 mm，没有斑晶，通常不见气孔、杏仁体，内部一般不见球粒和镶嵌结构。

晶屑是矿物晶体的碎屑，大多数来源于岩浆中析出的晶体，也有的来源于早期形成的粗粒结晶的岩石。由于爆发式喷发主要发生在黏度较大的酸性岩浆中，因此最常见的晶屑是石英、钾长石和酸性斜长石，其次是黑云母、角闪石，辉石和橄榄石极少见。晶屑外形不规则，常呈棱角状，内部裂纹发育，柔性较大的黑云母晶屑，可出现扭折、弯曲现象。

7.1.2.2　火山碎屑岩的结构与构造

按照粒度，火山碎屑可划分为火山集块（大于 100 mm）、火山角砾（2 ～ 100 mm）、火山灰（0.01 ～ 2 mm）、火山尘（小于 0.01 mm）。

（1）火山集块结构。火山碎屑物的粒度大于 100 mm 且含量大于 50%。

（2）火山角砾结构。火山碎屑物的粒度介于 2 ～ 100 mm 且含量大于 75%。

（3）火山灰、火山尘结构。火山灰结构是指粒度介于 0.01 ～ 2 mm 的火山碎屑，体积分数一般大于 50%，不少于 1/3；而火山尘结构是指粒度小于 0.01 mm 的火山碎屑，体积分数一般大于 75%，不少于 1/3。

按照成因，火山碎屑岩可分为以下结构：

（1）塑变（熔结）结构。主要由塑性玻屑和塑性岩屑彼此平行重叠熔结而成，其中可含少量的刚性碎屑物，据主要碎屑粒度的大小可进一步分为熔结集块结构、熔结角砾结构和熔结凝灰结构。

（2）碎屑熔岩结构。火山碎屑岩向熔岩过渡的一种结构，火山碎屑物被熔岩胶结。也可进一步据主要碎屑的粒度大小划分为集块熔岩结构等。

（3）沉火山碎屑结构。火山碎屑岩向正常沉积岩过渡类型的结构，以火山碎屑为主，混入有少量的沉积物，可进一步据火山碎屑的粒度分为沉集块结构等。

（4）凝灰沉积结构。以正常沉积物为主的过渡类型的结构，在正常沉积物中混有少量（10% ～ 50%）的火山碎屑物质，如凝灰砾状结构、凝灰泥质结构等。

火山碎屑岩常见的构造有以下 4 种：

（1）流状构造。由压偏拉长的塑变玻屑和塑变岩屑定向排列形成，在野外有时不易与流纹构造区别。

（2）火山泥球构造。火山灰级碎屑物质凝聚成球状、豆状，中心粒度较粗，向边缘变细，具同心层构造。一般认为是当雨滴通过喷发云时由湿润的火山灰凝聚而成，见于陆相火山碎屑岩中。

（3）层理构造。多见于水携或风携水下降落的火山碎屑沉积物中，陆上堆积的涌浪相堆积中也可出现水平层理和交错层理。

（4）粒序构造。有正粒序（由上向下粒度变粗）和逆粒序构造（由上向下粒度变细）两种。其中逆粒序构造是火山碎屑岩中特有的，其原因是在火山碎屑中存在一些体积大但比重小（比重小于 1）的浮岩屑。

7.1.2.3　凝灰岩、沉凝灰岩、凝灰质沉积岩

凝灰岩是指由火山喷发产生的火山灰降落形成的具有凝灰或尘屑结构的岩石。层

凝灰岩是指火山灰在空中通过风力搬运，因风力逐渐减弱而降落形成的具有凝灰结构的层状岩石，并且后期未发生再沉积作用，区域上可对比性强。沉凝灰岩是指层凝灰岩后期在外动力地质作用下发生再沉积作用形成的岩石，或者是火山灰降落时伴随有浊流沉积等事件沉积而使火山灰与砂泥岩一起发生沉积作用形成的岩石，常具有滑塌、揉皱等沉积构造，区域上可对比性弱。凝灰质沉积岩是一种含火山碎屑物的正常沉积岩。按碎屑颗粒大小可分凝灰质砂岩、凝灰质粉砂岩和凝灰质泥岩。其特征是火山碎屑物质的含量小于50%，其余为正常沉积物，层理清晰，可含生物化石（表7-1）。

表7-1　凝灰岩的主要类型

类	亚类	岩石类型	50%以上 颗粒直径/mm	岩石名称
正常火山 碎屑岩类	普通火山碎屑岩	凝灰岩	0.0625～2	砂级凝灰岩
			0.0039～0.0625	粉砂级凝灰岩
			<0.0039	尘（灰级）凝灰岩
山-沉积 碎屑岩类	沉积火山碎屑岩	沉凝灰岩	0.0625～2	砂级沉凝灰岩
			0.0039～0.0625	粉砂级沉凝灰岩
			<0.0039	尘（灰级）沉凝灰岩
	火山碎屑沉积岩	凝灰质沉积岩	0.0625～2	凝灰质砂岩
			0.0039～0.0625	凝灰质粉砂岩
			<0.0039	凝灰质泥岩

根据凝灰岩的主要搬运和沉积方式，凝灰岩又可分为水携型凝灰岩和空降型凝灰岩。水携型凝灰岩具有明显的水携沉积特征。火山喷发的形成物经过流水搬运沉积于岸边，后因水体或重力被带入深水盆地中，分布也比较广泛。随着搬运距离加大，正常沉积物质也随之增多。空降型凝灰岩是指火山灰在空中通过风力搬运，颗粒依降落速度不同而分离，然后降落在陆上或水中。一些火山灰被风带到深海深湖中，距离喷发中心很远，降落在水中的火山灰还可能被水体继续搬运很远。典型的空降型凝灰岩分选性较好，并发育水平层理。

7.1.3　火山活动对烃源岩的影响

鄂尔多斯盆地三叠系延长组油页岩中部分纹层状凝灰岩所显示出的沉积粒序结构清晰地反映了同期火山喷发后沉积的特征。火山喷发地有可能是在与湖盆南部相邻的秦岭造山带。研究区发育了丰富的凝灰岩，凝灰岩与油页岩显示出良好的亲缘关系。

火山活动对油页岩发育的影响主要体现在3个方面。

（1）盆地西南部保留了相对完整的火山喷发记录，上三叠统延长组湖相富有机质页岩发育期沉积的凝灰岩的化学组成总体上以中性、酸性为主。推测此时的火山喷发活动不同于夏威夷的宁静式溢流喷发，具有喷发能量巨大，火山物质喷发较高，并伴有爆炸现象，影响范围广的特点，即普林尼式喷发。但是此类火山喷发的能量释放较快，持续时间较短，对环境的影响时间也很短，一般不超过 10 年。因此，在晚三叠世，普林尼式的火山喷发对湖相富有机质页岩形成的古环境影响很有限（图 7-4）。

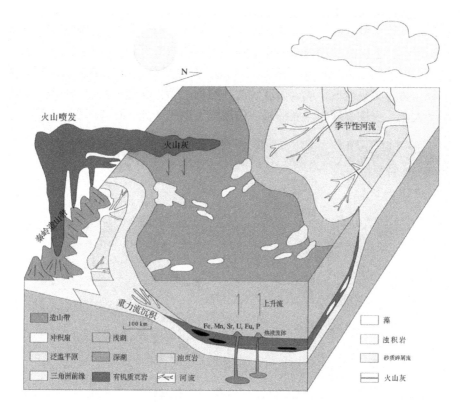

图 7-4　鄂尔多斯盆地晚三叠世火山活动对湖盆沉积的影响

（2）火山活动一般和热液活动几乎同时发生，前人研究也是把二者归为一类，共同分析它们对湖相富有机质页岩的影响。和热液活动类似，火山活动也带来了生物所需的各种营养元素，为其提供了较为丰富的食物源，使生物勃发。研究区的凝灰岩层与页岩层呈互层关系，或以厚状夹有页岩层，抑或直接被黑色有机质覆盖成为优质烃源岩。凝灰岩发育的地层，微生物化石也异常丰富。由于火山灰组分的不稳定性，沉积于湖盆边缘和湖盆内的组分会发生分解，从而提高水体营养的供给量，客观上有利于古生产力的提高。

（3）火山灰的降落沉积可在短时间内大面积地覆盖原先的沉积物，从而在一定程度上对有机质起到了保护作用。相比热液活动对长 7 湖相富有机质页岩的影响，火山碎屑沉积的影响弱很多。

7.2　湖底热液活动及热水沉积

热水沉积岩是地下热液或岩浆热液喷出地表后与海水或湖水混合，发生反应并沉淀而成的沉积岩。热液是指比周围海水（或湖水）温度较高的水或流体，也就是进入宿主地层的、温度高于主岩温度的流体。热液活动的产物最先由 White 定义为热水沉积岩，是沉积学领域的一个重要方面，被学术界长期引用。这些岩石在地球化学特征、矿物组成、垂向沉积序列、形成结构、沉积构造等方面与正常沉积的碳酸盐岩有明显区别。以碳酸盐岩为主要组成岩石，成岩温度较低，称之为白烟囱型热水沉积岩；以硫化物为主要组成，成岩温度较高，则称之为黑烟囱型热水沉积岩。热液喷流既发现于大洋，直接表现为洋底的黑、白烟囱，也见于湖相环境（图 7-5）。

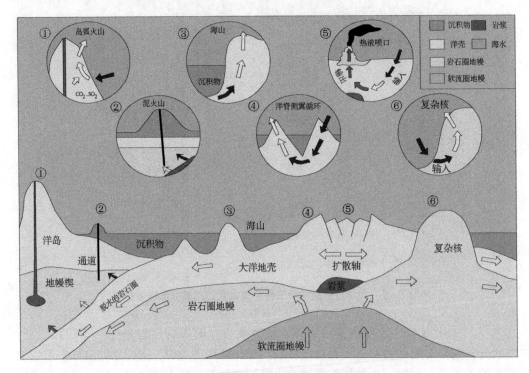

图 7-5　现代大洋不同类型的热液喷口

7.2.1　热水沉积岩分类

按热水沉积岩形成时的地理环境和产状特征，可划分为陆表泉华型、盆地沉积型和脉状充填型三类。热水沉积岩大致划分为喷口以下的热水喷流通道（补给系统）和喷口以上的热水沉积岩（海/湖底系统）两部分。热水沉积在一个区域或一个独立的盆地中常表现出多种类型和一定的演化序列，在不同尺度上客观地记录了壳内释热和流体活动及成矿的过程，是盆地热水作用的产物。热水作用的成矿物质主要来源于水－岩相互作用，其中的热水主要来源于大气水、海水、湖水及地下水与盆地内部的热卤水相混合，或者与相邻岩体发生水－岩反应后产生的热液流体构成等。驱动热水作用的动力学主要有深部岩浆作用、构造挤压作用、沉积物自生高压脱水作用、重力驱动作用。热水作用的沉积模式主要包括海盆中的洋中脊岩浆热液－海水混合循环对流模式、海底热液对流模式，湖盆中的压实卤水沉积模式、分带性热水沉积模式、溢流－喷流－溢流的热水沉积模式等。

7.2.2　岩石矿物组合

在中国已发现的白烟型热水沉积岩除了以富含铁白云石、普通白云石为共同的特征，各湖相盆地的白烟型热水沉积岩各自具有其独特的热水矿物组分和组合。①二连盆地腾格尔组热水沉积岩中常见的矿物组合类型可划分为 6 种：铁白云石－钠沸石－方沸石组合、铁白云石－钠沸石－方沸石－黄铁矿组合、铁白云石－黄铁矿组合、钠沸石－方沸石－菱镁矿－黄铁矿组合、钠沸石－重晶石－菱铁矿组合、钠沸石－方沸石－菱镁矿组合。②酒西盆地下沟组喷流岩中常见的热水矿物组合可划分为 6 种共生类型：钠长石－铁白云石组合、重晶石－钠长石－铁白云石组合、石英－重晶石－钠长石－铁白云石组合、石英－方沸石－钠长石－铁白云石组合、地开石－铁白云石组合、单一铁白云石组合。③鄂尔多斯盆地延长组热水沉积岩有 4 种矿物及矿物共生组合：单一微晶铁白云石、白铁矿－黄铁矿－硬石膏组合、自生钠长石、白云石－黄铁矿－重晶石。

7.2.3　结构构造标志

矿物和围岩的结构构造既是前人研究的薄弱环节，也是热水沉积研究的关键一环。以下结构构造特征可用作热水沉积的判别标志：①硅质岩中的蜂窝状结构、圆球状燧石；②泥晶－微晶结构，由粒径小于 10 μm 的铁白云石、钠长石、方沸石、重晶石等热水矿物与少量陆源泥、粉砂质和有机质混合组成；③内碎屑结构，可细分为砂屑结构和角砾状砾屑结构，与水爆作用或喷爆作用有关，通常称之为水爆角砾岩或喷爆岩；④石盐假晶结构，较少见，主要在喷流岩中顺纹层分布，成因可能与先期卤水池中结晶沉淀的石盐被后至的淡化热液溶解后先形成假晶孔，然后再被相继沉淀的热水矿物充填有关；⑤矿液通道构造；⑥纹层状和条带状构造；⑦网纹状构造；⑧旋涡状喷管构造；⑨同生变形层理构造；⑩矿物的晶形（如黄铁矿）表面比较干净，若呈五角十二面体生长则往往指示热水沉积成因。热水沉积成因复杂、沉积结构构造多样，这些多样的结构构造特征可用作热水沉积岩的辅助判别标志。对多成因的矿物，要注意区分热水成因与火山成因、正常沉积、热液交代、蚀变等成因所表现出的不同结构构造特征（图 7 – 6）。

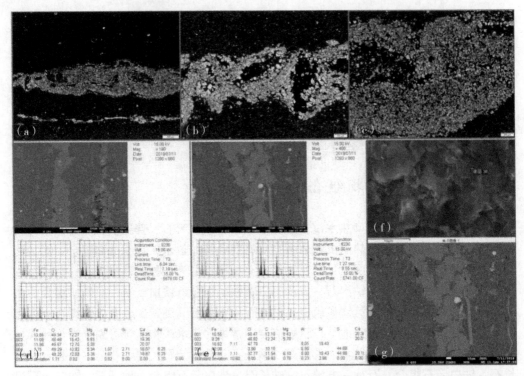

（a）铁白云石喷流岩，×2.5，正交光；（b）铁白云石喷流岩，×5，正交光；（c）铁白云石喷流岩，×10，正交光；（d）图（a）的背散射照片和 EDS 数据；（e）图（b）的背散射照片和 EDS 数据；（f）SEM 照片和能谱分析；（g）图（b）的局部放大背散射照片。

图 7-6　鄂尔多斯盆地南缘三叠系延长组热水沉积岩特征

7.2.4　地球化学特征

前人已初步鉴别出如下地球化学判别标志：①一般认为典型热水沉积具有 $Al/(Al+Fe+Mn)>15$ 和 $(Fe+Mn)/Ti<0.4$ 的特征。②地球化学判别图解是热水沉积判别的重要标志。$Fe-Mn-(Cu+Co+Ni)\times10$ 三角图、$SiO_2/(K_2O+Na_2O)-MnO/TiO_2$ 三角图、$\lg w(Th)-\lg w(U)$ 关系图、$Zn-Ni-Co\times10$ 三角图，且已经成功地应用于陆相热水沉积的判别。③铕异常值（δEu）可大致反映热水活动在沉积成岩过程中影响的强度，用以区别正常海相沉积物。正铕异常一般只在高温（大于250 ℃）环境中存在，低温（小于250 ℃）环境中铕以无异常为主，正常海相沉积物以负铕异常为主（图 7-7）。④黄铁矿的 $Co-Ni$ 图和 $Co-Ni-As$ 图常用来判别黄铁矿的成因。砷在黄铁矿中可类质同象置换硫，使黄铁矿晶胞参数增大，并且砷趋向于向低温富集，越接近地表含量越大，所以砷是低温元素。浅成低温热液型和岩浆热液型金矿具有极高的 Co/Ni 比值，砷的含量则取决于大气水与岩浆水的比值，该值越大，越靠近砷顶点区，相反则越靠近钴顶点区。⑤碳酸盐团簇同位素：团簇同位素（$\Delta47$）是指自然丰度较低的重同位素相互成键形成的同位素体。团簇同位素地球化学领域研究

程度较深的是碳酸盐团簇同位素，如利用碳酸盐晶格中离子团$^{13}C^{18}O^{16}O^{12}O^{2-}$的相对含量和温度的相关性建立的团簇同位素温度计来指示碳酸盐矿物的形成温度。碳酸盐团簇同位素理论上可直接与矿物的形成温度建立联系。

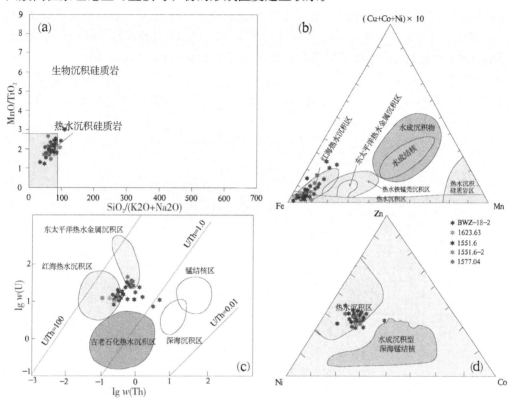

（a）$SiO_2/(K_2O+Na_2O)$ $-MnO/TiO_2$；（b）$Fe-Mn-(Cu+Co+Ni)$ ×10；
（c）$lg\,w(Th)$ $-lg\,w(U)$ 关系图 $[lg\,w(U)/lg\,w(Th)>1]$；（d）$Zn-Ni-Co$ 图解。

图 7-7 鄂尔多斯盆地热水沉积判别

7.2.5 喷积岩相关概念

喷积岩是柳益群等在长期坚持对新疆北东地区二叠系芦草沟组白云岩精细研究的基础上深入思考分析热水沉积岩现状，并思考了与岩浆活动相关的热液作用而提出的新概念。三塘湖盆地马朗凹陷芦草沟组黑色岩系被认为是"典型的"富有机质页岩，已获得工业油流，其中发育多套富岩浆热液微碎屑的沉积夹层。通过进一步的分析研究，认为该白云岩是一种罕见的地质历史时期陆内伸展背景下的裂谷盆地地幔热液喷流型原生白云岩。

其毫米级微层中富含深源特别是幔源的岩浆矿物，区别于单纯由喷流作用形成的、以化学沉积为特征的喷流岩。其热物质具有复杂的物质来源和物质组成，既可以是地表水（海水、湖水、大气水）下渗与热的岩石相互作用上涌形成，也可以是地球内部不同深度（地幔、地壳、基底）岩浆－热物质流上涌及火山热物质喷流所致。冷的湖水沿裂隙下渗至地下深处，与热的岩浆发生化学反应再喷出地表，热液流体携带的离子达到过饱和后就会沉淀原生方解石、白云石等，并间歇性沉积湖底。深部热物质沿不同通道进入沉积盆地，因受到热物质组成、存在状态、物质供给的连续性、封闭程度及通道内外温差、压差的不同的影响，呈现出猛烈的爆发（喷爆）、平静的喷溢（流）、沸腾的喷气等不同方式；热物质可以以喷爆的微角砾、碎屑堆积，可以以宁静溢流的冷凝结晶物就地沉积，也可与海水、湖水混合后呈化学沉积，还可被生物吸收后聚集再堆积，并以距喷流口的远近呈现显著的差异；热液喷流沉积成因复杂、沉积结构构造多样（图7-8）。

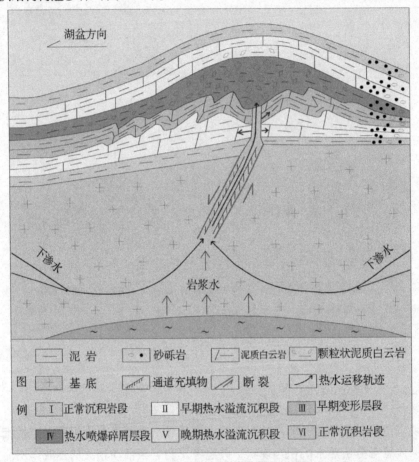

图7-8 鄂尔多斯盆地长7热液活动模式

喷积岩泛指由深部（幔源、壳源）岩浆、热物质流与海水或湖水混合后沉积而成的一类新型沉积岩，其岩石类型多样，表现出富含幔源热液矿物和岩浆微屑的特点，具有结构的微角砾构造、同沉积变形构造等特征，是地球深部岩浆－热液流体脉动式喷流沉积的累积物。按物质来源、形成方式和结构构造，喷积岩划分为喷爆岩（以透辉石为主的超基性岩）、喷溢岩（碳酸岩）、喷流岩（以白烟型白云岩及铁白云岩为主）、喷混岩（富含碱性长石碎屑的碱性凝灰质沥青岩和富含方解石碎屑的碱性碳酸质沥青岩）、嗜毒嗜热生物岩（与热液活动相关的黄铁矿化、磷酸盐化、硅化）等 5 种成因类型。

7.2.6　热液活动对烃源岩的影响

我国陆相湖盆、湖相富有机质页岩（lacustrine organic-rich shale，LORS）广泛发育，是油气勘探开发的重要目标。随着非常规油气资源的大力开发，这类岩石作为致密油或页岩油层系受到广泛关注。LORS 的形成往往受到多种因素的影响，大多数研究人员主要关注古构造、古气候和古湖泊条件，湖底热液活动在有机质积累过程中往往被忽略。热液活动与古生产力密切相关，热液活动不仅在页岩中形成了硅质矿物，而且影响湖底的氧化还原条件和初级生产力，从而影响沉积有机质的丰度。进入湖底水域的热液流体可以促进缺氧沉积环境的形成，有助于保存有机质。热液中含有水生生物所必需的营养物质（如硅、氮、磷、铁和锌），这些营养物质可以通过上升流进一步提高生产力，并为有机质的富集提供物质来源。越接近热液活动区，水体中生物的丰度和活性就越大。

热液喷流与生烃的关系，目前还没有统一的认识，研究基础相当薄弱，还未形成系统的理论。但是，不可忽视的是，目前发现的含热液喷流沉积的盆地地层——酒西盆地下沟组、三塘湖盆地马朗凹陷芦草沟组、二连盆地腾格尔组及鄂尔多斯盆地上三叠统延长组，都显示热液喷流与烃源岩具有良好的亲缘关系。研究发现，不同地区与时代的 LORS 具有相似的共性：①均为优质烃源岩，是具有源-储一体特征的优质页岩油/气和致密油/气层系；②均发育丰富的火山喷发及热液喷流产生的深源物质，并与油气的生成和富集表现出极强的耦合关系；③湖底热水活动均会影响生烃与成矿作用。湖底热水活动与油气的耦合关系主要表现在热水活动带来丰富的营养物质（如硅、氮、磷、铁和锌），使微生物爆发从而提高原始生产力；局部异常升温会加速有机质快速转化为干酪根；热水活动会显著地改变沉积环境-水温、氧化-还原性及水体的化学成分，从而影响水体中生物的生长速度和有机质的保存。

对鄂尔多斯盆地南缘三叠系延长组长 7 烃源岩而言，湖底热水已经成为烃源岩发育的重要因素。盆地南缘铜川地区长 7 烃源岩的总有机碳高达 26.2%。野外露头和钻井岩心表现出油页岩与热水沉积岩之间的频繁互层，湖底热水对长 7 优质烃源岩的发育有促进作用，热液通道附近甚至有发育"热液衍生石油"的可能。因此，优质烃源岩的热水沉积具有特殊性，热水沉积对长 7 优质烃源岩有机质的影响不容忽视。

7.3　地震活动与震积岩

地震活动是一种灾变性的地质事件，是地球内动力地质作用的主要表现形式之一。人类有关地震的历史记载仅有两三千年，因此只有通过其他方式来寻找古地震灾变事件的记录。震积岩就是记录地震活动的有力证据，它不是一种岩石的名称，而是具有成因联系的一系列岩石的总称；它是由地震作用所产生的，具有震积构造、震积岩沉积序列，是一种复杂的沉积现象。震积岩以其独特的鉴别标志有别于其他沉积岩，在古地震灾变的识别、古地震灾变事件的分析和研究中具有重要意义，在某种程度上可以称之为古地震灾变事件的岩石学记录。

7.3.1　地震

地震又称为地动、地振动，是地壳快速释放能量过程中产生振动，其间会产生地震波的一种自然现象。地球上板块与板块之间相互挤压碰撞，造成板块边沿及板块内部产生错动和破裂，是引起地震的主要原因。

7.3.1.1　地震的基本概念

地震开始发生的地点称为震源，震源正上方的地面称为震中。破坏性地震的地面振动最强烈处称为极震区，极震区往往也就是震中所在的地区。地震常常造成严重的人员伤亡，能引起火灾、水灾、有毒气体泄漏、细菌及放射性物质扩散，还可能造成海啸、滑坡、崩塌、地裂缝等次生灾害。

震级是表征地震强弱的量度，是划分震源放出的能量大小的等级，通常用字母 M 表示，单位是里氏，它与地震所释放的能量有关。释放能量越大，地震震级也越大。震级每相差 1.0 级，能量相差约 32 倍；每相差 2.0 级，能量相差约 1000 倍。也就是说，一个 6 级地震相当于 32 个 5 级地震，而 1 个 7 级地震则相当于 1000 个 5 级地震。目前世界上最大的地震的震级为 9 级。

地震震级分为 9 级，一般小于 2.5 级的地震人无感觉，2.5 级以上的地震人有感觉，5 级以上的地震会造成破坏。

（1）一般将小于 1 级的地震称为超微震。

（2）$1 \leqslant M < 3$ 的称为弱震或微震。如果震源不是很浅，这种地震人们一般不易觉察。

（3）$3 \leqslant M < 4.5$ 级的称为有感地震。这种地震人们能够感觉到，但一般不会造成破坏。

（4）$4.5 \leqslant M < 6$ 的称为中强震（如 9·7 彝良地震）。属于可造成破坏的地震，但破坏轻重还与震源深度、震中距等多种因素有关。

（5）$6 \leqslant M < 7$ 的称为强震（如 8·3 鲁甸地震，2·6 高雄地震）。

（6）$7 \leqslant M < 8$ 的称为大地震（如 4·14 玉树地震，4·20 雅安地震）。

（7）$8 \leqslant M \leqslant 9$ 的称为巨大地震（如 5·12 汶川地震，3·11 日本地震）。

7.3.1.2　地震的分类

我们生活的地球分为 3 个圈层，中心是地核，中间是地幔，外层是地壳。地壳岩层受力后快速破裂错动引起的地表振动或破坏就叫地震。由地质构造活动引发的地震叫构造地震，由火山活动造成的地震叫火山地震，由固岩层（特别是石灰岩）塌陷引起的地震叫塌陷地震。目前科学家比较公认的解释是构造地震是由地壳板块运动造成的。由于地球在无休止地自转和公转，其内部物质也在不停地进行分异，因此，围绕在地球表面的地壳，或者说岩石圈也在不断地生成、演变和运动，这就促成了全球性地壳构造运动。

可以根据震源深度对地震进行分类：浅源地震，震源深度小于 60 km 的地震，大多数破坏性地震是浅源地震；中源地震，震源深度为 60 ～ 300 km；深源地震，震源深度在 300 km 以上的地震。到目前为止，世界上记录到的最大震源深度为 786 km。

7.3.1.3　地震的分布

1）世界上的三大地震带。

（1）环太平洋地震带。全球分布最广、地震最多的地震带就是环太平洋地震带。它分布在太平洋周围，包括南北美洲太平洋沿岸，以及从阿留申群岛、堪察加半岛、日本列岛南下至中国台湾，再经菲律宾群岛转向东南，直到新西兰。它所释放的能量约占全球的 3/4。

（2）欧亚地震带。这是全球第二大地震活动带，全长 2 万多千米，跨欧、亚、非三大洲。欧亚地震带主要分布于欧亚大陆，从印度尼西亚开始，经中南半岛西部和我国的云、贵、川、青、藏地区，以及印度、巴基斯坦、尼泊尔、阿富汗、伊朗、土耳其到地中海北岸，一直延伸到大西洋的亚速尔群岛。

（3）大洋中脊地震活动带。大洋中脊轴部地震和火山活动频繁，故又称为活动海岭，有别于不活动的无震海岭。地震分布在中脊轴部或中央裂谷，也分布在脊轴之间的断裂带活动段落，它们构成了大洋中脊地震带。大洋中脊体系环球绵延数万千米，宽数百至数千千米。其面积约占世界大洋总面积的 33%，可与全球大陆面积相比。大洋中脊高于两侧洋底，其相对高度为 2000 ～ 3000 m。大洋中脊顶部的地壳较薄，仅 2 ～ 6 km，其壳下有异常地幔存在。大洋中脊地震活动带的地震活动性较之前两个带要弱得多，而且均为浅源地震，尚未发生过特大的破坏性地震。

2）中国地震的分布。

中国的地震活动主要分布在 5 个地区，分别是：台湾及其附近海域；西南地区，包括西藏、四川中西部和云南中西部；西部地区，主要在甘肃河西走廊、青海、宁夏及新疆天山南北麓；华北地区，主要在太行山两侧、汾渭河谷、阴山—燕山一带、山东中部和渤海湾；东南沿海地区，广东、福建等地。

7.3.2　震积岩

震积岩是指具有地震灾变事件记录的岩层。地质学家辨认地层中的地震记录通常从两个方面进行：一是那些厚度巨大的浊积岩被认为是地震浊积岩；二是地层中的某些液化脉、岩层内部的揉褶层、角砾岩及岩层内的阶梯状断层都被解释为地震成因。若地震发生在湖盆中，则会使湖盆底部的沉积物因受到沉积地层震动或液化的影响而形成各种变形构造。对鄂尔多斯盆地延长组震积岩开展的研究表明，鄂尔多斯盆地延长组湖盆中发育着诸如液化砂脉、微褶皱、包卷层理、负载构造及球－枕构造等软沉积物塑性变形构造，以及微断层、微裂缝这样的脆性变形构造。通过对盆地震积岩的研究，可以在一定的时间、尺度内恢复盆地的构造活动性，从而更深入地认识延长组时期的构造演化。

7.3.3 鄂尔多斯盆地震积岩

印支期，鄂尔多斯盆地及其周缘活动带受古特提斯洋闭合对中国内陆闭合过程的影响，南缘秦祁海槽关闭，南北向逆冲带及西缘逆冲带活动增强。此时，秦岭北麓的山前断裂活动频发，而鄂尔多斯盆地的发展也进入了鼎盛期，盆地表现出了东北翼宽缓、西南翼陡峭的不对称湖盆底形。至晚三叠世，延长期大型内陆坳陷湖盆进入了高潮发展阶段。在这样的构造背景下，控制盆地边界断裂的强烈幕式活动，引起了一系列地震、海啸、火山等地质事件，为该时期震积岩的广泛发育提供了条件。

7.4 重力流沉积事件与浊积岩

重力流沉积亦称为重力沉积，是在陆上、水底或水体中由重力作用推动的含有大量弥散物的一种密度流沉积物。沉积物在重力流动时保持明显的边界，整体流动，故亦称为块体流沉积。根据重力流中悬浮颗粒的支撑机理，将水下重力流沉积分为碎屑流沉积、颗粒流沉积、液化流沉积和浊流沉积4种类型。

7.4.1 碎屑流沉积

碎屑流沉积也称为泥石流，是在山麓环境中常见的砾石、砂、泥和水相混合的高密度流体，其运动过程介于山崩、滑坡和洪水之间，是各种自然因素（地质、地貌、水文、气象等）和人为因素综合作用的结果。泥石流经常发生在峡谷地区和地震火山多发区，在暴雨期具有群发性。它是一股泥石洪流，瞬间爆发，是山区最严重的自然灾害。泥石流一般发生在半干旱山区或高原冰川区。这里的地形十分陡峭，泥沙、石块等堆积物较多，树木很少。一旦暴雨来临或冰川解冻，大大小小的石块有了足够的水分，便会顺着斜坡滑动起来，形成泥石流。

7.4.1.1 按物质成分分类

（1）由大量黏性土和粒径不等的砂粒、石块组成的称为泥石流。

（2）以黏性土为主，含少量砂粒、石块，黏度大，呈稠泥状的称为泥流。

（3）由水和大小不等的砂粒、石块组成的称为水石流。

7.4.1.2 按流域形态分类

（1）标准型泥石流，为典型的泥石流，流域呈扇形，面积较大，能明显地划分出形成区、流通区和堆积区。

（2）沟谷型泥石流，流域呈现狭长条形，其形成区多为河流上游的沟谷，固体物质来源较分散，沟谷中有时常年有水，故水源较丰富，流通区与堆积区往往不能明显区分。

（3）坡面型泥石流，流域呈斗状，其面积一般小于 1000 m^2，无明显流通区，形成区与堆积区直接相连。

7.4.1.3　按物质状态分类

（1）黏性泥石流，含大量黏性土的泥石流或泥流。其特征是黏性大，固体物质占 40%～60%，最高可达 80%。水不是搬运介质，而是组成物质，稠度大，石块呈悬浮状态，爆发突然，持续时间亦短，破坏力大。

（2）稀性泥石流，以水为主要成分，黏性土含量少，固体物质占 10%～40%，有很大分散性。水为搬运介质，石块以滚动或跃移方式前进，具有强烈的下切作用。其堆积物在堆积区呈扇状散流，停积后似"石海"。

7.4.1.4　泥石流的形成条件

泥石流的形成条件是地形陡峭，松散堆积物丰富，突发性、持续性大暴雨或大量冰融水的流出。

（1）地形地貌条件。在地形上，具备山高沟深，地形陡峻，沟床纵度降大，流域形状便于水流汇集。在地貌上，泥石流的地貌一般可分为形成区、流通区和堆积区三部分。上游形成区的地形多为三面环山，一面出口为瓢状或漏斗状，地形比较开阔、周围山高坡陡、山体破碎、植被生长不良，这样的地形有利于水和碎屑物质的集中；中游流通区的地形多为狭窄陡深的峡谷，谷床纵坡降大，使泥石流能迅猛直泻；下游堆积区的地形为开阔平坦的山前平原或河谷阶地，使堆积物有堆积场所。

（2）松散物质来源条件。泥石流常发生于地质构造复杂、断裂褶皱发育，新构造活动强烈、地震烈度较高的地区。地表岩石破碎，崩塌、错落、滑坡等不良地质现象发育，为泥石流的形成提供了丰富的固体物质来源。另外，岩层结构松散、软弱、易于风化、节理发育或软硬相间成层的地区，因易受破坏，也能为泥石流提供丰富的碎屑物来源。一些人类工程活动，如滥伐森林、开山采矿、采石弃渣水等均会造成山体地质结构的破坏，往往也为泥石流提供了大量的物质来源。

（3）水源条件。水既是泥石流的重要组成部分，又是泥石流的激发条件和搬运介质（动力来源），泥石流的水源有暴雨、冰雪融水和水库溃决水体等。我国泥石流的水源主要是暴雨、长时间的连续降雨等。

7.4.2　颗粒流沉积

由于颗粒流的形成要求相当的坡度，而这种条件在沉积盆地中并不常具备，故颗粒流沉积不是很常见，即使出现，规模通常也不大。砂级颗粒流沉积的厚度通常仅数厘米，含砾的颗粒流沉积的厚度一般也仅数十厘米。由于所谓的次颗粒流沉积，只是规模上可比颗粒流沉积大，因此笔者在此将二者合并讨论。颗粒流沉积最显著的沉积特征之一是发育逆粒序，但一般仅以层序中下部为限，层序顶部仍常出现正粒序。撕裂砾石多见于中部最粗层段。沉积特征之二是基质含量很少，碳酸盐颗粒流沉积中常出现亮晶胶结物。我国发现的此类沉积的厚度为数厘米至数十厘米，最厚可接近 1 m。此类沉积数量稀少，但它的出现有重要的古地貌意义。

7.4.3　液化流沉积

当沉积物沉积较快，其中水分来不及排除，或者从外部渗流进入孔隙空间的水分过多时，造成孔隙压力大于沉积物中流体的静水压力，从而降低了沉积物的固结强度，甚至引起内部沸腾化。这样沉积物中的流体就连同颗粒一起向上移动，变得像流沙一样，即所谓的液化。在此过程中，部分流体会上溢至砂的表面，在重力作用下沸腾化的沉积物沿着斜坡迅速运动，形成液化流沉积。形成液化流沉积的关键条件是快速堆积和沉积物中饱含水，并多发生在沉积物较细的情况下。我国已发现的少量液化流沉积主要限于陆屑沉积，整层通常为块状，单元层底部稍显正粒序，向上有不太发育的平行层理，再向上，即为发育的盘碟构造段，自下而上常表现出盘碟宽度减小、弯曲度变大的趋势。

7.4.4　浊流沉积

7.4.4.1　浊流的形成阶段

（1）三角洲阶段。大陆是重要的浊流物质来源，河流将大部分剥蚀物质搬运到盆地边缘形成三角洲。受地震、海啸、暴风等作用的影响或者仅因岸边沉积物的大量堆积而形成不稳定的陡坡（因超孔隙压力而液化），都能使大量物质发生整体移动。

（2）滑动阶段。大量物质开始整体移动，要向下滑动。它们在水下开始慢慢滑动，由于含水量渐增而颗粒渐减，向下滑动的速度也渐渐加快。

（3）流动阶段。当滑动的物质还未完全与水混合，部分物质仍保持高度内聚黏结状态时，粗粒也没有集中至底部前锋。在这种情况下，运动的物质可能会停止运动而堆积下来，这样的沉积物称为滑动浊积岩。然而，只要有一定的坡度，运动的物质就不会停留下来，将以渐增的速度继续流动直到盆地中心。

（4）浊流阶段。在环境适合的条件下，流动的物质可能形成完全的浊流。在浊流中，粗粒的物质集中到靠近底部的前锋，流速可能继续增加。根据坡度的大小和坡的长短，浊流可以达到最高的流速。随着坡度变缓，流速逐渐减小，沉积物开始卸载，从而形成浊流沉积。

7.4.4.2　浊流沉积的特征

（1）具有递变层理，自下而上粒度由粗变细，显示由衰减水流沉积而成。递变层是浊流沉积的主体，一般递变层愈厚，其粒度也愈粗。在递变层之上可出现平行纹层。

（2）由于浊流周期性地反复发作，以砂质为主的浊流沉积层常与细粒的深海或半深海沉积呈互层，细粒沉积常常是浊流活动间歇期的产物。单个浊流沉积层厚度不大，一般为数厘米至数米不等，单个浊流层可以稳定地延布于较大面积上；多层重复出现，总厚度可以较大。

（3）每个浊流层的底面与下伏细粒泥质层之间呈突变接触关系，浊流层的顶部则逐渐过渡为泥质层。浊流层底面发育大量印痕，由浊流沿泥质层之上冲刷而成，或由所携带的砾石、生物遗体等刻划而成。有的底面印痕由生物扰动所致。

（4）浊流沉积中可有旋卷层理，其形成与局部液化作用有关。

（5）深海的浊流沉积中含有生活于近岸和浅海环境的有孔虫和介形虫等微体生物，有时含大的贝壳和植物残体；而在浊流层之间的细粒沉积层中，则不含这类移位或再沉积的浅水生物遗骸，细粒沉积层中可有深海的底栖生物。

（6）物质组成以陆源碎屑为主，包括岩屑、石英、长石和云母等，分选中等或较差，有时含海绿石，泥质层中含有黏土矿物及细分散的石英。在局部地区，浊流沉积可由碳酸盐或火山物质组成。

（7）浊流沉积多呈长条状或舌状展布，在陆坡外缘常成扇形，其长轴方向垂直于岸线。现代海底所见的浊流沉积，其形成时代多在全新世之前，此后形成的频率相对减少。

7.4.4.3　浊积岩与砂质碎屑流

广义的浊积岩指形成于深水沉积环境的各种类型重力流沉积物及其所形成的沉积岩的总和。重力流沉积物的形成属于事件性沉积作用，其起因于一定的触发机制，诸如在洪水、地震、海啸、巨浪、风暴潮和火山喷发等阵发性因素的直接或间接诱发下，会导致块体流和高密度流的形成。除洪水密度流直接入海或入湖外，大多数斜坡带沉积物必须达到一定的厚度和重量，再经一定滑动、滑塌等触发机制，才能形成大规模的沉积物重力流。典型浊积岩是指具有不同段数鲍马层序或序列的浊积岩。一个完整的鲍马层序是由五六个段组成：粒序层理，平行层理，沙纹层理、波状层理或变形层理，水平层理，泥质段。

砂质碎屑流与浊流不同，前者属于块体流，后者属于紊流。碎屑流沙体含有巨大的颗粒表面黏附力，在湖底或海底流动中具有一定的强度，且表现为块体运动特征。砂质碎屑流的最显著特征是块状层理发育，其泥质体积分数较浊积岩的低，一般小于10%；砂岩厚且层内非均质性弱，含油性好；内部见不规则的撕裂状泥岩和砂质团块。砂质碎屑流的底部指示砂岩块沿某滑动面发生滑动，顶面呈不规则状。

7.4.5　鄂尔多斯盆地重力流沉积

延长组重力流在深水坡折带的控制下，形成了一系列在成因上有联系并在时空分布上有规律的重力流沉积组合：在深水坡折带附近，由于三角洲前缘松散的堆积物在不稳定状态下或受某种触动机制的引发（火山、地震、风暴、重力等因素）而发生滑动与滑塌事件，形成了具有微同沉积断层、滑塌角砾岩、包卷变形构造、火焰状构造、液化砂岩脉等滑塌－变形－液化标志的滑塌岩。上述滑塌体沿斜坡向下移动，随着水体的不断混入，滑塌体破碎搅浑，以碎屑流的形式层状流动。滑塌流动因高密度、高速度的砂质碎屑流下蚀作用而形成了具有槽模、沟模等底模构造的块状砂岩。块状砂岩中常见泥质漂砾或撕裂屑，此时的沉积物以松散的黏性块体流形式运动，具有塑性流变的特征。随着碎屑流沿斜坡继续向下流动，其内流体组分增加，塑性碎屑流就有可能演变成紊流流体从而形成具有向上变细的正粒序层理或与上覆平行层理、沙纹层理、水平层理组合的浊流沉积。受可容纳空间的限制，浊流沉积的展布空间主要分布在深湖平原中，并分布在碎屑流的前方或者顶部。因此，在平面展布中，浊积岩常呈薄层点状分布，部分区域可见连片沉积。

鄂尔多斯盆地延长组长6期至长7期是盆地湖盆发育的鼎盛时期，位于盆地东北、西南两大沉积体系中间的北西南东向被深水区所占据，这里广泛发育了由滑动、砂质碎屑流、液化流、浊流等成因单元组成的重力流沉积体系（图7-9）。从长7期及长6期的沉积体系的展布及盆地的充填演化特征来看，长7期湖盆的强烈沉降及不同方向物源的注入，使浊流沉积最为发育。长6期湖盆沉降趋于稳定，物源供应充足，多水系、多物源的三角洲发育使浊流沉积后期逐渐退缩。从空间上看，长7期、长6期的浊流沉积在陡坡带、近源斜坡带、远源末梢斜坡带、盆地平原带都有分布。受构造抬升及三角洲发育多期性的影响，其分布位置、形态、大小都不同，形成了规模不等的浊积扇或浊积岩体，但主要分布在近源斜坡带及远源末梢斜坡带。

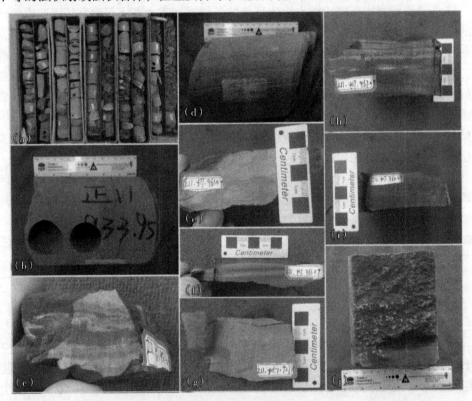

（a）正11井井下岩心；（b）砂岩；（c）碎屑流沉积；（d）粉砂岩；（e）碎屑流沉积；
（f）纹层状白云岩与油页岩互层；（g）粉砂岩；（h）纹层状白云岩；（i）油页岩；（j）粉砂岩。

图7-9 鄂尔多斯盆地三叠系延长组钻井岩心

7.5　其他事件沉积

卡尼期梅雨事件（Carnian pluvial episode，CPE）是三叠纪最显著的气候突变事件之一。气候环境突变对内陆湖盆沉积物特征具有重要的控制作用。三叠纪时期，整个地球长期处于干旱或半干旱的气候环境，尤其中晚三叠世时期陆相层序基本以红层、风成沉积、蒸发岩和盐湖沉积为特征。然而，在中晚三叠世过渡时期的卡尼期（Carnian）发生了一次气候突变事件，此时全球降雨量突然增加，从 Julian 亚期晚期至 Tuvalian 亚期出现了持续约 1 Ma 的强降雨期，地球温度升高了约 6 ℃，气候极端温热湿润，泛大陆（Pangea）内部风化与剥蚀作用加速，陆源碎屑物质向海洋的输入量突然增大。

伴随着这次强降雨事件的发生，全球陆地与海洋环境的沉积作用均发生了显著变化。在位于特提斯海西北地区的整个欧洲大陆内部，一系列早期萨布哈盐湖盆地纷纷转变为河流－三角洲沉积；在巴伦支海海陆过渡区则形成了迄今为止地质历史上规模最大的三角洲体系，仅三角洲平原面积就超过了 $1.65 \times 10^6 \ km^2$；与此同时，全球海域碳酸盐岩沉积中断，岩性由碳酸盐岩沉积突然转变为黑色泥页岩等陆源碎屑岩。鄂尔多斯盆地三叠系延长组的烃源岩发育时期，湖盆具有快速湖侵、震荡式缓慢湖退的特征。其中，快速湖侵可能是 CPE 与盆地构造沉降共同作用的结果，尤其卡尼期持续了 1 Ma 左右的强降雨事件可造成湖平面快速上升并形成欠补偿还原环境，加之此时周围地区火山活动频繁，诱发了盆地深部基底断裂的隐形活动，火山灰、深部热流体与河流带来的陆上沉积物一起源源不断地输入盆地内部，使湖泊水体中营养物质异常丰富，促使藻类等生物有机质勃发与繁殖，这是延长组优质烃源岩发育的有利条件之一。另外，在 CPE 后期，随着大量陆源物质向盆地内部的充填和古气候向干旱－半干旱环境的转化，湖岸线开始缓慢后退，湖泊面积开始萎缩，但此时湖平面并非单调降低，而是受气候波动的影响表现为时高时低的震荡式缓慢湖退现象，使处于封闭环境的湖泊水体出现周期性稀释与浓缩，这为延长组优质烃源岩的发育再次创造了绝佳条件。

事件沉积不是孤立的地质现象，而是在空间上存在某种联系，对其深入研究有助于更好地了解鄂尔多斯盆地晚三叠世的沉积背景。

参考文献

［1］邓秀芹，蔺昉晓，刘显阳，等. 鄂尔多斯盆地三叠系延长组沉积演化及其与早印支运动关系的探讨［J］. 古地理学报，2008，10（2）：159－166.

［2］付金华，郭权，邓秀芹. 鄂尔多斯盆地西南地区上三叠统延长组沉积相及石油地质意义［J］. 古地理学报，2005，7（1）：34－44.

［3］付金华，李士祥，徐黎明，等. 鄂尔多斯盆地三叠系延长组长 7 段古沉积环境恢复及意义［J］. 石油勘探与开发，2018，45（6）：936－946.

［4］高红灿，郑荣才，魏钦廉，等. 碎屑流与浊流的流体性质及沉积特征研究进展［J］. 地球科

学进展，2012，27（8）：815－827.

[5] 贾承造，邹才能，杨智，等. 陆相油气地质理论在中国中西部盆地的重大进展［J］. 石油勘探与开发，2018，45（4）：546－560.

[6] 姜在兴，梁超，吴靖，等. 含油气细粒沉积岩研究的几个问题［J］. 石油学报，2013，34（6）：1031－1039.

[7] 蒋宜勤，柳益群，杨召，等. 准噶尔盆地吉木萨尔凹陷凝灰岩型致密油特征与成因［J］. 石油勘探与开发，2015，42（6）：741－749.

[8] 金强，翟庆龙. 裂谷盆地的火山热液活动和油气生成［J］. 地质科学，2003，38（3）：342－349.

[9] 李向军，罗静兰，罗晓容，等. 鄂尔多斯盆地长7段泥页岩系孔隙特征及其演化规律［J］. 地质科技情报，2017，36（4）：19－28.

[10] 李哲萱，柳益群，周鼎武等. 三塘湖盆地二叠系芦草沟组喷爆岩岩石学、矿物学特征及相关问题探讨［J］. 沉积学报：2019，37（3）：455－465.

[11] 刘祥，郎建军，杨清福. 火山碎屑沉积物是油气的重要储层［J］. 石油与天然气地质，2011，32（6）：33－41.

[12] 柳益群，周鼎武，焦鑫，等. 一类新型沉积岩：地幔热液喷积岩——以中国新疆三塘湖地区为例［J］. 沉积学报，2013，31（5）：773－781.

[13] 邱欣卫，刘池洋，李元昊，等. 鄂尔多斯盆地延长组凝灰岩夹层展布特征及其地质意义［J］. 沉积学报，2009，27（6）：1138－1146.

[14] 邱欣卫. 鄂尔多斯盆地延长组凝灰岩夹层特征和形成环境［D］. 西安：西北大学，2008.

[15] 钟大康，姜振昌，郭强，等. 内蒙古二连盆地白音查干凹陷热水沉积白云岩的发现及其地质与矿产意义［J］. 石油与天然气地质，2015，36（4）：587－595.

[16] 张文正，杨华，彭平安，等. 晚三叠世火山活动对鄂尔多斯盆地长7优质烃源岩发育的影响［J］. 地球化学，2009，38（6）：573－582.

[17] 张文正，杨华，解丽琴，等. 湖底热水活动及其对优质烃源岩发育的影响——以鄂尔多斯盆地长7烃源岩为例［J］，石油勘探与开发，2010，37（4）：425－429.

[18] 尤继元. 鄂尔多斯盆地南缘三叠系延长组长7喷积岩特征及其与烃源岩关系研究［D］. 西安：西北大学，2020：111－119.

[19] 李相博，朱如凯，惠潇，等. 晚三叠世卡尼期梅雨事件（CPE）在陆相盆地中的沉积学响应——以鄂尔多斯盆地延长组为例［J］. 沉积学报，2023，41（2）：511－526.

[20] BOSTROM K, RYDELL H, JOENSUU O. Langbank: an exhalative sedimentary deposit［J］. Economic geology, 1979, 74（5）: 1002－1011.

[21] CRERAR D A, NAMSON J, CHYI M S, et al. Manganiferous cherts of the Franciscan assemblage. 1. General geology, ancient and modern analogs, and implications for hydrothermal convection at oceanic spreading centers［J］. Economic geology, 1982, 77（3）: 519－540.

[22] RONA P A, BOSTR M K, LAUBIER L, et al. Hydrothermal processes at seafloor spreading centers［J］. Earth science reviews, 1984, 20（1）: 499－504.

[23] WHITE D E. Thermal waters of volcanic origin［J］. Geological society of America bulletin, 1957, 68（8）: 1637－1658.

[24] YOU J Y, LIU Y Q, ZHOU D W, et al. Activity of hydrothermal fluid at the bottom of a lake and its influence on the development of high-quality source rocks: triassic Yanchang Formation, southern Ordos Basin, China［J］. Australian journal of earth sciences, 2019, 67（1）: 115－128.

[25] YOU J Y, Y. LIU Y Q, SONG S S, et al. In situ S isotope analysis and source tracing of pyrite from lacustrine hydrothermal sedimentary rocks: the Chang 7-3 sub-member, Triassic Yanchang Formation, Ordos Basin [J]. Australian journal of earth sciences, 2020, 68 (3): 440 –451.

[26] YOU J Y, LIU Y Q, LI Y X, et al. Discovery and significance of ancient cod fossils in hydrothermal fluid deposition areas: a case study of Chang 7-3 from the Triassic Yanchang Formation in the Ordos Basin [J]. Historical biology, 2021, 33 (9/10): 2043 –2056.

[27] YOU J Y, LIU Y Q, ZHANG X L, et al. Establishment and significance of ancient lake ecosystems in the Mesozoic—evidence from coprolite from the Chang 7 section of the Upper Triassic in the Ordos Basin, China [J]. Historical biology, 2021, 33 (11/12): 2989 –2997.

[28] YOU J Y, Y. LIU Y Q, SONG S S, et al. Characteristics and controlling factors of LORS from the Chang 7-3 section of the Triassic Yanchang Formation in the Ordos Basin [J]. Journal of petroleum science and engineering, 2021, 197: 108020.

[29] YOU J Y, LIU Y Q, LI Y J, et al. Influencing factor of Chang 7 oil shale of Triassic Yanchang Formation in Ordos Basin: constraint from hydrothermal fluid [J]. Journal of petroleum science and engineering, 2021, 201: 108352.

[30] YOU J Y, LIU Y Q, ZHOU D W, et al. Triassic hydrothermal chimneys from the Ordos Basin of Northern China [J]. Scientific reports, 2021, 11: 22712.

模块 8　野外地质调查程序与方法

野外地质实习是石油工程、采矿工程、地质工程等专业的重要实践课程。本模块包括野外地质踏勘的目的和任务、踏勘路线的选择、踏勘方法、实测地质剖面的目的及要求、剖面线的选择、绘制综合地层柱状图等。要求学生充分应用沉积学的基本原理与方法，对以上地质剖面的典型地貌、地层、岩石、构造、沉积相进行分析。

能力要素

(1) 明确野外地质踏勘的目的和任务。
(2) 绘制实测地质剖面。
(3) 绘制综合地层柱状图。
(4) 进行综合研究并编写报告。

实践衔接

跟随老师，学习绘制实测地质剖面图和综合地层柱状图。

8.1　野外地质踏勘

野外工作是获取第一手野外地质资料的重要途径，对区域地质调查工作的成败至关重要，这也是巢湖野外教学实习的重点内容之一。野外工作包括野外地质踏勘、实测地质剖面、地质填图和野外资料整理等 4 个次级阶段。

野外地质踏勘是在室内对工区基本地质状况初步了解的基础上进行的野外综合地质考察。

8.1.1　野外地质踏勘的目的和任务

野外地质踏勘的目的和任务包括：①了解和掌握区内主要地层单位的特征和填图单位的划分标志；②了解工区内各类地质体的主要特征、分布和接触关系、构造特征等；③确定实测标准地质剖面路线；④初步研究地层划分方案，统一岩石命名和野外工作方法；⑤检查遥感资料的解译效果，落实并补充解译标志；⑥核查前人的工作成果，找出其中可能存在的关键问题，以便确定工作重点，制订总体工作规划。

8.1.2 踏勘路线的选择

踏勘路线要求尽可能选择在露头连续、地层发育齐全、接触关系清楚、构造比较简单的区段，同时要兼顾交通比较方便这一实际问题。踏勘路线的长短则根据地层出露情况、构造复杂程度、研究区范围大小和工作精度要求等具体情况确定。

8.1.3 踏勘方法

踏勘是以路线地质综合观察为主要目的，路线布置应尽量垂直工区走向或主构造线。

在踏勘过程中，除进行全面细致的地层、岩石、构造等观察外，对影响工区地层划分对比和构造特征的有争议的问题也必须进行认真研究讨论，力求统一认识，同时要做好观察记录，绘制路线地质图和信手剖面图，以便进行不同踏勘路线的对比和分析。踏勘过程中需要适当采集岩石样品和化石标本，并在地形图上标定采样位置。

路线地质图和信手剖面图是在地质踏勘和地质填图的穿越路线地质观察中顺手所做的常用基础图件。

路线地质图是将路线上实际观察到的地质界线点、构造要素、化石采样点等如实填绘在地形图上所制成的平面图，同时在野外记录本上要详细记录各观察点所观察到的地质内容。记录格式如下：

日期：2014 年 6 月 10 日 星期三 天气：晴

地点：陕西省榆林市鱼河峁

同行人员：小明、小华（或榆林学院石油工程 1 班实习队第 3 组）

路线：古塔—余兴庄路线（路线 1）

任务：侏罗系延安组地层特征观察

点号：No. 1

点位：古塔镇西北方向（280°）约 1000 m 处（GPS 坐标）

点性：Jy

观察内容：

（1）下侏罗统延长组含煤地层，产状 285°∠50°。

（2）下侏罗统主要由黄绿色厚层中粗粒砂岩和灰黑色薄层泥岩互层组成。

（3）下侏罗统由中、厚层砂岩和泥岩组成，在附近产植物化石碎片，采集岩石标本和碳质泥岩各一块。

信手剖面图（图 8-1）是在路线地质观察过程中，依据客观地形和地质资料信手所作的地质、构造剖面图（可配合路线地质图同时进行）。这种剖面图虽然没有对地层厚度、褶皱大小、断裂带宽窄等严格丈量，但却需要根据野外目估距离或特殊地理点按比例标示在图上，同样具观察点位置和主要现象的记录。这种图件具有迅速、直观、实用、简便的特点。此外，在勘探过程中，如果观察到典型的地质现象（如褶皱、节理、断层、矿体等），还应在现场作素描图。在条件允许的情况下，还应该对典型地质现象照相。

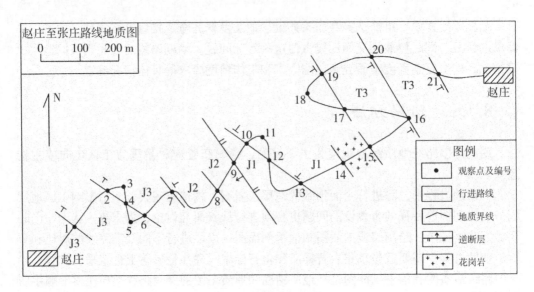

图 8-1　信手剖面图

8.1.4　踏勘总结

每条踏勘路线结束之后都必须进行小结，以便及时发现问题、解决问题并指导其后踏勘路线。踏勘工作全部结束之后，应组织全体成员进行认真细致的全面总结，以求进一步掌握工区的基本地质情况，弄清存在的问题，统一思想认识，统一地质术语，统一野外定名和地层划分标准，统一工作方法，并选定下一步详细工作的实测地质剖面。若未达到预期目的，应组织补充踏勘。

8.1.5　地质踏勘路线及观察内容

为了顺利和全面地完成鄂尔多斯盆地榆林地区野外地质教学任务，提高教学质量，必须对全区地质踏勘工作给予足够的重视，为实测地质剖面和地质填图奠定坚实的基础。

8.2　实测地质剖面

8.2.1　实测地质剖面的目的及要求

实测地质剖面是沿选定的野外地质观察路线逐尺测量，综合观察，真实描述客观地质体和地质现象，并绘制剖面图的过程。在实际工作中，针对不同的地质问题，可测得地层、构造、侵入岩、第四系等不同类型剖面，这里所说的剖面是指综合研究各种地质问题的地质剖面，该项工作具有工作量大、综合性强、耗时多的特点。测制目的和内容如下：

（1）研究工作区地层的岩石组合、变质程度、地层划分、地层层序接触关系及其厚度变化。

（2）观察沉积特征、原生沉积构造、化石和产出状态及古生物组合，分析岩相特征和沉积环境。

（3）观察地形的变形特征，确定褶皱、断裂、新生面状、线状构造要素的类型、规模、产状及其几何学、运动学、动力学特点，分析形成次序及其叠加、改造关系。

（4）研究侵入岩的岩石特性、结构构造、捕虏体和析离体在岩体内的分布，接触变质和交代蚀变作用及其含矿性；观察原生和次生构造，划分岩相带；确定岩层产状与围岩关系、剥削程度侵入期和形成时期等。

（5）研究第四纪沉积物的性质及其特征、厚度变化、成因、新构造运动及其表现形式。

（6）研究地层的含矿性和矿产的类型、产状特征及其分布规律。

8.2.2　剖面线的选择

实测标准剖面的目的性很强，是综合研究一个地区基本地质情况的基础工作，因此必须谨慎选择剖面，为进行区域地质填图工作打好基础。选择实测标准剖面是在踏勘基础上进行的，实际上，实测剖面路线一般是筛选之后的踏勘路线。剖面线选取的原则如下：

（1）剖面线应尽量垂直地层走向或构造线走向。如因地形限制不能通达，剖面线与地层的走向交角也不能太小，一般二者不小于60°，若因地层产状变化出现交角变小的情况，可采取短距离沿标志层顶面或底面平移导线的方法弥补。

（2）剖面线上地层应发育较全，生物化石丰富，构造简单，以便确定地层接触关系，进行地层划分，确定地层年代，同时也便于进行横向对比。

（3）剖面线通过区段地形的通视条件应较好，露头连接，岩石类型较全。因此，自然沟谷、切面及铁路、公路侧壁常为理想剖面位置。但自然界情况是复杂的，前述观察内容不可能在一个剖面上完成，故需要其他剖面补充工作。总之，选定的实测剖面必须是兼顾了交通、露头、地质、构造诸因素的良好区段，以便形成一个能全面反映出露地层及其构造特征的组合剖面。

8.2.3 实测地质剖面前的准备工作

8.2.3.1 统一地质认识

剖面选定之后，对在踏勘过程中确定的地层单元划分、岩性组合特征、地层层序、接触关系、构造特征等进一步统一和明确认识，并制定统一要求以便分组工作有据可依、有法可循，即使出现差错，也便于统一改正，不致混乱。

8.2.3.2 人员分工

实测剖面一般需要 5～8 人，大致分工是：地质观察、分层兼做记录 2 人（便于讨论问题），作信手剖面图 1 人，填写剖面记录表 1 人，前测手兼地形图上确定地质点 1 人，后测手并协助地质观察、测量产状 1 人，岩石定名、采集岩石标本样品 1 人，寻找化石、采集化石 1 人。

上述只是一般分工原则，工作过程中应按实际需要灵活安排，同时做到分工负责、密切协作。为使参加者都有机会就各项工作进行扎实的基本功训练，可酌情轮换，轮换过程中必须做好交接工作，以保证工作正常、高效地进行。

8.2.3.3 比例尺确定

实际剖面的比例尺应按工作项目的精度要求及实测对象具体而定，以能充分反映最小地层单位或岩石单位为原则。在剖面图上能标定为 1 mm 的单层，均可在实地按相应的比例尺所代表的厚度划分出来，如当剖面比例尺为 1:1000 时，实际的 1 m 的单层就应在剖面上表示出来。对于在剖面图上小于 1 mm，但具特殊意义的单层（标志层、化石层、含矿层）应适当放大表示，但须注明真实厚度。一般常用实测剖面比例尺为 1:5000～1:500。

8.2.4 剖面测制方法

实测剖面一般是地形、地质剖面同时测制，通常采用半仪器法，即用罗盘测量导线方位和地形坡度角，用皮尺或测绳丈量地面斜距。另外，也可用全仪器法，即用经纬仪进行导线测量。一般采用前者，具体操作如下：按选定的剖面位置，首先将剖面起点准确标定在地形图上，然后确定剖面线总方位，并尽可能保持各导线方位与之一致，再分导线逐段测量，并以 0—1、1—2、2—3 等连续编出导线号；每一导线由两个身高近于相等的人员在测尺两端持绳，并相互校正每一导线的方位和坡度角；固定测绳，参加人员按分工各执其事，有条不紊地由导线起点向终点认真进行各项工作（参见前述剖面观察内容），必要时召集全组讨论确定疑难问题。以此类推，直到剖面测制完毕，测制过程中必须认真作好记录，并按要求填写实测剖面记录表。

实测地质剖面记录格式及内容如下：

时间：2014 年 6 月 23 日 星期二 天气：晴

地点：榆林市古塔镇黄家圪崂

工作内容：实测侏罗纪延安组剖面

剖面编号：Ⅰ—Ⅰ'

剖面名称：榆林市古塔镇黄家圪崂实测地质剖面

剖面位置：起点： ，坐标： ；终点： ，坐标：

导线总方位：$W = 175°$

0—1 导线：导线方位 $W_1 = 170°$

斜距 $L = 50$ m，坡度角 $β = +10°$

$0 \sim 2.5$ m……   ①（分层序号）

岩性：

化石：

产状：

构造：

8.2.5 剖面测制过程中的注意事项

（1）地层分层。地层分层及其观察、描述是实测地质剖面过程中的主要工作。分层的基本原则是依据岩石的颜色、成分、结构构造的明显不同及上、下层所含化石种属的不同划分的。分层的比例大小按工作的精度要求而定，一般以能在剖面图上表示为 1 mm 的单层为限，对不足 1 mm 但有特殊意义的单层仍应划分出来。对不同成分的薄层重复出现的情况，可作为一个组合层划分，但需详细记录其组成、结构和构造特点。

（2）观察、描述记录要求。实测剖面的观察要求认真、细致、全面综合地观察地质现象，描述则要求重点突出、条理清楚、书写工整。就鄂尔多斯盆地榆林地区而言，具体内容包括以下方面：一是分层的层位、层序号、名称及其色调。二是岩石的物质组成，主要、次要成分及其变化规律。对碎屑岩石分别描述碎屑物和胶结物成分及相对含量、碎屑物中矿物和岩屑的相对含量。三是岩石的结构、构造特征。如碎屑岩的粒度、分选性、磨圆度；砾岩中砾石的磨圆度、排列特征及其方位统计；生物化学岩则要描述结晶特征、生物碎屑岩特征、豆状、炉渣状等结构；沉积岩结构的成分及其种类、形态与层理的关系；岩石的层状构造特征、层面构造特征（波痕、雨痕、印模等）、层理的类型（水平层、波状层、倾斜层、交错层）。四是地层接触关系的观察。注意确定地层的整合、不整合接触关系，主要依据地层缺失、岩相的突变；风化剥蚀面和古风化壳、底砾岩；生物化石带的突变和缺失；上、下地层产状的显著变化等。

（3）构造方面主要观察描述小褶皱、断层、节理、劈理等的产状特征、运动学特征及其性质。

（4）作信手剖面图，须按实测剖面比例尺和剖面方位，依据实际地貌和地质情况，在方格纸或记录本上信手绘制剖面，以作为室内绘制实测剖面图的重要参考。同时，对特殊地质现象，诸如地层接触关系、断层特征、小构造、地层和岩体的原生构造等，可进行必要的地质素描和照相，这些是总结编写报告时必不可少的实际素材。

（5）沿剖面线用定地质点方法控制剖面线起点、终点、地层分界点、构造点和矿化点等，地质点和分层号应用红漆在露头上标出，以利于查找、核对。

（6）在剖面线上，导线若遇不可通达的地段和覆盖区，可采用沿标志层平行移动法避开，并重新按原导线方位拉侧绳，尽可能连续观察，保证剖面质量，尤其是关键区段，更应如此。

（7）一天工作结束之后，应召集负责不同工作的人员对野外实测工作进行逐导线、逐地层校对，使记录、登记表、平面图、信手剖面图、标本样品互相吻合，以保证不出差错。若查出问题，室内不能解决，可在第二天复查后再开始工作。

8.2.6 实测地质剖面图的绘制

实测地质剖面图的成图方法有直线法和投影法两种。

直线法又称为展开法，常用于导线方位稳定，没有或很少转折的情况。这种情况下，导线方位即为剖面基线方位。因此，可直接根据导线测量的地面斜距和坡角（注意正负号），把各段导线连接画出，即为地形轮廓线，呈折线状。然后根据信手剖面图所提供的实际地貌细节绘出近真实的地形剖面图，将各导线上的地质点、分层点标出，按岩层倾角的大小画层，并以岩性花纹表示，整饰图面即成。值得注意的是，若剖面线不垂直地层走向，剖面图上地层产状应以视倾角大小画出，但产状注记仍为真倾角。

视倾角与真倾角之间的函数关系为 $\tan\beta = \tan\alpha \cdot \cos\gamma$，式中，$\beta$ 为地层的视倾角，α 为地层的真倾角，γ 为地层倾向与剖面线的夹角。

投影法应用于导线方位变化较大的情况。一般按下列步骤进行：

第一，选择剖面投影的基线方位。虽然在选择实测剖面时已经考虑了剖面线方位基本垂直地层或区域构造线走向，并尽可能保持各导线方位一致，但实际工作中各种原因都可能造成导线方位偏离基线方位。若导线方位转折不大，剖面总方位即为大致垂直地层走向的方位，也就是剖面基线方位。若导线的方位角变化较大，可以通过3种方法获得剖面图的基线方位：①如果剖面起点与终点在地形图上投影准确，那么从起点指向终点的方位可以作为实测剖面基线方位；②取各导线的中间值或算术平均值作为实测剖面基线方位，这种方法获得的剖面基线方位偏差较大；③作导线方位图求得实测剖面基线方位，这种方法虽然比较麻烦，但获得的基线方位是最理想的。确定剖面基线方位需遵循的原则是：以 $0° \sim 180°$ 为界，凡剖面方位介于 $0° \sim 180°$ 区间者，箭头指向右；凡剖面方位介于 $180° \sim 360°$ 区间者，箭头指向左。

第二，作导线平面图。以选定的剖面基线方位作为导线平面图的总方位，并以此作水平线，按各导线的方位和水平距（水平距离 = 斜距 × $\cos\beta$，β 为地形坡度角）绘出平面图，并将导线上的主要地质要素标绘于相应位置，构成平面路线地质图。

第三，绘制地形剖面线。以剖面投影基线为准，把导线平面图上的导线点位置按累积高差正投影得到各高程点，参照信手剖面，用光滑的曲线连接各高程点，绘制地形剖面线。

第四，绘制地质要素。首先把导线平面图上的地质点、构造点正投影于地形剖面线上，然后按产状先绘出断层、不整合面、岩体形态，再按视倾角画出地层、整饰图面即成。

8.2.7　计算地层真厚度

地层真厚度应分层计算，计算方法有直接丈量法和计算法两种。

1）直接丈量法。

在用直线法或导线法所作剖面图中，只要剖面线垂直于地层走向，且作图精确，均可在剖面图上直接量取并按比例换算得到地层真厚度。

2）计算法。

剖面线与地层走向垂直时也可用计算法求得地层真厚度（h）。

（1）地层水平时，$h = L \cdot \sin\beta$，L 为岩层露头在剖面导线上测量的斜距，β 为地形坡度角。

（2）地层直立时，$h = L \cdot \cos\beta$。

（3）剖面线与岩层走向不垂直时，$h = L(\sin\alpha\cos\beta\sin\gamma \pm \cos\alpha\sin\beta)$，式中，$\beta$ 为剖面线与岩层走向的夹角。当岩层倾向与地形坡向相反时用 +，相同时用 −。

此外，地层厚度还可根据《地层厚度及平距垂距换算表》直接查得（具体方法书中有说明）。

8.3　绘制综合地层柱状图

一个地区受多种因素的影响，一两条剖面往往难以准确反映区内所有地质体，因此可能要测不同地层的多条剖面。为了整体直观、简明、醒目地综合反映工区所有地层的岩石组合、厚度及其接触关系，须作综合地层柱状图。综合地层柱状图以地层柱表示研究区全部出露地层的层序，并着重反映各地层单位的岩石特征、所含化石、接触关系及地层厚度，是反映一个地区物质组成概况的最基本综合性图件之一。

实习区综合地层柱状图统一名称为"鄂尔多斯盆地榆林地区综合地层柱状图"（图 8-2）。实际作图时，对榆林地区综合地层柱状图中各栏的宽度规定如下："界""系""统""阶"的宽度都为 0.7 cm，"组（地层名称）"的宽度为 2.4 cm，"代号"宽 1 cm，"柱状图"宽 3 cm，"厚度"和"分层厚度"宽 1 cm，"分层号"宽 0.7 cm，"岩性描述及化石"宽 15.5 cm，"矿产"宽 1.5 cm。

综 合 地 层 柱 状 剖 面 图

界	系	统	地方性名称	符号	柱状图	厚度/m	岩 性 描 述
新生界	第四系	全新统		Q_4			①风积层：灰黄色粉细砂及中砂。组成砂丘。 ②冲积层：砂砾百分之砾及大量黍泥。分布于河各漫滩。 ③冲洪积层：黄土状亚粉土及粉细砂或砾石厚2-6 m，分布于一级阶地及洞地。
		上更新统		Q_3			①风积层：浅灰黄色粉土质亚砂土，含少量小块钙质结核。 ②冲积层：上部黄土状亚粘土、亚砂土，夹薄层中细砂，下部砂砾石层，厚2-5 m，分布于二级阶地。 ③冲湖积层：上部灰白、浅黄色洲泥质亚砂土、亚粉土、夹砂层，厚30~50 m，下部中细砂及粉土质亚砂土、亚粘土不等厚厚层，厚10~20 m。分布于河地。
		中更新统		Q_2			
		下更新统 上更新统		Q_1			
	第三系	上新统	保德组	N_2			①风积层：（离石黄土）上部浅棕黄色粉土质亚粘土、亚砂土，含少量钙质结核，夹2~3层古土壤，厚10~30 m。下部棕红、黄色亚粘土、亚砂土、钙结核增多，夹5~11层古土壤。 ②冲洪积层：上部黄土状亚粘土、亚砂土，厚10~30 m。中部中细砂含砾透镜体，厚10米左右。其下部粗砂砾石层，厚5~8 m，分布于三级阶地。 冲洪积层：棕红色黄土状亚粉土，夹1~2层古土壤，富含钙质结核。
中生界	白垩系	下统	洛河组	K_1l		290	红色砂质泥岩（三趾马红土）：顶部为紫红色，厚3~5m，中部为棕红色，含钙质结核，下部为深棕红色，富含钙质结核，夹2~3层钙板单层厚度3~5m。 巨型交错层砂岩，棕红色，中细粒，巨斜交错层层为损为贫育。
	侏罗系	中统	安定组	J_3a		90	顶部为灰黄、灰白色泥灰岩、咏岩，厚10米左右。上部紫红色板状泥灰岩、白云岩、砂岩与厚层泥岩互层，中部紫红色及黄色，中薄层粉砂岩夹泥质页岩。下部紫红、浅灰色泥页岩、泥灰岩夹薄层砂岩，含横图形泥灰质结核。
			直罗组	J_2z		111	泥岩与长石砂岩互层灰泥质粉砂岩，下部为厚5~15 m砂砺巨岩。自下而上颗粒变细，颜色变浅。
		下统	延安组	$J_{1-2}y$		190	砂岩与粉砂岩、泥质页岩互层。砂岩为中厚层块状、细料。含少量黄铁矿结核，夹煤线或煤层。
			富县组	J_1f		2+	砾岩夹石英砂岩条带，呈灰白、桔红、紫红色，上部薄层砂岩夹粉砂岩、泥岩，泥岩含钙质结核。
	三叠系		瓦窑堡组	T_3w		30	长石质石英细砂岩夹泥岩、油页岩及煤层。砂岩呈黄绿色，油页岩呈绳色，底部夹黄绿色泥岩。
古生界			延长组	T_3y		>20	长石砂岩夹粉砂质泥岩和煤线，砂岩呈灰白、黄绿色，中细粒，含黄铁矿结核性，单层厚度自下而上变薄，泥岩、夹层相应增多。

图8－2 鄂尔多斯盆地榆林地区综合地层柱状图

8.4　绘制野外实测剖面

为全面、系统地认识巢湖地区的地层发育特征，本次实习需要完成 3 条主要剖面的实测工作，这 3 条实测剖面的统一名称分别为：

（1）榆林市赵庄—余兴庄—鱼河延安组、延长组地层实测剖面图。

（2）靖边龙洲下白垩统志丹组地层实测剖面图。

（3）横山雷龙湾下白垩统、上新统地层实测剖面图。

榆林地区的实测地质剖面图除了必须遵守前述的有关规范，还应该注意以下几点要求：

第一，岩性花纹符号、分层界线、组界线和系界线的长度。为了使实测地质剖面图看起来美观大方、层次清晰，实测地质剖面图中的岩性花纹符号、分层界线、组界线和系界线的长度一般要求以 0.5 cm 的增幅依次递增。岩性花纹符号的长度一般为 2 cm。但是，当岩层倾向与地面坡向相同且地面坡角较大时，如果岩性花纹符号的长度仍为 2 cm，岩性花纹符号的下端点就会距地形线太近，一方面限制了岩性花纹符号的填充空间，另一方面也造成图面不美观。因此，一般要求岩性花纹符号的下端点距地形线的垂直距离保持在 2 cm 左右。

第二，岩性花纹符号的间距。岩性花纹符号之间的间距与该符号所代表的岩层的单层厚度相关，岩性花纹符号的间距越大，表明岩层的层厚越大；岩性花纹符号的间距越小，表明岩层的层厚越小。一般要求岩性花纹符号之间保持 2 mm 左右的间距。

第三，在不存在角度不整合但地层产状变化比较大的情况下，岩性花纹符号应渐变，不能人为制造角度不整合。

8.5　野外地质填图

地质填图是把野外各种地质体、地质要素、构造现象用规定的线条、图式如实填绘在一定比例尺的地形图上，编绘成地质图的过程。所得地质图是野外地质工作最终的综合性基础图件。

野外填图阶段是区域地质调查中最重要的工作阶段，也是取得高质量工作成果的关键阶段。主要任务是：①进行面上路线地质调查，弄清填图单位在空间上的展布与变化，并按规范在地形图上填出地质图；②进行遗留地质问题和关键地质问题的研究，补充部分地层剖面，提高成果质量；③进行野外资料的综合整理与研究，编制野外地质图、综合地质柱状图，并按路线将采集数据输入计算机编绘形成数字地质图；④编写野外工作小结，提交野外验收。

8.5.1　地质填图的比例尺

地质填图的比例尺依据不同的目的和精度要求可以分为大、中、小共 3 种。

（1）小比例尺（1：1000000～1：500000）地质填图用于研究程度很低或未开展地质研究的"空白区"，以达到解决研究区的概略地质状况和找矿远景部署的战略目的。

（2）中比例尺（1：200000～1：100000）地质填图是在小比例尺填图的基础上，进一步研究区域基本特征（地层、岩石、构造）及其与矿产的关系，以确定找矿远景并指出找矿方向。

（3）大比例尺（1：50000～1：25000）地质填图一般是在有矿产远景的地区或已知矿区外围进行的。要求深入、详细研究工作区的成矿地质条件和找矿标志，查明成矿控制因素，提出矿产预测。除此之外，大比例尺地质填图也常用于重点区段或典型区段，作为解决关键性地质、构造等问题的详细地质填图，以深入研究某些地质基础理论问题（如用于复杂变质岩区构造解析的地质填图等）。

8.5.2　地质填图使用地形图的选择

在确定了地质填图的比例尺之后，需选择适当比例尺的地形图作为填图底图。为了保证填图的精度，一般选用比填图比例尺大1倍的地形图，成图后再缩小至一半成为所需比例尺的地质图。如正式图件要求填绘1：50000的地质图，可选用1：25000的地形图作底图，选用的地形图可分作两类使用，即手图用于野外，底图用于室内清绘。

8.5.3　地质填图的步骤和方法

8.5.3.1　确定填图单位

填图单位是在地质填图的过程中，需要在地形图上填绘其边界与分布范围的地质体。

填图单位是在对工作地区地层划分研究的基础上，根据填图比例尺所规定的精度要求确定的，它既不能因划分过粗造成图面简单不易反映区内基本地质体及构造细节，又不能因划分过细使图面结构过于复杂而负载过大。

一般而言，每一填图单位应是岩层与相关岩层的组合（如巨厚单层、复杂互层、完整的沉积旋回等），具有明显的识别标志（颜色、成分、结构、沉积构造、古生物或组合）及一定的厚度和出露宽度。因此，对沉积岩而言，生物地层单位应划分到组，甚至段或带；侵入岩应尽可能划分期、次和相带；变质岩应划分到组和段；第四系沉积应划分成因类型及相对时代。

在不同比例尺的地质填图中，对填图地层单位的厚度有一定要求。对于1：50000的地层填图，填图地层单位厚度在褶皱复杂地区一般不大于500 m，在缓倾斜地区不大于50 m。若厚度大于上述值时，则应填绘标志层，以更好地显示地层分布及其构造形态。所谓标志层是指层位稳定、厚度不大、岩性特点明显、便于识别的特殊地层。对基岩区内面积小于 0.5 km² 和沟谷中宽度小于 100 m 的第四系，在图中不予表示，仍按基岩填制。但对于具有重要意义的地质体、控矿层、含矿层（如果发现其存在），可用相应符号、花纹夸大表示。

8.5.3.2　野外观察路线及观察点的布置

填图工作是在野外选择一定观察路线和控制点逐一系统观察进行的。填图的精度取决于观察路线和控制点的密度，并视工作目的有一定的规范。在常规地质填图中，路线线距一般为相应比例尺图上 1 cm 所代表的实际距离，而路线中观察点的密度通常为线距的一半，如 1∶50000 地质填图的线距应为每 500 m 一条，每条线路上点距为 250 m。

1）观察路线的布置及方法。

观察路线有穿越路线和追索路线两种方式。

穿越路线是基本垂直于地层走向或区域构造线布置的野外地质观察路线。工作人员沿观察路线综合观察，研究各种地质现象，认真做好记录、素描以及信手剖面图（在构造复杂地区更有必要），并绘出路线地质图。路线布置时应综合考虑露头特点、自然地理条件、路线观察的目的及驻地距工作区的远近等因素，或呈直线型平行分布，或呈"之"字形、"S"形布置，逐区段分片进行。布线方法应因地制宜、灵活掌握，甚至可按具体情况，创造出省时、省力、高质量完成任务的新的路线布置方法。值得注意的是，在穿越路线过程中，若有重要发现，如化石点、重要断层、不整合、含矿标志，甚至前人未发现的新地层及其地层接触关系等，不必机械地拘泥于原路线而放过新发现，应着重研究，必要时追索观察，以便进行区域对比，并为其他相应路线的观察打好基础。

追索路线是沿地质体、地质界线或构造的走向布置的野外观察路线，用于追索特殊地层（化石层、含矿层、标志层等）、构造（重要断裂、褶皱）、接触界线（地层接触界线、岩体与围岩接触界线等）。沿线定点观察、采样，连续填绘地质界线，这是特殊地质现象专门性研究的重要手段。

上述两种方法一般应用于中小比例尺、基岩裸露良好的沉积岩区的地质填图，而且往往是以斜穿越为主、以追索为辅，可结合使用，并根据实际需要灵活安排。对于露头不连续、构造较复杂和大比例尺的地质填图，上述方法因线距间隔大难以达到如实反映各种地质现象的目的，因此必须采用露头观察的方法。露头观察法是对某研究区出露不连续的所有露头，不论大小，均定点详细观察，然后根据各露头点的地质状况，编联地质图。一般填图比例尺大、精度高。

2）观察点的布置。

观察点一般应布置在填图单位的界线、标志层、岩相和岩性变化及化石点，岩浆岩的接触带和内部相带的界线、矿化点、矿体、蚀变带，褶皱轴、枢纽、断层带、面理和线理测量统计点，代表性产状测量点、取样点，等等。要考虑图面的均匀性，但不能机械地等间距布点（在构造复杂区尤其应该注意）。

在露头出露相对较差的地区，能合理推断地质点的地方要尽可能地推断地质点，应尽可能少画第四系。相应地，有些填图单位（地质体）的边界也是需要合理推断的。

观察点位置的确定（即地形图上的定点）一般采用目测法、交汇法、实测法。

（1）目测法。根据地形图和实际的地貌、地物标志，目测确定点位。在特殊地形环境，如深沟、丛林区段，可参照前点及周围地物就地临时定点，并在视通条件较好的地段及时校正点位。该方法一般用于小比例尺地质填图。

（2）交汇法。在较大比例尺的草测填图中，在依据地形、地物特征初步定点的基础上，采用前、后方交汇法定点，有条件可结合气压计和全球卫星定位系统（GPS）确定点位。

（3）实测法。即野外全部用经纬仪定点，一般应用于大比例尺地质填图。

3）观察路线和观察点的编录。

路线地质观察的一般途径是：标定观察点位置，观察地貌特征，研究、描述地质现象，测量地层、构造要素产状，追索填绘地质界线。沿前进方向逐点观察描述，并绘制素描图、信手剖面图。同时对不同地质现象进行综合观察分析，切忌只孤立地进行点的观察、描述。

野外记录是野外地质观察的原始记录，是进行地质填图、编写地质报告的原始素材，要求一律用2H或3H硬铅笔认真、工整书写，以做到条理清晰、简明扼要、重点突出、层次分明，使人一目了然，便于查找某项内容和数据。记录包括各观察点的描述和各点间的描述，必须连续、完整，不得间断。

野外记录使用野外记录本，每天的工作记录应有日期、路线起止点的地理位置、图幅与坐标、同行地质人员、观察点编号及所在地理位置、点上的地质内容、各种测量数据、采集标本与样品编号、观察点之间地质情况的连续记录、地质素描、信手剖面和照相。

记录内容要根据客观实际，抓住主要与关键问题；同组人员要不断进行地质问题的讨论，做到科学和客观的研究与记录；有意义的地质现象应用素描图、照相记录下来。一本好的野外记录应该是文图并茂。

野外工作手图是另一重要的原始图式记录资料，其表达内容有：观察路线、观察点的位置、观察点的编号、实测剖面的位置及编号、化石及其他样品的采集位置及编号、填图单元及代号、地质界线、构造要素、典型岩性层、标志层、含矿层、小地质体等。

野外工作手图的最大功能是标定地质调查路线上的地质特征和空间展布状况，工作手图上表示的内容在野外记录本中应有具体描述，两者必须吻合。

野外工作手图上地质界线必须在野外实地勾绘，并在视野能及的范围内按照实际地质界线在地形上的位置，如实向界线点两侧勾绘。对于大比例尺的地质填图，界线勾绘时要注意"V"字形法则的影响。一条路线地质调查结束后，要进行路线和相同地质点位的综合小结，尽快从感性认识上升到理性的深化认识。

4）地质素描与照相。

野外地质素描是文字描述的重要补充。一张好的素描图或照片能清晰、直观地反映地貌和地质特征，可起到文字描述不能达到的良好效果。

素描图按表现地质内容的方式分为两大类。一类是用花纹图例表达地质内容的平面图素描，它用极简单的线条勾绘地形轮廓，着重突出地质、构造现象，如平面素描图、剖面素描图、露头素描图等，这种素描图最为普遍、实用。另一类是立体图像素描，其表现手法以绘画理论为基础，结合地质要求进行素描，如用于反映区域地质构造或地貌的远景素描，以及用于反映大中型构造、地层关系的近景素描图。

野外地质现象丰富多彩，地质素描应以客观反映地质现象为目的，故应尽量简化与主题无关的内容，使重点突出、线条简明。为强调地质特征，还可以加上必要的地质花纹和符号，使主题更为明显、直观。素描图应标明图名、方位、比例尺和产状数据等。

5）资料的整理及成图。

野外地质填图同时使用两张地形底图，一张用作野外手图，另一张作为室内清绘底图。每天完成观察路线返回驻地后，应组织全体工作人员（包括各小组）及时进行整理、小结。具体内容包括检查、核对野外记录，做到图文一致，并将检查校正后的观察点、地质界线、产状数据及素描图着墨清绘，在手图上绘出路线地质图。检查、登记所采集的样品、化石，进行涂漆编号并逐一登记。交流讨论本组或其他组填图过程中遇到的问题，同时安排第二天的路线。

在手图上，将已上墨清绘的路线地质图按地质界线的产状（大比例尺图应考虑"V"字形法则）合理编制地质图。联图过程中，各路线间若出现矛盾或不清楚的区段，绝不可主观臆断、任意推断，必须补做野外工作，特别要强调野外现场联图。在此基础上，将手图上的地质要素经过必要的取舍之后认真地清绘在室内底图上，该图为野外地质填图的实际材料图。正式提交的地质图是在此图的基础上，按正式地质图的比例尺大小，将实际材料图上的地质界线、产状要素等如实地清绘在相应比例尺地形图上，附上填图的主剖面，并按不同地层的颜色着色完成地质图。

8.5.4　地质填图的图例要求

地质图的图例应该尽可能使用规范的图例，包括地层时代符号（由老到新）、岩浆岩与岩脉类型及代号、各种构造线、性质及产状（断层、褶皱枢纽等）、地质界线等。本书的最后有部分图例。

如果图例规范中没有某种特殊的图例（尤其是岩性花纹符号图例），可以参照规范图例自行设计图例。

各填图单位的颜色也是有规定的，如花岗岩用红色、志留系一般用绿色等，应该尽可能地按照规范的颜色给填图单位着色。

8.5.5　野外教学实习的填图要求

（1）填图范围。鄂尔多斯盆地榆林地区野外实习的地质填图以 1∶50000 区域地质调查的填图规范进行。

（2）填图单位。鄂尔多斯盆地榆林地区野外实习只标定直径大于 100 m 的闭合地质体，宽度大于 50 m、长度大于 250 m 的线状地质体，主要包括 T（未分）、J（未分）、K、E、N（未分）、Q 地层。

（3）地质图的着色要求：地质图应该按照相关的国家标准着色，如《地质图用色标准　比例尺 1∶5000000 ～1∶100000》（GB 6390—1986）和《地质图用色标准及用色原则（1∶50000）》（DZ/T 0179—1997）中确定颜色是用色谱表示的。根据 DZ/T 0179—1997，在 1∶50000 的地质图中，第四系用 601—640 号色谱，侏罗系用 699—738 号色谱，三叠系用 743—784 号色谱，二叠系用 789—820 号色谱，石炭系用 825—855 号色谱，泥盆系用 860—907 号色谱，志留系用 912—951 号色谱。榆林填图实习的着色受条件限制只能用文字表述，文字表述相对较模糊，不同的人对同一种颜色可能有不同的理解。

榆林地区填图实习规定的着色标准如下：

第四系　　　　黄色

侏罗系　　　　蓝色

三叠系　　　　紫红色

二叠系　　　　黄褐色（下统、中统与上统以颜色深浅不同相区别）

石炭系　　　　灰色（下统与上统以颜色深浅不同相区别）

泥盆系　　　　红褐色

志留系　　　　绿色

地质图手工着色的几个要领：①色淡；②笔粗；③着色后用卫生纸轻轻擦一擦能使颜色均匀一些。

（4）地质填图实习的图件格式。榆林地区野外填图实习是按 1∶50000 区域地质调查的填图规范进行的，同学们在填图时使用的是 1∶25000 的地形图。本来应该把填绘的 1∶25000 地质图缩印成为 1∶50000 地质图，但由于受实习条件所限，野外实习省略了缩印过程。

榆林填图实习的地质图的名称规定为"鄂尔多斯盆地榆林地区地质图"，比例尺为 1∶25000，地质图需要着色。要求在地质图的右侧贴图例，下方贴图切剖面，右下方贴责任表。图例、图切剖面和责任表分别写在计算纸上。由于综合地层柱状图远远大于地质图的图幅大小，综合地层柱状图就不再贴到地质图的左侧，可单独提交综合地层柱状图。

（5）同学们要独立完成填图。填图由同学们独立完成，以训练同学们野外观察问题和解决问题的能力，使其掌握野外地质填图的基本工作方法。老师随队给予填图指导和帮助解决问题，并监督、检查同学们的填图过程。

（6）训练并提高同学们自行解决地质问题的能力。填图过程中，如遇疑难问题，原则上应该是同学们自己反复、认真研究解决，必要时教师可现场指导。对于一些争执不下的问题，可以在填图结束阶段采取小科研的方式进行小面积专题填图，目的在于进一步锻炼同学们的独立工作能力。

（7）坚持严肃认真的科学作风。本次实习除了要求同学们熟悉 1∶50000 地质填图的基本工作方法外，还要训练同学们严肃认真、细致、坚持实事求是的科学作风。

在野外要坚持勤观测、勤敲打、勤追索、勤记录，不断进行综合分析，及时做出判断和提出问题，在地质工作中既要有主动性，又要有预见性。

8.6　综合研究和报告编写

这一阶段是区域地质调查提交工作成果的阶段，在野外资料验收后进行。其内容包含 3 个部分：最终室内整理与综合研究，数字地质图的编制，区域地质报告的编写。

8.6.1　最终室内整理与综合研究

实际上，资料整理工作在整个野外地质调查期间一直都在进行，这里所说的资料整理指的是所有野外工作结束之后的全面整理。主要工作包括以下七点：

第一，全面彻底地对野外原始资料进行整理和清理。原始资料包括野外文字资料、野外图件（实际材料图、野外工作手图、实测剖面图、素描图照片）、实物标本等。

第二，再次全面审核全部分析鉴定成果的正确性。

第三，进行遥感资料的最终室内解译。这是在野外地质图已初步完成的情况下，利用遥感资料所显示的解译标志，对实际材料图勾画的地质界线和断裂的正确性与精确性进行检查和校正。

第四，全面审核实际材料图与野外地质图内容的完备性和图面结构的合理性。

第五，进行图幅内地层资料的综合研究。以实测剖面资料为基础，以分散路线地质观察和前人资料为补充，分析不同地段该岩石地层的层序、基本层序类型与特征、岩石组合面貌、沉积相特征及上下接触关系，归纳出其纵横向变化规律。

第六，进行岩浆岩资料的综合研究，研究岩浆岩的结构构造特征、岩体中包裹体和析离体特征、岩体与围岩接触关系，分析岩体侵入机制，确定侵位或喷发时代，对各岩浆岩体进行综合对比，依据岩浆岩岩石谱系单位建立的原则进行超单元或序列的归并。

第七，进行地质构造的综合研究。应从单个的、主要具体构造做起，进而对全区构造进行归并、分类，深入分析它们之间的特点、相互关系、构造格局，总结工区地质构造的几何学、运动学和动力学特点，分析其地质演化历史。

8.6.2　数字地质图的编制

8.6.2.1　编图前的准备工作

（1）地形底图的准备。为了给地质内容提供正确的地理轮廓和方位控制，保证地质内容有准确的地理位置和空间关系并使之在图上清晰地表现出来，必须有相应的地质图作为地质内容的背景和骨架。该图由专门地形图编绘人员按地形图编绘规范在计算机上编绘，以满足地质专业用途的需要。

（2）拟定地质图图面表示的地质内容与地质体取舍、归并和扩大的表示方案。

（3）拟定图例，以指导地质图图面内容的编制。

（4）编制综合地层柱状图。

8.6.2.2 数字地质图编制

（1）将野外手图内容和野外记录数据输入计算机，包括地理底图资料、地质图图面地质内容、综合地层柱状图、图例、图切剖面及责任表、图名、比例尺等。

（2）应用相关软件进行点元、线元、面元的编辑。

（3）通过彩色打印机输出素色地质图或全色地质图。

8.6.3 区域地质报告的编写

编写区域地质调查报告，既是对野外不同阶段各项地质工作的全面总结，也是综合分析野外观察和室内测试的各种地质资料，并从理论上分析探讨研究区地质历史的发展演化过程的综合性工作。编写地质报告的工作必须在剖面测制总结、地质填图、化石鉴定、岩石样品测试等基础工作完成之后进行。

针对榆林地区的野外地质教学实习，在编写实习报告时可以参考下面的提纲，根据具体情况可以有所增减。

绪言

（1）简要说明榆林野外地质教学实习的目的与任务、实习队伍的人员组成、工作起止时间。

（2）简要说明实习区范围、地理位置及其坐标、地形地貌、交通、气候、经济地理概况等。

（3）简要说明本次野外教学实习完成的工作量和工作情况。

第一章 地层

按时代由老至新介绍测区地层系统，各岩层地层单位的岩石组合、生物群面貌、基本层序特征及规范和横向变化规律，简述沉积作用特征。

地层部分撰写要点及剖面描述范例：

首先，概述测区地层发育情况、岩性特征及沉积相，地层分布和出露情况，各系间的接触关系。然后，按时代由老到新分系逐一详细介绍各系的地层系统。

分系介绍时，概述该系在测区的分布和出露情况、主要特征、上下接触关系、岩石地层单位的划分情况等，并附实测地质剖面描述（位置、坐标、名称等信息）。剖面描述应由老到新逐层描述（以室内归纳分层为准）其岩性，分类列举所含古生物化石（拉丁文应斜体），并体现地层划分、接触关系和各级岩石地层单位的厚度。

附地质剖面描述范例：

鄂尔多斯盆地榆林古塔黄家圪崂侏罗系实测剖面（N138°37′10″，E118° 01′35″）

上覆地层：上侏罗统芬芳河组，灰绿色具平行层理的粗砂岩

—整合—

延安组	总厚度 118.50 m
6. 蓝绿色及灰绿色钙质页岩	厚度 16.00 m
5. 黄绿色及灰绿色钙质页岩	厚度 22.00 m
4. 灰色和黄绿色钙质页岩互层	厚度 34.50 m
3. 黄棕色、蓝灰色泥岩夹青灰色或灰绿色钙质页岩	厚度 46.00 m

—整合—

富县组	总厚度 25.00 m
2. 灰色薄层至中薄层泥岩	厚度 20.00 m
1. 灰黑色炭质页岩夹石煤层，含磷结核，产植物化石	厚度 5.00 m

—整合—

下伏地层：上三叠统延长组，灰黑色粉砂质泥岩

第二章　构造

（1）概述实习区所在的区域构造背景。

（2）分别描述实习区各种构造（褶皱、断裂、节理、劈理、线理等）的形态、产状、性质、规模及展布范围，注意各种构造间的次序关系与级别。

（3）分析实习区内各种构造的叠加、改造关系，探讨构造的形成演化历史。

第三章　地质发展简史

按地质发展阶段和区域地质事件简述实习地质演化特征，可以从基底形成、盖层形成和盆地改造3个阶段论述。

第四章　矿产和环境地质

（1）简述实习区内煤、石油、天然气的分布层位和用途，以及地质条件和勘探远景。

（2）简述区内有开发远景的地质旅游资源，提出开发及保护措施的建议。

第五章　有关地质问题的探讨

这部分主要是发挥性的内容，只要是对实习区感兴趣的地质问题，或者有不同看法的地质问题，都可以在这部分广泛讨论，如低渗透油田的成因、高伽马砂岩储层、采油污水处理等。

结束语

简述本次野外教学实习的主要成绩、感想、建议和存在的主要问题，并致谢。

附　　录

附录1　主要的地质学术会议

1　国际地质大会

国际地质大会（International Geological Congress，IGC）是由各国地质机构和学术团体代表组成的、每隔四年定期召开的国际地质学术会议。国际地质大会是国际地质学家参加的学术盛会，于1876年创立，创立委员会主席为美国地质学家 J. 霍尔。1878年第一届国际地质大会在法国巴黎召开，以后每4年召开1次，大会没有固定会址和永久性会员。每届大会确定下下一届的举办城市。大会的宗旨是：与国际地质科学联合会（International Union of Geological Sciences，IUGS）合作，为地质科学的基础研究和应用研究的发展做贡献；为各国地质学家的学术交流提供集会场所；为地质学家的野外考察提供机会。大会无定期刊物，每届大会的会议录、论文摘要集和专题报告论文集，由东道国的组织委员会或有关国际组织集资出版。中国于1910—1948年曾派代表参加大会，后于1976年第二十五届大会起恢复参加。

2　国际沉积学大会

国际沉积学大会（International Sedimentological Congress，ISC）是由国际沉积学家协会（International Association of Sedimentologists，IAS）发起的，是每4年1次的综合性国际学术会议。这是全球沉积学家交流的最高平台，也是沉积学界展示全球沉积学最新进展、人类社会发展需求和未来学科前进方向的重要窗口。自1946年成立以来，ISC迄今已成功召开了20届。历届大会上交流的沉积学新方法、新技术与新成果，对沉积学基础理论创新和实践应用起到了巨大的推动作用。2022年8月22日，第二十一届国际沉积学大会在中国北京举办。

3　欧洲地球科学联合会

欧洲地球科学联合会（European Geosciences Union，EGU）成立于2002年9月，是欧洲地球物理学会（European Geophysical Society，EGS）和欧洲地球科学联盟

（European Union of Geosciences，EUG）的合并，总部设在德国慕尼黑。它是一个非营利性的国际科学家联盟，拥有来自世界各地的约15000名会员。其会员资格适用于从事地球科学和行星与空间科学及相关研究（包括学生和退休人员）的专业人士。EGU出版了许多不同的科学期刊，组织了多种专题会议、教育和外展活动。它还向科学家颁发了许多奖项和奖章。年度EGU大会是欧洲最大和最著名的地球科学活动，近年来吸引了来自世界各地的14000多名科学家。其会议涉及广泛的主题，包括火山学、行星探测、地球的内部结构和大气、气候，以及能源和资源。

附录2　国际年代地层表

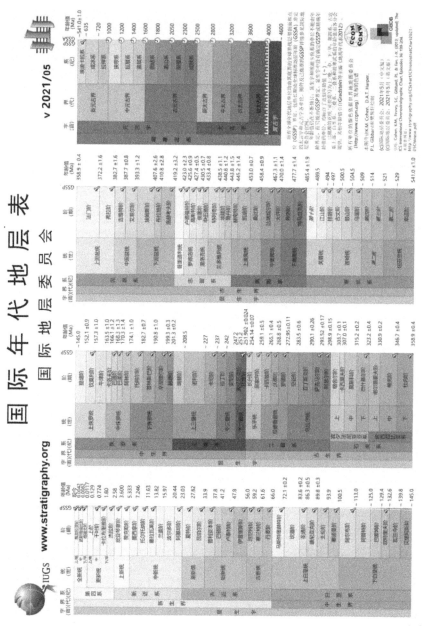